한국산업인력공단 **실기시험 개정에 따른**

메이크업 미용사 실기

대표 저자 **유승혜**

씨마스

메이크업 미용사 실기 응시생 여러분!!

아름다움을 추구하고 갈망하는 것은 남녀노소를 불구하고 전문가들이 예상하는 것보다 더욱 빠르게 변화하고 있습니다. K-Beauty라는 말처럼 오늘의 우리 미용 산업은 세계 시장에서 유행을 선도하고 있습니다. 또한, 많은 전문 인력을 배출하며 주요한 산업으로 꾸준히 성장하고 있습니다.

이에 따라 미용분야는 종합 미용의 개념에서 보다 세분화, 전문화되어야 하는 필요성을 갖게 되었습니다. 헤어ㆍ피부ㆍ네일미용사에 이어 메이크업 미용사 국가자격시험이 2016년 하반기에 신설되었습니다.

메이크업 미용사 국가자격증은 관련 지식을 점검하는 필기시험(60문항 100점 만점에 60점 이상)과 현장에서 이루어지는 종류별 메이크업을 검증하는 실기시험(4가지 작업 수행에서 100점 만점에 60점 이상)을 모두 통과하여야 취득할 수 있습니다.

이 책은

1. 메이크업 미용사를 준비하는 사람들이라면 씨마스의 **오분만ㆍ어사화 메이크업 미용사 필기**를 통해 필기시험을 준비하였을 것입니다. 이후 실기시험은 새롭게 출간되는 **아틀라스 메이크업 미용사 실기**를 통해서 준비할 수 있도록 하였습니다.

2. 수험생들이 미용사(메이크업) 국가자격증을 취득하여 한국 뷰티문화를 이끌어 갈 창의적인 미용인이 되기를 바라는 마음과 취업과 창업에 도움을 주기 위해 집필하였습니다.

3. 한국산업인력공단에서 공개한 문제들을 토대로 시험에 반드시 출제되는 4가지의 과제를 기준에 따라 구성하였습니다. 실제 교육 기관에서 수업하는 커리큘럼에 따라 자세한 과정 컷과 친절한 설명을 함께 제시하여, 메이크업 미용사 실기시험을 준비하는 여러분의 훈련에 충분한 도움이 되도록 구성하였습니다.

많은 수험생 여러분이 아틀라스 메이크업 미용사 실기 교재를 통해 합격의 기쁨을 누릴 수 있을 것입니다.

메이크업 아티스트의 꿈을 가진 수험생분들을 응원합니다!

– 대표 저자 유승혜 –

추천사

문 제 술
- (주)메세나뷰티 대표이사
- 월드미스유니버시티 세계조직위 이사

이 책을 통해 많은 뷰티 아티스트가 탄생함으로써 대한민국의 미용 분야를 발전시키고 아시아는 물론 세계 미용 분야에서 한국의 위상을 드높여 줄 수 있을 것이라 기대합니다.
대한민국 뷰티 산업의 경쟁력과 발전을 위해 지속적인 관심과 노력을 기울이도록 하겠습니다.

방 효 진
- 가톨릭관동대학교 뷰티디자인학과 학과장
- 진 뷰티산업연구소 소장
- 기능경기대회 감독위원

이 책은 한국산업인력공단에서 실시하는 미용사(메이크업) 실기시험을 대비하여 메이크업 전공 교수진의 전문적인 의견을 반영하여 수험생들이 효과적으로 공부하고 한번에 합격할 수 있도록 구성되었다.
본문에 수록된 실기 구성은 메이크업 미용사 전 분야와 관련된 다양한 사진설명과 중요한 tip이 제시되어 모든 수험생들이 손쉽게 학습할 수 있도록 정리되어 있다. 본 수험서의 핵심적인 이론과 상세한 공개문제를 통해 메이크업 아티스트를 꿈꾸는 여러분이 합격의 영광을 누릴 수 있을 것이라 확신합니다.

박 지 수
- (현)한성대학교 예술대학원 뷰티색채학 교수
- (현)남서울대학교 뷰티보건학과 초빙교수
- (전)국제대학교 미용예술 교수

메이크업은 자격검정을 통해 국가 자격증이 되기까지 여러 전문가들의 수고가 있었지만, 그동안 좋은 교재와 좋은 선생님 만나기가 쉽지 않았습니다. 시험을 치룰 학생들에게 최고의 길잡이가 될 메이크업 미용사 교재는 최고의 실기 테크닉과 이론을 통해 여러분들의 자격증 취득에 도움을 줄 것이라고 확신합니다.
K-Beauty를 이끌어갈 미용인들의 친구같은 교재가 되길 기원합니다.

윤 재 구
- 미용과학박사, 보건학박사, 국제한의사
- 단국대학교 대학원 교수
- 사단법인 한국체형관리협회 이사장

평소 존경하는 유승혜 대표 저자는 건강하고 좋은 책을 집필하는 데 심혈을 기울여 왔고, 그것이 뷰티 학문 발전에 기여하는 길이라 여겨 왔던 분으로 알고 있다.
각고의 노력 끝에 또 하나의 책을 선보였다. 이 책은 뷰티인으로의 기술을 한단계 업그레이드할 수 있는 길잡이가 될 것을 믿어 의심치 않는다. 건투를 빈다.

한 성 진
- 한국업스타일전문가협회 회장
- 서경대대학원 미용예술학 박사
- 서경대학교 평생교육원 미용학과 학과장

안녕하세요. 수험자 여러분 반갑습니다.
K-POP 등 미디어 산업에서 시작된 한류 열풍은 우리나라 뷰티 시장에도 영향을 미쳐 대한민국의 뷰티 산업과 뷰티아티스트는 아시아를 넘어 세계적으로 인정받고 있습니다.
메이크업 아티스트의 꿈을 가진 여러분, 이 책을 통해 메이크업 아티스트의 첫단계인 한국산업인력공단 메이크업 실기시험에 합격하시길 기원 합니다.
아틀라스 메이크업 미용사 실기 교재는 한국산업인력공단의 실기 출제 기준에 맞게 과제별 상세한 이미지로 편성하였고, 감수자 및 감수교수진이 엄중히 검토한 미용사(메이크업) 국가 자격증 실기교재라고 생각합니다.
이 책을 통하여 한국 뷰티계를 이끌어갈 많은 메이크업 아티스트가 탄생할 것이라 확신합니다.

김 기 덕

- 사)한국문화미래산업진흥원 이사장
- 국제미용건강경영자협회 회장
- 주)메디맥스 회장

미용은 한류 열풍과 더불어 고부가가치를 창출하였으며, 한류 뷰티 산업은 세계로 성장하고 있습니다.

사회적 변화의 흐름에 발맞추어 유명한 메이크업 아티스트를 발굴, 양성하기 위해 자신이 소유하고 있는 잠재력과 능력을 공적으로 증명하고 객관적인 평가를 바탕으로 삼기 위해 한국산업인력공단에서는 메이크업 미용사 국가 자격증 시험이 시행되었습니다.

아틀라스 메이크업 실기 교재는 미용사(메이크업) 국가 자격증 기준에 맞게 한국산업인력 공단에 메이크업 출제 과제를 시연하여 전과정을 수록하였고, 합격을 위한 전문가의 설명과 요점 정리를 과제 별로 핵심실기를 수록하는 등 기존의 교재와 차별환된 장점을 가지고 있습니다.

이 책을 통하여 메이크업 아티스트의 꿈을 가진 수험생들이 국가 자격증 미용사(메이크업) 시험에 합격하기를 응원합니다

김 정 숙

- 예술학박사
- 유원대학교 뷰티케어학과 부교수
- 전국기능올림픽 심사위원

'메이크업은 나의 자존감의 표현이며 건강한 피부에 피우는 꽃이다.'라는 근본정신을 기초로 하여 미용사(메이크업) 실기 교재를 만들었다는 점이 이 책의 가장 큰 장점입니다. 뷰티 아티스트에 꿈을 가진 수험자들이 메이크업은 피부의 건강한 상태를 기반으로 한다는 것을 근본으로 하여 미용사(메이크업) 실기시험에 임하기를 바랍니다.
수험자 여러분 아틀라스 메이크업 미용사 실기교재로 합격하기를 기원합니다.

신 연 종

- 뷰티신문 「수」 대표이사
- 디자인코리아 국회포럼 뷰티디자인 산업육성법 제정을 위한 특별위원회 연구위원
- 대한민국뷰티디자인엑스포 조직위원회 위원

미용이라는 산업은 이미 오래전부터 만들어져 성장해 왔습니다. 미용은 일반적으로 헤어, 피부미용, 메이크업, 네일 등으로 이루어진 산업입니다. 한국인의 뛰어난 손기술과 천부적인 미적 감각으로 인해 세계 시장에서 가장 빠르게 성장하고 있습니다. 그 성장에 발 맞추어 제품과 관련 교육 산업 그리고 고급 인재 배출이 함께 성장하고 있는 추세입니다.
또한, 이러한 물결에 K-뷰티는 새로운 산업 분야를 이끄는 미래 유망 직종으로서 앞으로 한국의 새로운 시장 형성에 중요한 역할이 기대됩니다.
K-뷰티는 한국의 화장품들이 세계 소비자들로부터 최고로 평가 받기까지 동반자로써 충분한 역할을 하고 있습니다.
앞으로 한국의 뷰티 관련 아티스트들과 디자이너들은 한국의 시장뿐만 아니라 해외 시장에서의 활약이 훨씬 기대됩니다.
한 해 동안 뷰티를 공부하려는 학생들은 대학과 학원, 고등학교 그리고 각 교육기관에서 수천명 이상씩 배출되고 있습니다.
이 학생들이 처음 공부할 때 접하는 교재는 평생 간직하게 될 매우 귀중한 친구가 되리라 생각합니다. 이번에 발간되는 '아틀라스 메이크업 미용사' 교재는 메이크업에 처음 입문하는 학생들에게는 꼭 필요한 책이라고 생각합니다.
이 책은 메이크업 국가 자격증 기준에 맞추어 이론과 실기의 핵심 부분을 알기 쉽게 정리했을 뿐만 아니라 메이크업 일러스트와 컬러링 시트를 부록으로 함께 수록해 현장에서 필요한 내용을 수록하였습니다.
또한 국가자격 출제위원과 심사위원들인 저자가 직접 집필했으며, 심사위원급 선생님들의 감수가 함께 진행되어 내용이 더욱 엄선되었습니다.
특히 대표 저자인 유승혜 선생님은 메이크업 아티스트로써 뿐만 아니라 교육 현장에서 오랜 경력으로 명성이 높습니다. 이 책을 통해 메이크업 아티스트로의 밝은 미래가 만들어질 것으로 기대합니다.

저자 소개

유 승 혜 (대표 저자)
수 뷰티 아카데미
원장

김 경 미
엘미용교육센터 센터장
춘천시 평생학습관 사회교육 강사

김 옥
씨티우먼 뷰티 아카데미
아카데미학원 진주점 원장

김 경 옥
나레스트 뷰티 아카데미
부천캠퍼스 원장

김 은 빛
대전 생활과학고등학교
화장품응용과학과 교사

김 수 민
초당대학교 비즈니스학부
뷰티디자인학과 교수

김 지 은
유니스미용학원
원장

김 시 현
거제 동양미용학원
원장

남 지 연
고양시 청소년진로체험 강사
수 뷰티 아카데미 수석 강사

김 애 란
미즈노블 뷰티 아카데미
광주캠퍼스 원장

심 미 정
라인 뷰티 검정연구회
회장

안 진 정

수원여자대학교 예술학부
미용예술과 교수

이 재 형

아뜰리에 뷰티아카데미
군산캠퍼스 원장

안 향 미

도도 아카데미
진주캠퍼스 원장

임 이 랑

크리스찬 쇼보 뷰티 아카데미
의정부캠퍼스 원장

양 선 주

나레스트 뷰티 아카데미
청량리캠퍼스 원장

정 은 수

한국미용직업평생교육원 교수
(사)한국뷰티총연합회 총괄본부장

오 지 민

구미대학교 건강뷰티학부
피부미용테라피과 교수

하 서 진

SBS A&T 뷰티스쿨
창원, 마산캠퍼스 원장

오 지 영

대덕대학교 예체능계열
뷰티과 교수

하 수 정

SBS A&T 뷰티스쿨
마산캠퍼스 부원장

촬영에 도움을 주신 분

촬영 퍼플 스튜디오(최상수 대표) **진행** 김미선
협찬 메세나뷰티(문제술 대표) **소품** 우근일
　　　임은조한복(임유정 대표)
모델 안다정, 이지나, 주경혜, 김소현, 김나은, 김수현, 이주연,
　　　최소선, 김미희, 윤수희, 김미연, 정연, 김수경, 김보미

차례

뷰티 메이크업의 기본 이론

제 1 과제　뷰티 메이크업

제 2 과제　시대 메이크업

제 3 과제　캐릭터 메이크업

제 4 과제　속눈썹 익스텐션 및 미디어 수염

부록 Make-up Work Sheet · · · · · · · · ·

자격 정보

- **자 격 명:** 미용사(메이크업)
- **영 문 명:** Makeup Artist
- **관련 부처:** 보건복지부
- **시행 기관:** 한국산업인력공단

• 출제 경향

1. 고객의 나이, 얼굴형, 피부색, 체형, 피부건강상태 및 미용관리 부위의 정보를 파악 분석하여 고객상황에 맞는 이미지를 제안하고, 시술절차에 따른 각종 화장품 및 도구선택, 장비사용의 업무 숙련도 평가

2. 얼굴, 신체를 아름답게 하거나 특정한 상황과 목적에 맞는 이미지분석, 디자인, 메이크업, 뷰티 코디네이션, 후속관리 등을 실행하기 위한 적절한 관리법과 메이크업 도구, 기기 및 제품 사용법 등 메이크업 관련 업무의 숙련도 평가

• 출제 기준

1. 메이크업 미용사 출제기준(2016. 7.1. ~ 2020. 12. 31.) 적용

2. www.q-net.or.kr 메뉴상단 – 자료실 – 출제기준에서 출제 기준안 확인

3. www.q-net.or.kr 메뉴상단 – 자료실 – 공개문제에서 실기시험 변경안내 확인

• 취득방법

1. 시행처: 한국산업인력공단

2. 훈련기관: 직업전문학교 및 여성발전센터 미용과정, 미용학원 등

3. 시험과목
   - 필기: 1) 메이크업개론 2) 공중위생관리학 3) 화장품학
   - 실기: 메이크업 미용실무

4. 검정방법
   - 필기: 객관식 4지 택일형(60문항)
   - 실기: 작업형(2시간 30분 정도)

5. 합격기준: 필기, 실기 100점 만점으로 60점

직무 분야	이용 · 숙박 · 여행 · 오락 · 스포츠	중직무 분야	이용 · 미용	자격 종목	미용사(메이크업)	적용 기간	2016. 7. 1.~ 2020. 12. 31.
직무 내용	얼굴 · 신체를 아름답게 하거나 특정한 상황과 목적에 맞는 이미지 분석, 디자인, 메이크업, 뷰티코디네이션, 후속 관리 등을 실행하기 위해 적절한 관리법과 도구, 기기 및 제품을 사용하여 메이크업을 수행하는 직무			수행 준거	1. 작업자와 고객 위생 관리를 포함한 메이크업 용품, 시설, 도구 등을 청결히 하고 안전하게 사용할 수 있도록 관리 · 점검할 수 있다. 2. 고객과의 상담을 통해 메이크업 TOP(Time, Place, Occasion)를 파악할 수 있다. 3. 메이크업의 기본을 알고 기본, 웨딩, 미디어 등의 메이크업을 실행할 수 있다.		
실기 검정 방법			작업형	시험 시간			2시간 30분 정도

실기 과목명	주요 항목	세부 항목	세세 항목
메이크업 미용 실무	1. 메이크업 숍 안전 위생 관리	1. 메이크업 숍 위생 관리하기	1. 메이크업 시설, 설비 및 도구, 기기 등을 소독하거나 먼지를 제거할 수 있다. 2. 메이크업 작업 환경을 청결하게 청소할 수 있다. 3. 메이크업 시행에 필요한 기기 · 도구 · 제품 체크 리스트를 만들 수 있다. 4. 메이크업 도구 관리 체크 리스트에 따라 사전 점검 작업을 실시할 수 있다.
	2. 메이크업 상담	1. 얼굴 특성 분석 및 메이크업 상담하기	1. 고객과의 상담을 통해 메이크업 TPO를 파악할 수 있다. 2. 메이크업에 반영될 고객(작품)의 직업, 연령, 환경 등의 정보를 파악할 수 있다. 3. 고객 상담을 통해 원하는 스타일, 콘셉트 등을 파악할 수 있다. 4. 고객의 심리적, 정서적 특성을 고려하여 메이크업 디자인 정보를 고객에게 전달할 수 있다. 5. 고객 요구와 관찰을 통해 얼굴 형태, 특성 등을 파악할 수 있다. 6. 메이크업 시행 전 피부 상태를 문진표, 기기 등등 통해 파악할 수 있다. 7. 얼굴 특성 분석에 따른 메이크업 방향과 보완책을 고객에게 설명할 수 있다.
	3. 기본 메이크업	1. 기초 제품 사용하기	1. 메이크업을 위한 클렌징을 실시할 수 있다. 2. 피부 타입, 상태에 따라 기초 제품 제형, 바르는 순서 등을 선택할 수 있다. 3. 기초 제품으로 피부의 일시적인 이상, 트러블에 대한 조치를 취할 수 있다.
		2. 베이스 메이크업하기	1. 피부 상태, 디자인 등에 따른 메이크업 제형, 색상을 선택할 수 있다. 2. 얼굴 형태, 피부색 등을 고려하여 자연스러운 피부 표현을 할 수 있다. 3. 피부의 추가적인 결점 보완을 위한 제품을 선택할 수 있다. 4. 얼굴 형태, 피부 상태에 따른 윤곽 수정 제품을 사용할 수 있다.
		3. 아이 메이크업하기	1. 재료의 특성에 따른 질감, 발색, 밀착성, 발림성 등을 구분 · 선택할 수 있다. 2. 메이크업 목적, 디자인 등을 반영하여 아이 섀도를 표현할 수 있다. 3. 메이크업 목적, 디자인과 조화로운 아이라인을 표현할 수 있다. 4. 아이 메이크업 디자인과 조화되는 마스카라 제품을 활용할 수 있다. 5. 속눈썹 표현을 위하여 제품을 가공하여 표현할 수 있다. 6. 최신 아이 메이크업 트렌드, 제품 정보를 고객에게 설명할 수 있다.
		4. 아이브로 메이크업하기	1. 눈썹 형태, 얼굴형, 디자인 등에 따른 아이브로 이미지를 구분할 수 있다. 2. 메이크업 디자인, 스타일 등에 따른 아이브로를 표현할 수 있다. 3. 고객의 자기 관찰을 통한 요구 사항을 분석하여 아이브로 메이크업을 수정할 수 있다. 4. 최신 아이브로 표현 트렌드, 제품 정보 등을 고객에게 설명할 수 있다.

실기 과목명	주요 항목	세부 항목	세세 항목
		5. 립 & 치크 메이크업	1. 스타일과 조화로운 립 & 치크 기본 형태를 디자인할 수 있다. 2. 재료의 질감, 발색, 밀착성, 발림성 등을 구분할 수 있다. 3. 메이크업 디자인과 조화되는 제품을 선택하여 립 & 치크 메이크업을 할 수 있다. 4. 립 & 치크 메이크업 트렌드, 제품 정보를 고객에게 설명할 수 있다.
		6. 마무리 스타일링하기	1. 스타일, 표현 이미지와 조화되는 수정·보완 메이크업을 실시할 수 있다. 2. 메이크업 관련 스타일링, 코디네이션 트렌드를 고객에게 전달할 수 있다.
	4. 웨딩 메이크업	1. 웨딩 이미지 파악하기	1. 결혼식 장소의 조명, 크기, 공간 디자인 등을 파악할 수 있다. 2. 웨딩 촬영(화보) 콘셉트, 촬영 장소 특성 등을 파악할 수 있다. 3. 웨딩 드레스, 헤어스타일 등으로 고객이 선호하는 웨딩 이미지를 파악할 수 있다. 4. 수집된 정보를 종합 분석하여 고객이 원하는 웨딩 콘셉트를 제시할 수 있다. 5. 웨딩 관련 최신 트렌드와 메이크업 정보를 고객에게 제공할 수 있다.
		2. 웨딩 메이크업 이미지 제안하기	1. 웨딩 메이크업 이미지 연출을 위한 소품을 준비할 수 있다. 2. 수집된 정보를 분석하여 웨딩 메이크업 이미지를 제안할 수 있다. 3. 고객 요구를 반영하여 웨딩 메이크업 이미지를 수정할 수 있다. 4. 다양한 콘셉트의 웨딩 메이크업 포트폴리오, 시안을 제작할 수 있다.
		3. 웨딩 메이크업 실행하기	1. 웨딩 환경, 드레스, 스타일링 등을 고려한 웨딩 메이크업을 실행할 수 있다. 2. 웨딩 콘셉트와 신부 메이크업 방향을 고려하여 신랑 메이크업을 실행할 수 있다. 3. 웨딩 콘셉트와 조화로운 관계자(혼주 등) 메이크업을 실행할 수 있다. 4. 이미지 유지와 고객 요구에 따라 웨딩 현장에서 메이크업을 보완할 수 있다.
	5. 미디어 메이크업	1. 미디어 기획 의도 파악하기	1. 클라이언트, 연출자, 관계자 회의에서 작품 의도와 목적을 파악할 수 있다. 2. 촬영 관계자 회의에서 촬영 의도를 파악할 수 있다. 3. 작품 종류, 내용에 대한 사전 분석을 통해 기획 의도를 분석할 수 있다. 4. 미디어 장르별 표현 특징을 디자인 기획에 반영할 수 있다.
		2. 미디어 현장 분석하기	1. 세트장 크기, 전체 배경, 색감, 디자인 의도, 촬영 환경 등을 파악할 수 있다. 2. 시대적 배경, 시대 환경, 촬영 시간대 등의 현장 상황을 파악할 수 있다. 3. 조명, 색과 조도 변화에 따른 메이크업 강도, 색조를 조절할 수 있다. 4. 현장 분석 결과를 통해 메이크업 실시 시의 고려 사항을 도출해 낼 수 있다.
		3. 미디어 메이크업 이미지 분석하기	1. 기획 의도가 반영된 자료를 통해 모델 이미지를 분석할 수 있다. 2. 관계자 회의에서 모델 코디네이션, 스타일 요구를 파악할 수 있다. 3. 제작 회의 등에서 표현될 메이크업 이미지 시안을 발표할 수 있다. 4. 작품 의도, 목적을 부각시킬 수 있는 메이크업 방향 변화를 제안할 수 있다.
		4. 미디어 메이크업 캐릭터 개발하기	1. 인물 간 역학 관계, 성격, 특성 등을 파악하여 캐릭터를 설계할 수 있다. 2. 캐릭터 개발을 위해 연기자(모델)의 이미지, 체형 등을 분석할 수 있다. 3. 개발 캐릭터의 특징, 메이크업 방향 등을 시안으로 표현할 수 있다. 4. 캐릭터 특성을 표현하기 위한 부가적인 소품을 구비할 수 있다. 5. 작품 의도, 목적 부각을 위해 메이크업 캐릭터 콘셉트를 조정할 수 있다.
		5. 미디어 메이크업 실행하기	1. 미디어 현장의 조명에 따라 적합한 메이크업 제품을 선택하여 사용할 수 있다. 2. 작성된 캐릭터 시안을 중심으로 미디어 메이크업을 표현할 수 있다. 3. 미디어의 종류와 표현 색감에 따라 메이크업을 수정할 수 있다. 4. 미디어 촬영 현장에서의 메이크업 유지를 위하여 수정·보완할 수 있다. 5. 표현 미디어의 특성과 최신 트렌드를 지속적으로 수집·반영할 수 있다.

메이크업 미용사 실기시험 과제 구성

과제 유형	제1과제 (40분)	제2과제 (40분)	제3과제 (50분)	제4과제 (25분)
	뷰티 메이크업	시대 메이크업	캐릭터 메이크업	속눈썹 익스텐션 및 수염
작업 대상	모델			마네킹
세부 과제	① 웨딩(로맨틱)	① 현대1 – 1930(그레타 가르보)	① 이미지 (레오파드)	① 속눈썹 익스텐션(왼쪽)
	② 웨딩(클래식)	② 현대2 – 1950(마릴린 먼로)	② 무용(한국)	② 속눈썹 익스텐션(오른쪽)
	③ 한복	③ 현대3 – 1960(트위기)	③ 무용 (발레)	③ 미디어 수염
	④ 내추럴	④ 현대4 – 1970~1980(펑크)	④ 노역 (추면)	–
배점	30	30	25	15

● 총 4과제로 시험 당일 각 과제가 랜덤 선정되는 방식으로 아래와 같이 선정합니다.

  – 1과제 : ① ～ ④ 과제 중 1과제 선정

  – 2과제 : ① ～ ④ 과제 중 1과제 선정

  – 3과제 : ① ～ ④ 과제 중 1과제 선정

  – 4과제 : ① ～ ③ 과제 중 1과제 선정

● 각 과제 작업 종료 후 다음 과제를 위해 준비시간이 부여될 예정이며, 1, 2 과제 작업 후 클렌징 및 세안(준비 시간 내) 진행

메이크업 미용사 실기 수험자 유의 사항

아래 사항을 준수하여 실기시험에 임하여 주십시오. 만약 이러한 여러 가지 사항을 지키지 않을 경우, 시험장의 입실 및 수험에 제한을 받는 불이익이 발생할 수 있다는 점 인지하여 주시고, 감독 위원의 지시가 있을 경우, 다소 불편함이 있더라도 적극 협조하여 주시기 바랍니다.

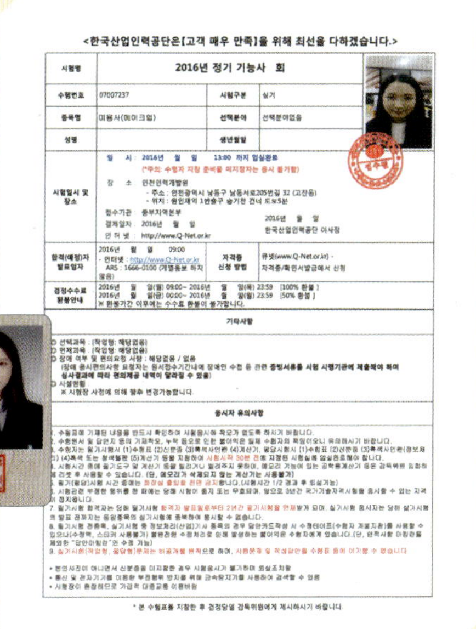

1. 수험자와 모델은 감독 위원의 지시에 따라야 하며, 지정된 시간에 시험장에 입실해야 합니다.

2. 수험자는 수험표 또는 신분증(본인임을 확인할 수 있는 사진이 부착된 증명서)을 지참해야 합니다.

3. 수험자는 반드시 반팔 또는 긴팔 흰색 위생복(1회용 가운 제외)을 착용하여야 하며 복장에 소속을 나타내거나 암시하는 표식이 없어야 합니다.

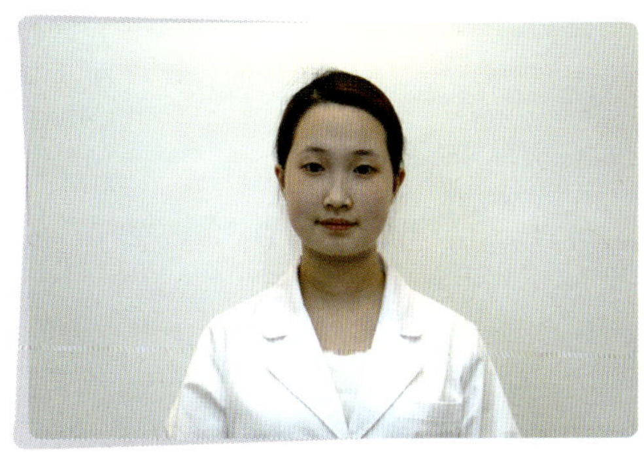

4. 수험자 및 모델은 눈에 보이는 표식(예 문신, 헤너, 네일 컬러링, 디자인 등)이 없어야 하며, 표식이 될 수 있는 액세서리(예 반지, 시계, 팔찌, 발찌, 목걸이, 귀걸이 등)를 착용할 수 없습니다(단, 문신, 헤나 등의 범위가 작은 경우 살구색의 의료용 테이프 등으로 가릴 수 있음).

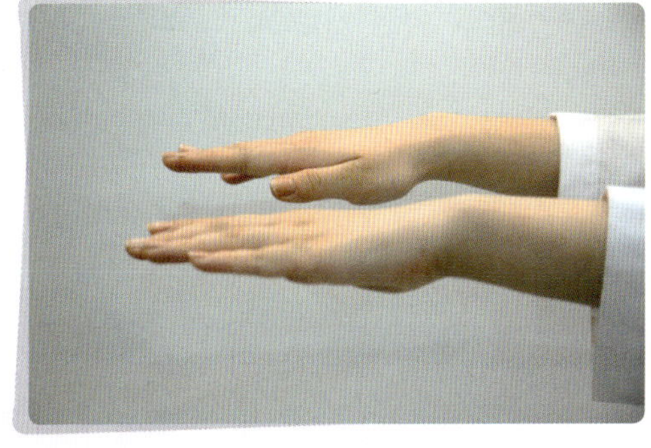
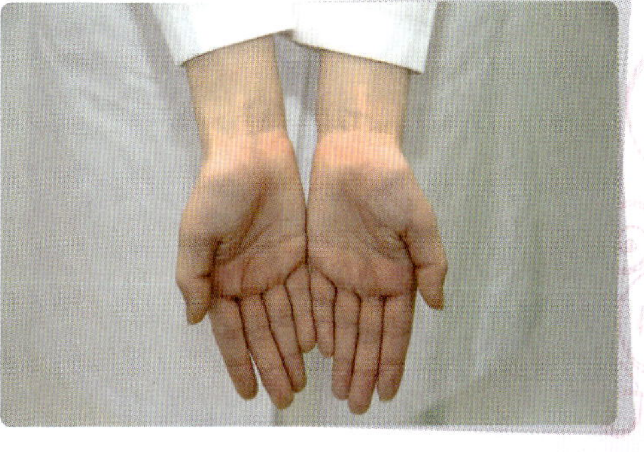

5. 수험자 및 모델이 머리카락 고정용품(머리핀, 머리띠, 머리망, 고무줄 등)을 착용할 경우 검은색만 허용합니다.

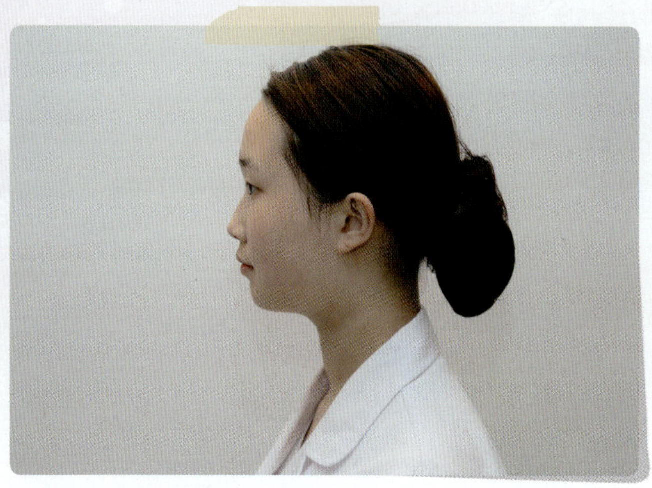

6. 수험자 또는 모델은 스톱워치나 핸드폰을 사용할 수 없습니다.

7. 모든 수험자는 함께 대동한 모델에 작업해야 하고 모델을 대동하지 않을 시에는 과제에 응시할 수 없으며, 채점 대상에서 제외됩니다.

- 메이크업 모델의 연령 제한에 따라 대동하는 모델은 본인의 신분증을 지참하여야 합니다.
- 모델 기준: 문신 및 반영구 메이크업(눈썹, 아이라인, 입술), 속눈썹 연장을 하지 않은 만 14세 이상 ~ 만 55세 이하(년도 기준)의 여성 모델
- 모델은 사전에 메이크업이 되어 있지 않은 상태로 시험에 임하여야 하며 눈썹염색 및 틴트 제품을 사용해 온 경우에는 사전 메이크업으로 간주되어 대동모델 조건에 부적합하며 채점대상에서 제외됩니다.
- 모델조건에 부적합한 경우 시험은 응시할 수 있으나 채점대상에서 제외(실격조치)

8. 수험자는 시험 중에 관리상 필요한 이동을 제외하고 지정된 자리를 이탈하거나 모델 또는 다른 수험자와 대화할 수 없습니다.

9. 과제별 시험 시작 전 준비 시간에 해당 시험 과제의 모든 준비물을 작업대에 세팅하여야 하며, 시험 중에는 도구 또는 재료를 꺼내는 경우 감점 처리합니다.

10. 지참하는 준비물은 시중에서 판매되는 제품이면 무방하며, 브랜드를 따로 지정하지 않습니다(정품 사용, 덜어오는 것 제외).

11. 지참하는 화장품 등은 외국산, 국산 구별 없이 시중에서 누구나 쉽게 구입할 수 있는 것을 지참(수험자가 평소 사용하던 화장품도 무방함)하도록 합니다.

12. 수험자가 도구 또는 재료에 구별을 위해 표식(스티커 등)을 만들어 붙일 수 없습니다.

13. 수험자는 위생 봉투(투명 비닐)를 준비하여 쓰레기봉투로 사용할 수 있도록 작업대에 부착합니다.

14. 매 과정별 요구 사항에 여러 가지의 형이 있는 경우에는 반드시 시험 위원이 지정하는 형을 작업해야 합니다.

15. 매 작업 과정 시술 전에는 준비 작업 시간을 부여하므로 시험 위원의 지시에 따라 행동하고, 각종 도구도 잘 정리 정돈한 다음 작업에 임하며, 과제 시작 전 사용에 적합한 상태를 유지하도록 미리 준비(작업대 세팅 및 모델 터번 착용 등)합니다.

16. 작업에 필요한 각종 도구를 바닥에 떨어뜨리는 일이 없도록 하여야 하며, 특히 눈썹 칼, 가위 등을 조심성 있게 다루어 안전사고가 발생되지 않도록 주의해야 합니다.

17. 시험 종료 후 지참한 모든 재료는 가지고 가며, 주변 정리 정돈을 끝내고 퇴실토록 합니다.

18. 제시된 시험 시간 안에 모든 작업과 마무리 및 작업대 정리 등을 끝내야 하며, 시험 시간을 초과하여 작업하는 경우는 해당 과제를 0점 처리합니다.

19. 각 과제별 작업을 위한 모델의 준비가 적합하지 않을 경우 감점 혹은 과제 0점 처리될 수 있습니다.

20. 1과제 종료 후 2과제 준비 시간 전에 본부 요원의 지시에 따라 클렌징 제품 및 도구를 사용하여 완성된 과제를 제거하고 2과제 작업 준비를 해야 합니다.

21. 2과제 종료 후 3과제 준비 시간 전에 본부 요원의 지시에 따라 클렌징 제품 및 도구를 사용하여 완성된 과제를 제거하고 3과제 작업 준비를 해야 합니다.

22. 3과제 종료 후 4과제 준비 시간 전에 본부 요원의 지시에 따라 클렌징 제품 및 도구를 사용하여 완성된 과제를 제거하고 4과제 작업 준비를 해야 합니다.

23. 시험 종료 후 본부 요원의 지시에 따라 마네킹에 기 작업된 4과제 작업분을 변형 혹은 제거한 후 퇴실하여야 합니다.

24. 다음의 경우에는 득점과 관계없이 채점 대상에서 제외됩니다.

① 시험의 전체 과정을 응시하지 않은 경우

② 시험 도중 시험장을 무단으로 이탈하는 경우

③ 부정한 방법으로 타인의 도움을 받거나 타인의 시험을 방해하는 경우

④ 무단으로 모델을 수험자 간에 교체하는 경우

⑤ 국가 기술 자격 검정 규정에 위배되는 부정 행위 등을 하는 경우

⑥ 수험자가 위생복을 착용하지 않은 경우

⑦ 수험자 유의 사항 내의 모델 조건에 부적합한 경우

⑧ 요구 사항 등의 내용을 사전에 준비해 온 경우(**예** 눈썹을 미리 그려 온 경우, 수염 과제를 미리 해 온 경우, 턱 부위에 밑그림을 그려 온 경우, 속눈썹(J컬)을 미리 붙여 온 상태 등)

25. 시험 응시 제외 사항

① 모델을 데려 오지 않은 경우 해당 과제는 응시할 수 없습니다.

26. 오작 사항

① 요구된 과제가 아닌 다른 과제를 작업하는 경우

　　(**예** 웨딩(로맨틱) 메이크업을 웨딩(클래식) 메이크업으로 작업한 경우 등이 해당함)

② 작업 부위를 바꿔서 작업하는 경우

　　(**예** 마네킹(속눈썹)의 좌우를 바꿔서 작업하는 경우 등이 해당함)

27. 득점 외 별도 감점 사항

① 수험자의 복장 상태, 모델 및 마네킹의 사전 준비 상태 등 어느 하나라도 미 준비하거나 사전 준비 작업이 미흡한 경우

② 필요한 기구 및 재료 등을 시험 도중에 꺼내는 경우

28. 미완성 사항

① 4과제 속눈썹 익스텐션 작업 시 최소 40가닥 이상의 속눈썹(J컬)을 연장하지 않은 경우

② 4과제 미디어 수염 작업 시 콧수염과 턱수염 어느 하나라도 작업하지 않은 경우

- 타월류의 경우 비슷한 크기이면 무방합니다.
- 아트용 컬러, 물통, 아트용 브러시, 비구니(흰색), 더마왁스, 실러(메이크업용), 홀더 (마네킹) 및 수험자 지참 준비물 중 필요한 재료의 추가 지참은 가능합니다.
- 공개문제 및 수험자 지참 준비물에 언급된 도구 및 재료 중 기타 실기시험에서 요구한 작업 내용에 영향을 주지 않는 범위 내에서 수험자가 메이크업 미용 작업에 필요하다고 생각되는 재료 및 도구 등은 (예: 아이새도(크림, 펄, 타입 등)류, 브러시류, 핀셋류 등) 추가 지참 할 수 있습니다.
- 소독제를 제외한 주요 화장품을 덜어서 가져오시면 안됩니다.
- 미용사(메이크업) 실기시험 공개문제(도면)의 헤어 스타일(업스타일, 흰머리 표현 등 불가) 및 장신구(티아라, 비녀 등 지참불가), 써클, 컬러렌즈(착용 불가), 헤어컬러링 상태 등은 채점 대상이 아니며 대동모델에게 착용 등이 불가합니다.

알림

※ 메이크업 미용사 실기에 응시하는 수험자는 반드시 사전에 미용사(메이크업) 공개문제를 사전에 확인하신 후에 준비하시기 바랍니다(실기시험의 경우 각 과제의 요구사항이 자주 바뀌는 경향이 있습니다).
→ 큐넷(www.q-net.or.kr) 사이트 접속 → 고객 지원 → 자료실 → 공개 문제 → 미용사(메이크업) 입력 후 검색하여 확인

뷰티 메이크업의 기본 이론

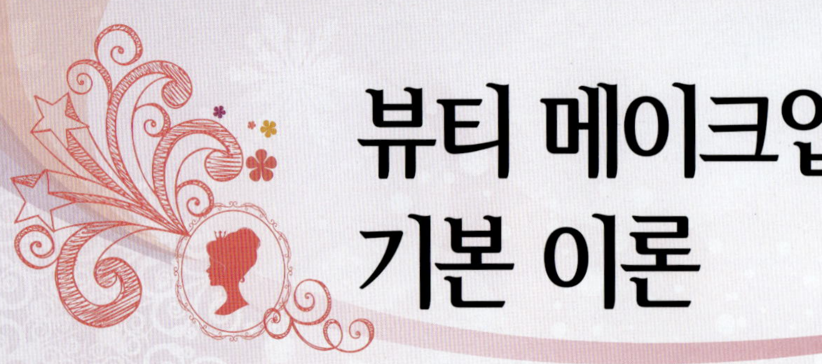

뷰티 메이크업의
기본 이론

뷰티 메이크업이란 피부톤을 정돈하여 얼굴의 장점을 부각시키고, 단점을 커버하여 피부색을 아름답게 표현하고 얼굴에 입체감을 주는 메이크업 기법을 말한다.

인위적인 메이크업보다는 자연 그대로를 연출하는 웨딩 메이크업, 계절 메이크업이 있다.

1 베이스 메이크업

　피부 화장 1단계에서 사용하는 보조 파운데이션으로 피부의 결점을 커버하여 건강하고 매력적인 피부 질감을 결정하는 중요한 메이크업 과정이다.

1 메이크업 베이스(Make-up Base)

　피부색을 보정하는 피부 메이크업의 첫 단계 제품으로 파운데이션의 지속성과 밀착도를 높이고, 파운데이션이나 색조 메이크업 등으로부터 피부를 보호하는 기능을 지니고 있다.

　또한 과다한 피지 분비를 막고 피부의 모공과 잔주름 등의 미세한 굴곡을 막아 매끈한 피부를 표현하는 프라이머(Primer), 촉촉한 표현의 수분 메이크업 베이스(Moisturized Make-up Base) 컬러감을 주는 컬러 컨트롤 베이스(Color Control Base), 글로시한 표현의 펄 메이크업 베이스(Pearl Make-up Base) 등이 있다.

2 파운데이션(Foundation)

　파운데이션은 피부색을 정돈하고 기미, 주근깨, 잡티 등의 결점을 커버하여 피부색을 아름답게 표현하는 역할을 한다.

　파운데이션의 컬러는 피부색에 가까운 베이스 컬러, 피부톤보다 1~2톤 밝은 하이라이트 컬러 피부톤보다 1~2톤 어두운 섀딩 컬러로 구분되며, 2~3가지 색상으로 윤곽을 수정하여 얼굴을 입체감 입게 연출하기도 한다.

　리퀴드 타입, 크림 타입, 스틱 타입, 파우더 파운데이션, 팬케이크 타입 등이 있으며 먼지, 바람, 자외선 등의 외부 자극으로부터 피부를 보호하는 기능도 있다.

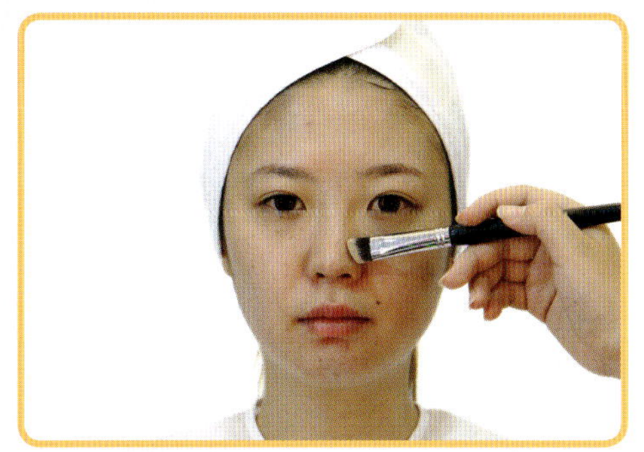

브러시 기법

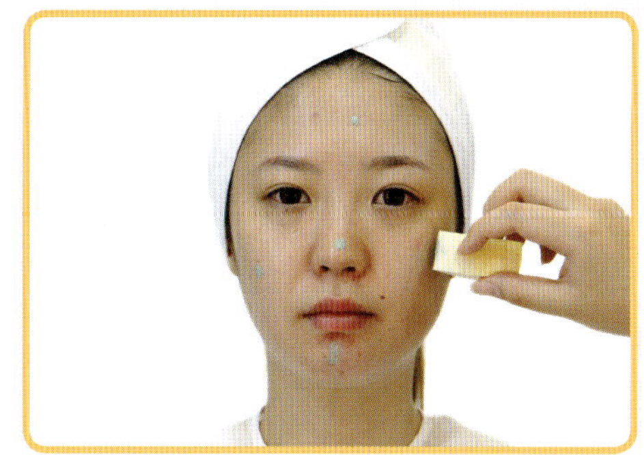

스펀지 기법

파운데이션 바르는 방법

① **슬라이딩 기법** : 가장 기초로 얼굴 전체에 피부 결 방향으로 고르게 미끄러지듯이 문질러 펴 바른다.

② **패팅 기법** : 피부의 결점 부위 등 좁은 부위를 두드리는 기법으로 피부 상태가 좋지 않거나 자연스럽게 베이스(파운데이션) 색과 연결시키는데 효과적이다.

③ **블렌딩 기법** : 하이라이트 또는 섀딩으로 경계가 생기는 부위에 경계가 생기지 않게 자연스럽게 혼합하듯이 연결시키는 방법이다.

④ **라이닝 기법** : 섀딩 컬러 파운데이션으로 얼굴의 윤곽 수정 등을 위해 노즈섀도 부분에 선을 긋는 기법, 낮은 코를 높게 보이는 효과가 있다.

① **묻히기** : 스펀지 퍼프의 1/3 가량만 묻혀 양볼, 이마, 턱, 코 파운데이션을 사용하는 것이 적당하다.

② **펴 바르기** : 양 볼을 피부결 방향에 따라 안쪽에서 바깥쪽으로 가볍게 미는 슬라이딩 기법으로 골고루 문지르듯 펴 바른다.

③ **콧방울 주위** : 스펀지 퍼프에 좁은 부분으로 얇게 펴 바른다.

④ **헤어라인 부분** : 미간에서 헤어라인 쪽으로 끌어당기듯 펴 바른 뒤 잔머리가 난 부분 위는 가볍게 터치하여 주변 경계가 지지 않도록 적당한 양을 사용한다.

⑤ **눈꺼풀** : 누르듯이 눈에 자극을 피하고 세심하게 바른다.

⑥ **턱 펴 바르기** : 파운데이션 스펀지 퍼프를 아래에서 위쪽 방향으로 눌러 주듯이 펴 바른다.

⑦ **밀착감 높이기** : 파운데이션이 잘 밀착되도록 스펀지 퍼프로 두드리듯 바르는 패팅(Patting) 기법을 이용하여 전체적으로 골고루 밀착감을 높인다.

⑧ **유분 제거** : 티슈로 살짝 눌러 유분을 가볍게 제거한다.

3 컨실러(Concealer)

여드름 자국, 주근깨, 기미, 다크서클 등 피부의 결점을 가리고, 메이크업 부분수정으로 자연스럽게 커버하여 화사하고 깨끗한 피부를 연출하는 기능이 있다.

또한 주름, 흉터처럼 피부의 파인 부분을 채워 주는 역할을 하기도 한다.

파운데이션을 바르기 전후에 사용하는데, 커버하고자 하는 부위와 색상에 알맞은 컨실러의 색상, 질감을 선택하여 피부색과 그라데이션이 잘 되도록 한다.

- **리퀴드 타입** : 눈 밑의 다크서클을 감추는데 사용한다.
- **스틱 타입** : 붉은 반점이나 뾰루지 등을 커버하는데 사용한다.
- **크림 타입** : 커버력이 우수하여 보편적으로 사용한다.
- **펜슬 타입** : 작은 부위의 결점을 커버하는데 효과적이다.

4 페이스 파우더(Face Powder)

파우더는 파운데이션의 유수분기를 제거하여 번들거림을 방지하고 파운데이션이 피부에 잘 안착되어 메이크업의 지속력을 높여 주는 역할을 하고 색조 메이크업의 표현력을 향상시킨다.

파우더의 종류에는 투명 파우더, 콤팩트 파우더, 무지갯빛 파우더, 브론즈 파우더, 피니시 파우더, 루스 파우더 등이 있다.

파우더 색상	기능
그린 파우더	피부의 붉은기를 완화시킴
핑크 파우더	혈색을 화사하게 함
피치 파우더	피부를 화사하게 함
오렌지 파우더	어두운 피부에 건강한 혈색을 부여함
보라 파우더	피부의 노란기를 감소시켜 주며 파티 메이크업 시 사용함

파우더 바르는 방법

① **퍼프 사용법**

- 두 개의 퍼프를 이용하여 한 개의 퍼프에 파우더를 묻힌 후 다른 퍼프로 비벼서 파우더의 양을 조절하고 퍼프에 고르게 퍼지도록 한다.
- T존 부분부터 시작하여 안쪽 얼굴 외곽으로 가볍게 두드리듯 발라 준다.
- 경계가 생기지 않도록 얼굴과 목, 눈 밑, 코 주변까지 퍼프를 반으로 접어 꼼꼼히 발라 준다.
- 남은 여분은 팬 브러시를 이용하여 털어낸다.

② **브러시 사용법**

- 파우더를 덜어 퍼프 위에 놓고 양 조절 후 파우더 브러시를 사용한다.
- 파우더 브러시에 파우더를 충분히 묻혀 얼굴 중심 방향 부분부터 세밀하게 발라 준다.
- 팬 브러시로 남은 여분을 가볍게 정돈한다.
- 커버력이 필요한 경우 납작 브러시를 사용하여 두드리듯 눌러 시술한다.

퍼프 기법

브러시 기법

② 아이브로우 메이크업

1 아이브로우

아이브로우는 얼굴의 인상을 결정짓고 형태를 바꾸거나 잘 다듬고 그려 아름다운 눈의 이미지를 표현하는 중요한 부분이다.

아이브로우는 얼굴 형태, 모발, 눈동자 색상·색조 화장을 고려하여 아이브로우의 색을 선택한다. 또한 아이브로우 산의 각도 두께에 변화를 주어 이미지를 변화시킬 수 있다.

종류는 펜슬 타입(Pencil type), 케이크 타입(Cake type), 젤 타입(Gel type), 마스카라 타입(Mascara type) 등이 있으며 강하고 고전적인 분위기를 연출할 때에는 검정색, 지적이고 부드러운 이미지를 연출할 때에는 갈색, 동양인의 자연스러운 눈썹을 표현할 때에는 회색기가 도는 색감을 사용한다.

1) 아이브로우 형태에 따른 이미지

① **기본형**

- 기본형은 모든 얼굴형에 잘 어울린다.
- 아이브로우 머리는 콧망울 선에서 수직으로 올라가는 선까지 그려 콧망울 45도 각도로 연장한 선까지 그린다.
- 아이브로우의 길이는 눈길이보다 짧지 않게 하여, 모든 얼굴형에 자연스럽고 가장 무난한 이미지를 연출한다. 아이브로우 꼬리는 머리보다 내려가지 않도록 한다.

② **직선형**

직선형은 아이브로우의 길이가 눈 길이보다 짧지 않게 표현하고 아이브로우 꼬리는 기본형보다 약간 더 짧게 표현한다. 활동적이며 남성적인 느낌의 긴 얼굴형이나 장방형에 적당하다.

③ **아치형**

아치형은 기본형보다는 아이브로우 두께가 가늘고 산이 올라갔으며, 아이브로우 꼬리를 둥글고 길게 표현한다. 마름모형, 역삼각형 얼굴에 잘 어울리며, 섹시하고 우아한 이미지이지만 자칫 나이가 들어 보이고 자연스럽지 않을 수도 있다.

④ **상승형**

상승형은 아이브로우 꼬리가 아래로 처지지 않도록 화살 모양으로 표현하되 너무 길게 그리지 않는다. 둥근 얼굴이나 각진 얼굴에 잘 어울리고, 역동적이며 개성 있고 강한 느낌의 아이브로우로 자칫 눈이 작아 보일 수도 있다.

⑤ **각진형**

각진형은 아이브로우로 지적인 이미지를 연출할 수 있으며 둥근 얼굴, 삼각형 얼굴에 적당하고 둥근 얼굴은 약간 상승형으로 각지게 그리면 얼굴이 갸름해 보이며 세련되고 단정한 이미지를 연출 할 수 있다.

기본형　　　　직선형　　　　아치형

상승형　　　　각진형

2) 얼굴형에 따른 아이브로우 표현 방법

① **계란형** : 가장 이상적인 얼굴형으로, 기본형의 아이브로우에서 자연스러운 굵기로 눈썹산을 조금 강조한다.

② **둥근형** : 귀엽고 여성스러운 이미지이며 자칫 밋밋해 보일 수 있는 얼굴형을 적당한 굵기와 길이로 눈썹산을 각지게 그리면 얼굴이 갸름해 보인다.

③ **긴형** : 지적이고 성숙한 이미지이며, 약간 도톰한 수평 형태의 일자 굵기로 살짝 직선적인 느낌으로 그린다.

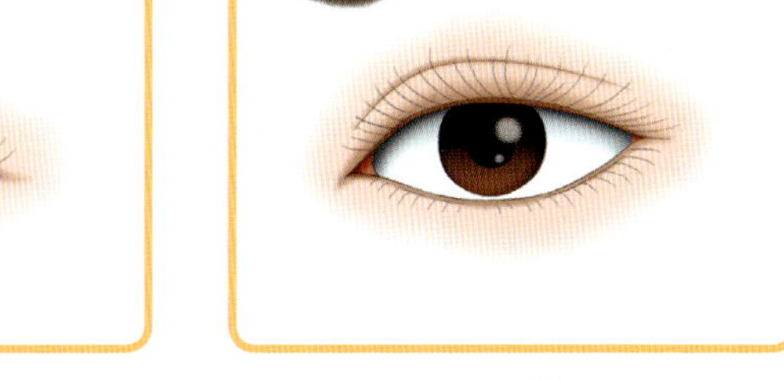

계란형	둥근형	긴 형

④ **역삼각형** : 인상이 차가워 보일 수 있는 형태로, 넓은 이마와 좁은 긴 턱의 균형을 맞추는 것이 중요하다. 눈썹 길이의 1/2 정도에 눈썹산을 주고 눈썹산을 안쪽에 두고 아치형으로 가늘게 그린다.

⑤ **삼각형** : 이마가 좁고 양 턱이 발달한 경우 아이브로우 곡선으로 매끄러운 아치형을 그린다. 꼬리 부분을 늘려 전체적으로 약간 긴 형태로 표현하면 좁은 이마도 넓어 보이고 얼굴이 작아 보인다.

⑥ **사각형** : 강하고 남성적인 이미지를 주기 때문에 곡선으로 매끄러운 아치형을 그려 여성스럽고 부드러워 보이게 한다.

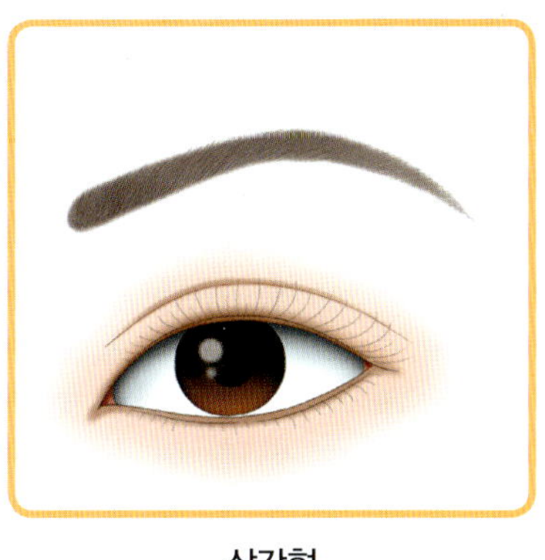

역삼각형	삼각형	사각형

3) 아이브로우 연출하는 순서

① 눈썹 결대로 사선 아래 방향 쪽으로 스크루 브러시를 사용하여 빗어 준다.

② 눈썹 잔털을 다듬어 앞머리에서 뒤로 갈수록 가지런하게 정돈한다.

③ 눈썹 꼬리의 모가 길 경우 아래 방향으로 빗질 후 끝부분을 가늘고 깔끔하게 잘라 준다.

④ 브라운색 섀도를 소량 브러시에 묻혀 눈썹 앞부분부터 끝부분까지 눈썹 두께를 잡아 그라데이션을 한다.

⑤ 아이브로우 펜슬을 사용하여 누워 있는 눈썹의 중간 부분을 자연스러운 눈썹 결 그대로 살려 그려 준다.
⑥ 눈썹 아래 방향으로 나 있는 끝부분은 결대로 살려 눈썹 안을 꽉 채워 그려 준다.
⑦ 펜슬을 사용하여 심듯이 터치하여 눈썹 앞머리 부분을 눈썹 결대로 살려 가볍게 그려 준다.
⑧ 스크루 브러시로 자연스럽지 않은 부분을 빗질하여 부드럽게 표현한다.

펜슬 기법

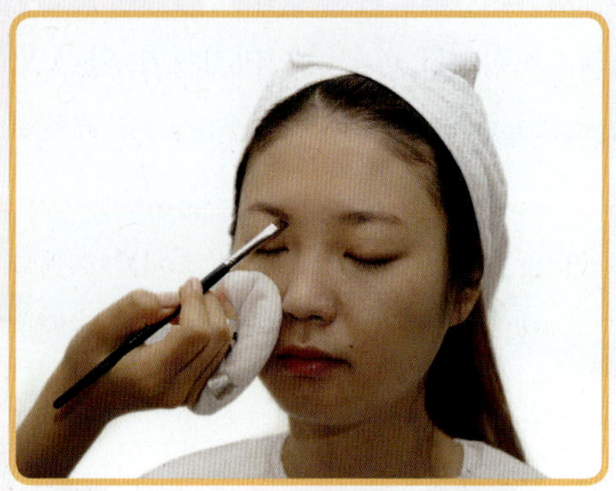

브러시 기법

② 아이섀도

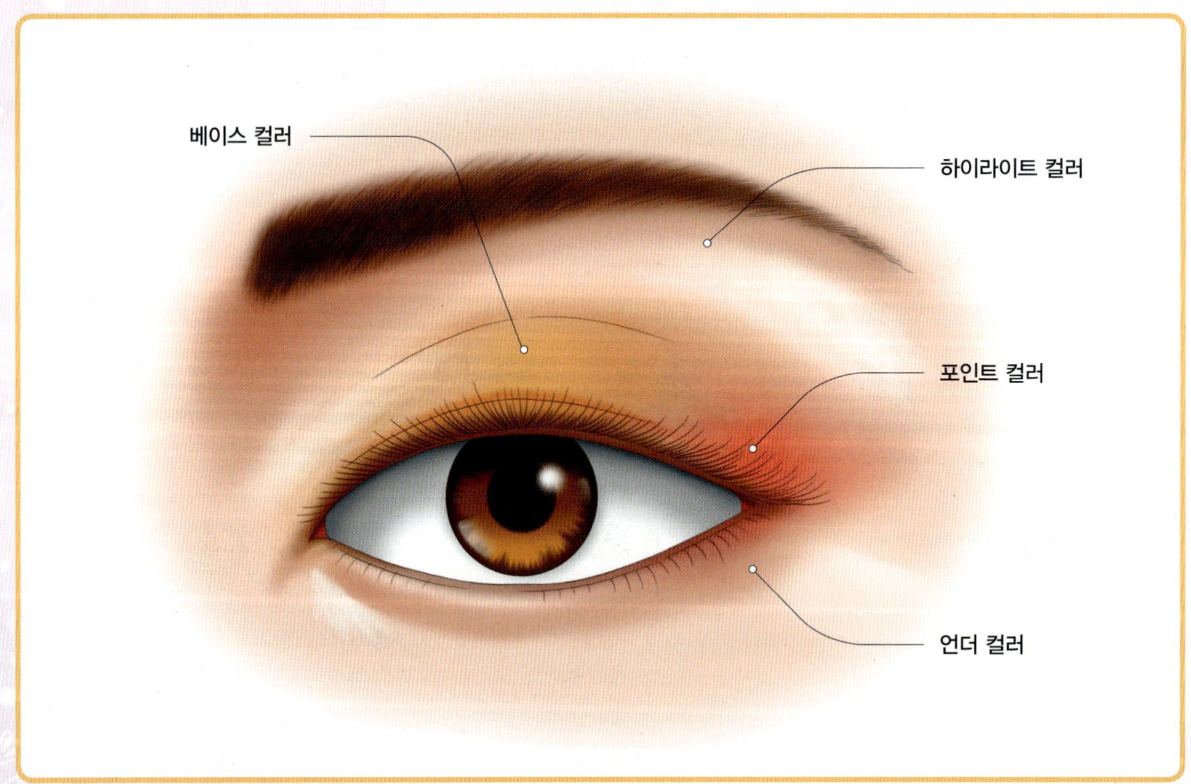

아이섀도는 눈매가 또렷하도록 눈 주변에 색상을 입혀 이미지를 표현하고 입체감을 주어, 눈의 단점을 보완하고 눈매를 더욱 돋보이게 하며, 다양한 컬러를 사용하여 개성을 연출한다.
크림 타입(Cream type), 케이크 타입(Cake type), 파우더 타입(Powder type), 펜슬 타입(Pencil type)이 있다.

부위와 색상에 따라 베이스 컬러(Base color), 포인트 컬러(Point color), 언더 컬러(Under color), 하이라이트 컬러(Highlight color)로 명칭을 구분한다.

아이섀도의 기본 테크닉

① 아이섀도의 발색을 위해 화이트 또는 누드 계열 섀도를 바른 후 눈썹 주변도 깨끗하게 정돈한다.

② 전체적으로 베이스 컬러를 소량 도포한다.

③ 자연스럽게 베이스 컬러를 언더라인의 눈꼬리 앞머리 방향으로 그라데이션 처리한다.

④ 자연스럽게 포인트 컬러를 눈의 1/3 안에서 아이홀 경계 안쪽으로 그라데이션하며, 소량씩 덧발라 원하는 컬러가 나올 수 있도록 한다.

⑤ 자연스럽게 포인트 컬러를 언더에도 사용하여 그라데이션 처리한다.

⑥ 눈썹 뼈, 눈 앞머리 등에 하이라이트 컬러를 발라 아름답고 환한 눈매를 연출한다.

3 아이라이너(Eyeliner)

아이라이너는 눈매를 또렷하게 강조하고 눈의 단점을 보정하여 눈의 모양을 예쁘게 만들거나 승화시킨다. 케이크 타입(Cake type), 젤 타입(Gel type), 펜슬 타입(Pencil type), 리퀴드 타입(Liquid type), 붓펜 타입 등이 있다.

펜슬 기법

브러시 기법

4 마스카라

마스카라는 속눈썹을 길고 풍성하게 하여 눈을 보다 선명하고 또렷하게 해 주고, 눈에 깊이감을 부여하며 볼륨감을 준다.

뷰러를 이용하여 속눈썹을 컬링한 후 발라 주거나 인조 속눈썹 위에 덧바르기도 하며 바를 때에는 모델의 눈두덩이를 손으로 밀어 올려 고정시키고, 모델이 아래를 보게 한다.

투명 마스카라, 볼륨 마스카라, 롱래시 마스카라, 섬유질 마스카라, 워터 프루프 마스카라 등이 있다.

뷰러 사용 방법

마스카라 바르는 방법

5 인조 속눈썹(False Eyelashes)

인조 속눈썹은 길이와 굵기, 색상, 형체에 따라 속눈썹이 더 길고 풍성해질 뿐만 아니라 눈매가 더 또렷하고 커 보이는 효과를 주며, 양 눈의 쌍꺼풀 라인이 다른 경우 등의 수정 및 보완을 위한 도구로도 활용한다.

한 가닥씩 떨어진 스트립 래시 타입(Strip Lashe type) 과 통째 사용하는 스트랜드 래시 타입(Strand Lashe type) 등이 있다.

인조 속눈썹 붙이는 방법

① 인조 속눈썹을 아이라인에 얹어 인조 속눈썹의 길이를 측정하는데, 눈 길이보다 약간 길게 양쪽에서 인조 속눈썹을 자른다.

② 속눈썹 접착제를 적당량 덜어 안쪽 선을 따라 바르고 양 끝은 한 번 더 바른다.

③ 5초 정도 지난 후 트위저를 이용하여 눈 앞머리부터 속눈썹 아이라인에 자연스럽게 얹는다.

④ 트위저 또는 면봉을 이용하여 접착된 부분을 지그시 눌러 준다.

인조 속눈썹 길이 재기

인조 속눈썹 붙이기

6 치크 메이크업

치크 메이크업은 얼굴형을 수정하여 얼굴에 혈색을 주어 여성미를 돋보이게 한다. 밋밋한 윤곽에 음영을 주어 입체감 있는 얼굴을 표현하고 화사한 이미지를 연출하도록 한다.

크림 타입, 파우더 타입 등이 있으며, 여성스럽고 우아한 이미지에는 로즈 핑크색, 귀엽고 사랑스러운 이미지 연출에는 파스텔 톤의 화사한 핑크, 세련되고 지적인 이미지에는 브라운 계열 색으로 연출하고 생동감있고 건강한 이미지에는 오렌지 계열의 치크를 사용하여 표현한다.

브러시 기법 – 파우더 타입

스펀지 기법 – 크림 타입

얼굴형에 따른 치크 사용 방법

① **긴형** : 볼 뼈 아랫부분을 중심으로 가로 형태로 분할하는 느낌으로 펴서 발라 준다.

② **사각형** : 치크 부위를 둥글게 발라 각진 부분이 강조되지 않도록 턱 끝을 향해 펴 줌으로써 각져 보이는 얼굴이 작아 보이도록 표현한다.

③ **역삼각형** : 치크의 위치를 안에서 바깥 방향으로 코끝을 향해 둥글게 펴 준다.

④ **둥근형** : 입꼬리를 향하도록 사선 방향으로 둥근 느낌을 최소화하여 펴 준다.

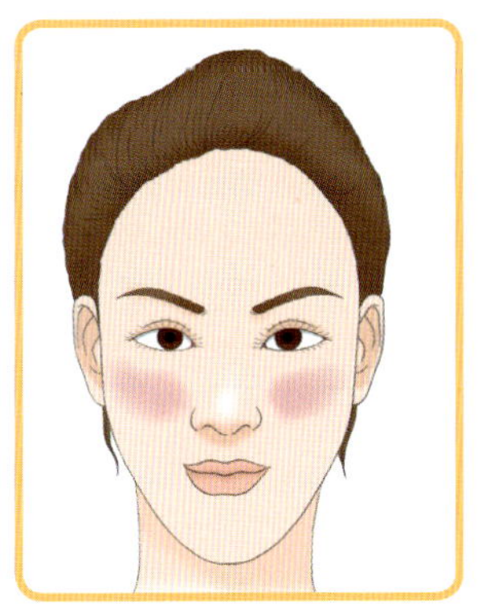

긴 형

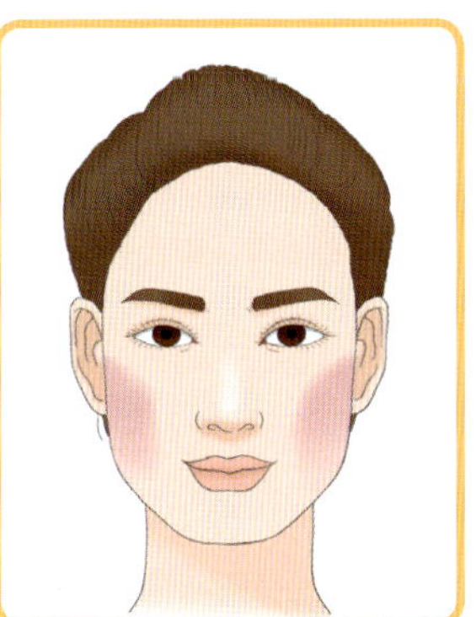

사각형

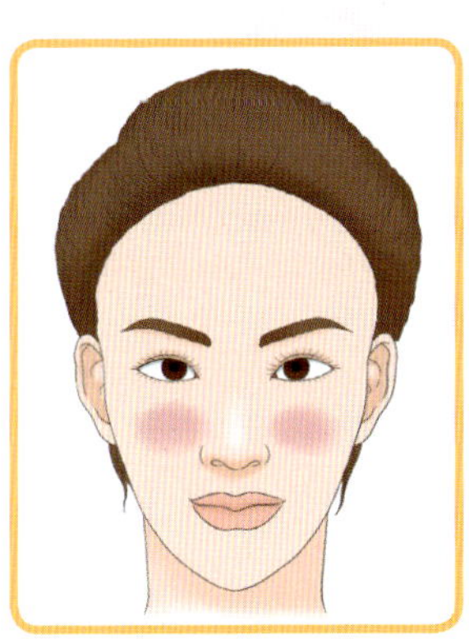

역삼각형

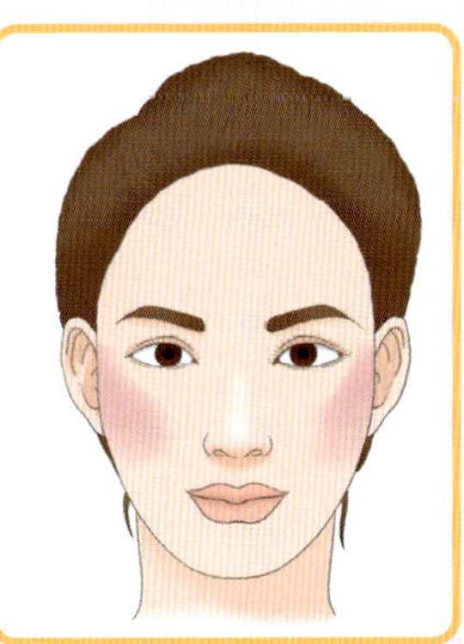

둥근형

③ 립 메이크업

립(Lip) 메이크업은 얼굴 형태에서 이미지를 결정짓는데 중요한 역할을 한다.

립 제품의 종류에 따라 재료의 질감 및 발색을 통해 다양한 질감과 볼륨감을 형성할 수 있으며, 피부색, 아이섀도 형태 및 컬러, 계절, 의상 등의 요소에 따라 립 메이크업을 다르게 연출할 수 있다.

립 메이크업에 사용되는 제품의 종류에는 립 펜슬, 립 글로스, 립스틱, 립 틴트, 립 라커, 립크림 등이 있다.

1 립 메이크업 기본 테크닉 방법

① 파운데이션과 컨실러를 이용하여 립 라인과 입술색을 수정하고 얼굴형을 고려하여 입술 산의 형태를 수정 및 보정하여 입술 라인의 지저분한 부분을 정리한다.

② 얼굴형에 맞는 립 이미지를 선택, 입술 모양을 고려하여 입술 두께 및 구각의 넓이 등을 정해 립 라인을 그린다.

③ 선택한 립스틱 색상으로 본래 입술보다 비율은 1~2mm정도의 범위 내에서 수정하고 입술 산을 기준으로 좌우 대칭이 되도록 한다.

④ 립 브러시를 사용하여 입술이 좌우 대칭이 되도록 골고루 펴 바르고 선의 지저분한 곳은 면봉을 이용하여 정리한다.

⑤ 입술 산과 구각을 깔끔하게 바르고, 색상은 균일하고 매끈하게 바르고 립스틱의 유분이 많으면 휴지로 유분기를 살짝 제거한 후 매트한 상태에서 립 글로스를 사용한다.

2 립 라인에 따른 이미지

① **아웃 커브(Out Curve)** : 성숙하고 섹시하고 매력적인 분위기를 연출할 때에는 그리며 립 라인보다 1~2mm 크게 그린다. 입술이 작고 얇은 사람에게 그려 주면 단점이 보완된다.

② **직선형 커브(Straight Curve)** : 립 라인을 직선으로 표현하여 활동적이고 지적인 이미지를 연출하며, 본래 입술 라인 그대로 둥글리지 않고 구각에서 입술 산까지의 선을 직선형으로 그려 준다.

③ **인 커브(In Curve)** : 귀엽고 여성스러운 이미지로서, 원래의 립 라인보다 1~2mm 안쪽으로 작게 그리며, 입술이 크거나 두꺼운 사람에게 단점을 보완할 때 주로 활용한다.

아웃 커브

직선형 커브

인 커브

③ 입술 모양에 따른 수정 방법

① **얇은 입술** : 컨실러를 이용하여 립 라인을 수정하여 본인의 입술보다 위아래 높이를 1~2mm 정도 바깥으로 그려 주고, 밝은 색 펄이 들어간 색이나 광택이 있는 립 글로스를 이용해 볼륨감을 준다.

② **두꺼운 입술** : 컨실러를 이용하여 입술선을 수정하여 본인의 입술보다 위아래 높이 1~2mm 정도 작게 그려 주고, 진 한색이나 어두운 컬러의 라이너로 입술이 작게 보이도록 윤곽을 잡아 준다.

③ **구각이 처진 경우** : 아랫입술과의 조화를 고려하여 구각을 1~2mm 올려 그리는데, 너무 올려 그리면 자연스럽지 않으므로 주의하여 윗입술은 인 커브로 그린다.

④ **윗입술이 두꺼운 경우** : 립 라인을 수정한 후 윗입술선 안쪽으로 본래의 윤곽선보다 1mm 정도 크게 그린다. 입술선을 약간 강조하여 두께가 있어 보이게 해 준다.

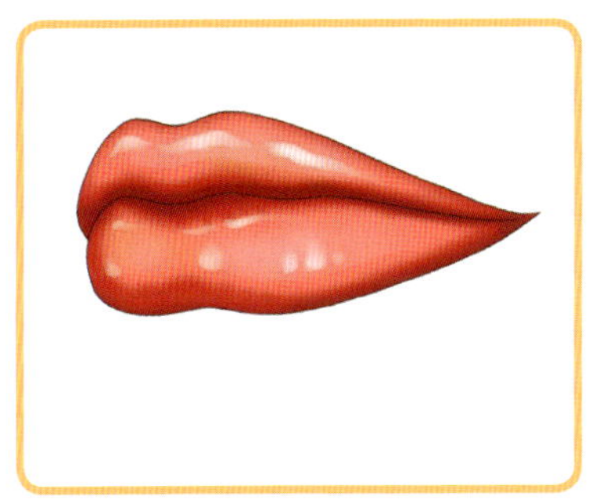

얇은 입술

두꺼운 입술

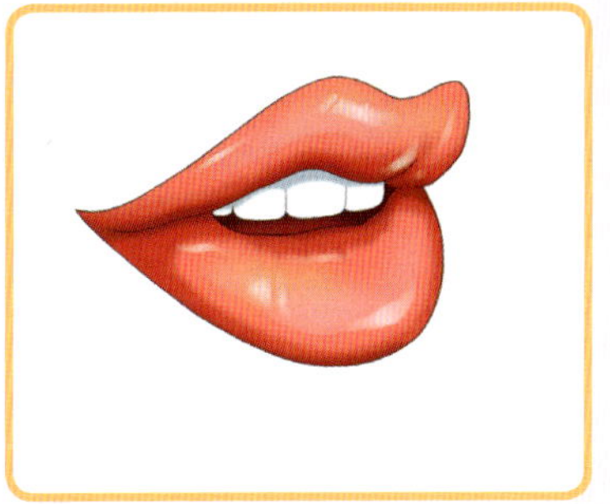

구각이 처진 경우

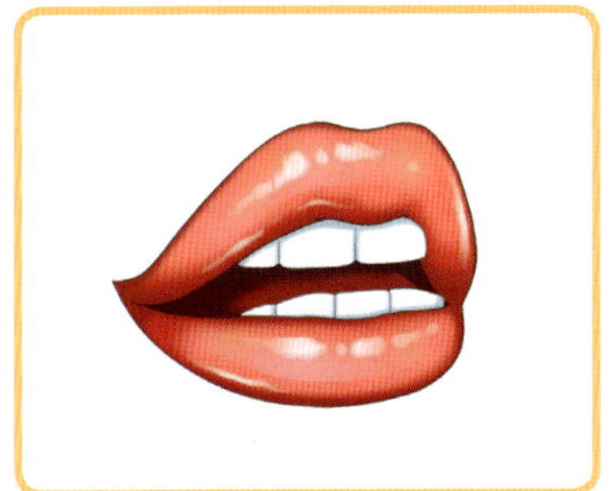

윗입술이 두꺼운 경우

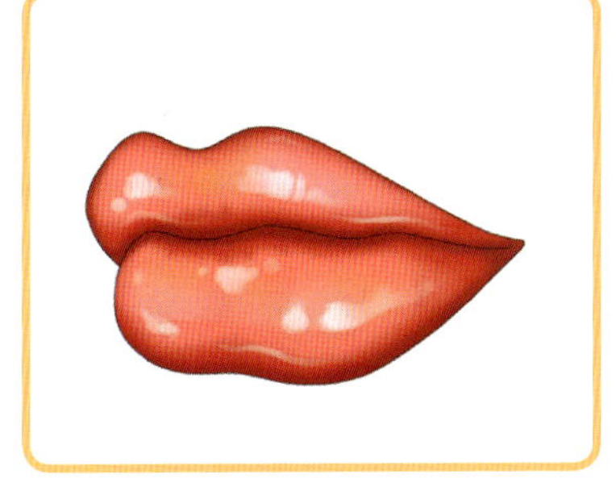

아랫입술이 두꺼운 경우

4 메이크업 도구(기본 도구)

1 스펀지

① 기능

- 탄력이 있고 매끈해야 한다.
- 파운데이션의 밀착력이 뛰어나야 하며 흡수력이 우수해야 한다.
- 세척 시 형태가 그대로 유지되어야 한다.
- 형태 복원력이 뛰어나야 한다.

② 종류

- **라텍스 스펀지** : 리퀴드, 크림, 스틱 타입 등의 파운데이션을 골고루 펴 바를 때 사용하는 도구이며, 코 옆이나 눈가 등 정밀한 작업 시 편리한 도구이다. 사용 시 오염되었을 경우 가위로 잘라내고 사용하며 물로 세척이 불가능하므로 반드시 폐기 처분한다.
- **해면 스펀지** : 액체 파운데이션, 팬 케이크, 트윈 케이크를 바를 때 사용하고, 화장을 지울 때 사용하는 도구이며, 따뜻한 물로 세척하여 건조시키며 건조 후 딱딱해지므로 스펀지가 완전히 젖으면 종이 타월에 물기를 제거한 후 사용하여야 하며 사용 후 깨끗이 세척 및 건조하여 보관한다.
- **합성 스펀지** : 합성섬유로 된 스펀지로 조직이 섬세하고 탄력이 있어 파운데이션을 펼 때 사용하며, 얼굴 부위에 따라 퍼프 크기 조절이 가능하며, 사용 후 미온수에 중성 세제를 풀어 세척한 후 건조시켜 자외선 소독기에 소독한다. 반영구적 도구이다.

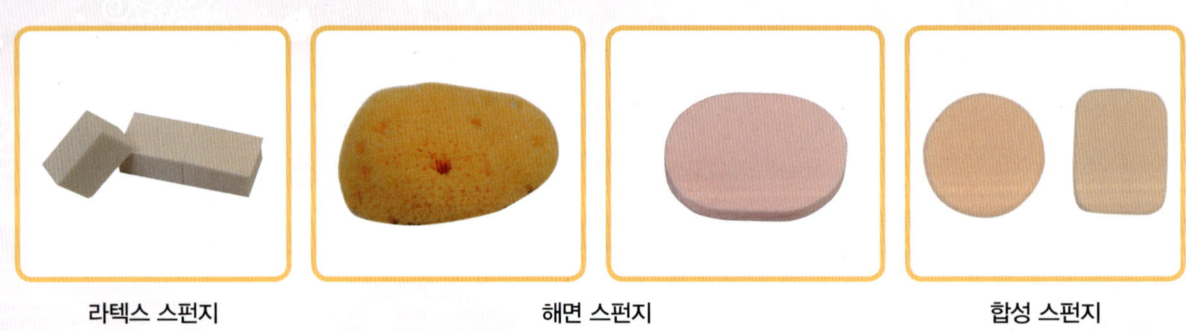

| 라텍스 스펀지 | 해면 스펀지 | 합성 스펀지 |

③ 사용 방법 : 코를 중심으로 얼굴 안에서 바깥쪽으로, 얼굴 넓은 면에서 좁은 부위로, 평평한 면을 구석진 부분으로, 아래에서 위쪽 방향으로 펴 발라 준다.

2 파우더 퍼프(Powder Puff)

① 기능

- 파우더를 바를 때 사용하는 도구로 촉감이 부드럽고 100% 면으로 된 것이 좋다.
- 퍼프는 분말 파우더의 뭉침이 없어야 하며, 결이 부드럽고 탄력성이 있는 것이 좋다. 세척 후 물기를 짠 후 면 퍼프의 뭉침 현상 없이 형태가 유지되어야 하며, 바람이 통하는 그늘 또는 형태를 유지하기 위해 종이 타월이나 수건 위에서 말린다.

퍼프

② 종류

- 사각형
- 둥근형

③ **사용 방법** : 파우더를 바를 때 사용하는 도구로 면 퍼프를 2개 정도 준비하여 퍼프 사이사이에 있는 파우더가 골고루 묻도록 비벼 얼굴에 꾹꾹 눌러 피부가 보송보송 피어나 보이도록 바른다.

3 피부 표현 브러시(Make-up Brush)

① **기능**

- 메이크업의 시작과 마무리를 위해 중요한 도구이며 털의 촉감이 부드럽고 탄력이 있어야 한다.
- 팬 브러시는 약간 뻣뻣한 느낌이 있는 것이 좋다.
- 제품의 잔여물이 쉽게 제거되어야 하며 브러시의 털 빠짐이 없어야 좋다.
- 세척 후에도 형태가 변형되지 않아야 한다.

② **종류**

	아이브로우 브러시 (Eye Brow brush)	눈썹의 빈 공간을 짙게 만들거나 채우기 위해 브러시는 각진 사선 형태가 가장 이상적이며 붓끝은 각진 것과 둥근 것이 있으며, 합성 섬유나 족제비털, 돼지털 같은 강모로 만들어져 있다.
	노즈섀도 브러시 (Noseshadow brush)	노즈섀도, 또는 아이섀도를 가볍게 펴 바를 때 사용한다.
	컨실러 브러시 (Concealer brush)	컨실러 브러시는 인조모가 좋으며, 상처·점·여드름 등을 컨실러로 케어할 때 사용하는 작고 가는 브러시이다.
	팬 브러시 (Fan brush)	부채꼴 모양의 브러시로 파우더 여분의 가루를 털어낼 때 사용하거나 아이섀도를 한 후에 떨어진 여분의 가루를 털어낼 때 사용하는 도구이다.
	치크 브러시 (Cheek brush)	둥근 모양이며 부드러운 촉감으로 붓끝이 고급 양모로 만들어진 브러시이다. 얼굴에 혈색을 표현하고 얼굴형을 수정할 때 사용하는 도구이며 얼굴이 둥근형은 넓게 펴줄 때 사용하고 사선형 얼굴은 좁게 표현한다.

	파운데이션 브러시 (Foundation brush)	파운데이션을 얇게 펴 바를 때 사용하며, 얼굴에 광택을 표현할 때 자연스러운 피부 표현이 가능하며 코를 중심으로 안에서 바깥쪽으로 반복하여 터치를 하되 파운데이션 도포 시 붓 자국이 생기지 않도록 주의하여야 한다. 인조모가 적당하며 사용 후 세척하여 건조시킨다.
	파우더 브러시 (Powder brush)	브러시 세트에서 가장 큰 브러시이다. 피니시 메이크업 단계에서 과다한 파우더를 털어 내고 투명한 느낌으로 마무리할 때 피부 안쪽에서 바깥 방향으로 쓸어 주듯 사용하며 페이스 브러시라고도 한다.
	립 라이너 브러시 (Lip Liner brush)	립 라인을 그릴 때 효과적인 브러시로 입술 산과 입술구각과 같이 섬세하게 선을 표현할 때 사용한다.
	립 브러시 (Lip brush)	립스틱을 바를 때 사용하며 브러시의 털끝이 모여 있고 둥근 입술을 그리는데 편리한 브러시는 둥근형과 납작한 모양이 있으며 사용 후 세척하여 항상 깨끗하게 보관한다.
	아이브로우 콤 브러시 (Eye Brow Comb brush)	눈썹의 형태와 길이 조절, 펜슬 자국을 펴 줄 때, 엉긴 부위를 펴 주거나 진한 눈썹의 경우 솔을 이용하여 자연스럽게 펼 때도 사용한다.
	스크루 브러시 (Screw brush)	눈썹을 빗어 눈썹 결을 정리하는 나선형 브러시로 진한 눈썹의 경우 자연스럽게 만들어 주고 마스카라가 뭉쳤을 때 위아래로 빗어 사용한다.
	아이섀도 브러시 (Eye Shadow brush)	족제비 털로 만들어진 것으로 용도와 시술 면적에 따라 다양한 제품이 있으며, 납작하고 끝이 가지런한 스퀘어 형태와 둥근 모양의 라운드 형태가 있다. 아이섀도 색에 따라 베이스 컬러용, 메인 컬러용, 하이라이트용으로 나누어 사용한다. 브러시 종류가 많을수록 작업하기가 순조롭다.
	스펀지 팁 브러시 (Sponge Tip brush)	스펀지 재질의 브러시로 포인트 컬러를 바르거나 펄 제품을 바를 때 사용하는 도구이며 초보자도 쉽게 사용한다.
	아이라이너 브러시 (Eye Liner brush)	아이라인을 스킨에 묻혀 그릴 때 사용하는 도구로 탄력이 있으며 작고 짧은 붓이나 아주 가는 붓으로 젤 아이라이너나 리퀴드 아이라이너를 바르는데 사용하며 붓 끝이 갈라지지 않도록 보강에 유의한다.

4 기타 도구

	면봉 (Cotton)	아이섀도, 립 라인, 립스틱, 아이라이너, 마스카라가 뭉치거나 선 밖으로 나오고 묻었을 때 섬세한 수정을 할 때 많이 쓰이며, 메이크업 시 요긴하게 쓰인다.
	족집게 (Tweezer)	반드시 소독하여 사용하여야 하고 인조 속눈썹을 붙일 때 사용하는 도구이며 눈썹 정리 시에도 사용한다.
	눈썹 가위 (Eyeborw Clipper)	반드시 소독하여 사용하여야 하고 눈썹을 다듬거나 정리할 때 사용한다.
	눈썹 칼 (Eyebrow Knife)	반드시 소독하여 사용하여야 하고 눈썹을 다듬을 때 사용하며 반드시 철제 부분을 주의하여 청결하게 소독하여야 한다.
	펜슬깎이 (Sharpener)	펜슬을 미세하게 깎아 주는 도구이며 반드시 청결하게 유지해야 한다.
	스파출라 (Spatula)	반드시 소독하여 사용하여야 하고 위생적으로 제품을 덜어 내거나 섞는 주걱 형태의 제품이다.
	팔레트 (Palette)	반드시 소독하여 사용하여야 하고 메이크업 제품들의 색상을 배합하는데 사용한다.

번호	재료명	규격	단위	수량	비고
1	모델	모델 기준 참조	명	1	모델 기준 참조
2	위생 가운 – 위생을 위해 착용	긴팔 또는 반팔, 흰색	개	1	시술자용, 1회용 가운 불가
3	눈썹 칼 – 눈썹 주변 정리 시 사용	눈썹 정리용	개	1	메이크업용, 미사용품
4	브러시 세트 – 메이크업 시 활용 도구	메이크업용	세트	1	
5	어깨 보 – 시술 시 청결을 위해 모델이 착용	메이크업용, 흰색	개	1	모델용
6	스펀지 퍼프 – 메이크업 베이스, 파운데이션 등의 활용 시 사용	메이크업용	개	필요량	필요량, 메이크업용, 미사용품
7	분첩 – 파우더를 묻혀 펴 바를 때 사용	메이크업용	개	1	메이크업용, 미사용품
8	뷰러 – 속눈썹을 컬링할 때 사용하는 도구	메이크업용	개	1	메이크업용
9	타월(흰색) – 메이크업 시술 시 테이블에 청결을 위해 깔아두는 용도	40×80cm 내외	개	필요량	필요량, 작업대 세팅용, 세안용
10	소독제 – 시술 전 시술자의 손소독 및 제품 소독 시 사용	액상 또는 젤	개	1	액상 또는 젤, 도구, 피부 소독용
11	탈지면 용기 – 위생을 위해 솜을 보관하는 용기	(뚜껑이 있는)	개	1	뚜껑이 있는 용기
12	탈지면(미용솜) – 손 소독 및 모델의 이물질 제거 시 사용	미용용	개	필요량	필요량
13	미용 티슈 – 청결을 위해 메이크업 시술 시 이물질을 제거할 때 사용	미용용	개	″	필요량, 미용용
14	면봉 – 메이크업 수정 및 이물질 제거 시 사용	미용용	개	″	필요량
15	족집게 – 인조 속눈썹을 붙이거나 잔털 제거 시 사용	눈썹 관리용	개	1	눈썹 관리용
16	터번(헤어밴드) – 시술 시 모델의 머리카락이 흘러내려 오지 않도록 고정하는 도구	흰색 터번	개	1	흰색

번호	재료명	규격	단위	수량	비고
17	아이섀도 팔레트 – 아이 메이크업 시 눈두덩이에 사용하는 색조 화장품	(단품 제품 지참 가능)	세트	1	메이크업용, (단품 제품 지참 가능)
18	립 팔레트 – 입술에 색조와 질감 표현을 주기 위해 바르는 제품	(단품 제품 지참 가능)	세트	1	메이크업용, (단품 제품 지참 가능)
19	메이크업 베이스 – 파운데이션을 바르기 전 사용	메이크업용	개	1	메이크업용
20	페이스 파우더 – 피부의 유분기를 잡아 표현하는 제품	메이크업용	개	1	메이크업용
21	아이라이너 – 눈을 선명하고 또렷하게 보완 시 사용하는 제품	브라운색, 검정색	개	각 1	브라운색, 검정색 각 1
22	파운데이션 – 얼굴 전체에 발라 피부색을 정돈하는 제품	리퀴드, 크림 스틱 제형 등 (에어졸 제품 불가)	세트	1	하이라이트, 섀도, 베이스 컬러용
23	마스카라 – 속눈썹을 돋보이게 하는 제품	메이크업용	개	1	
24	아이브로우 펜슬 – 눈썹의 빈 부분을 채우거나 색상을 표현하는 제품	메이크업용	개	1	
25	인조 속눈썹 – 과제에 맞게 모델의 속눈썹 위에 붙이도록 사용	메이크업용	세트	필요량	필요량
26	위생 봉투(투명 비닐) – 메이크업 시술 시 폐기물 등을 담아 두기 위해 테이블 옆에 붙이는 봉투	쓰레기 처리용, 고정용 테이프 포함	개	1	쓰레기 처리용, 고정용 테이프 포함
27	스파츌라 – 메이크업 제품을 위생적으로 덜기 위해 사용하는 도구	메이크업용	개	1	메이크업용
28	수염(가공된 상태) – 가공된 상태의 검정색으로 준비하여 4과제 시술 시 사용	검정색	세트	1	생사 또는 인조사
29	속눈썹 가위 – 인조 속눈썹을 길이에 맞게 자를 때 사용하는 도구	눈썹 관리용	개	1	눈썹 관리용
30	고정 스프레이(일반 스프레이) – 수염을 완성 후 고정 시 사용하는 제품	수염 관리용	개	1	수염 관리용
31	수염 접착제(스프리트 검 또는 프로세이드) – 수염을 마네킹에 붙일 때 사용하는 접착제	수염 관리용	개	1	수염 관리용
32	가위 – 수염(생사)을 자르고 길이를 조절할 때 사용하는 도구	수염 관리용	개	1	수염 관리용

번호	재료명	규격	단위	수량	비고
33	핀셋 – 마네킹에 접착한 수염을 고르게 정리하는 도구	수염 관리용	개	1	수염 관리용
34	빗(꼬리빗 또는 마이크로 브러시) – 수염이 엉키지 않도록 가지런히 빗어주는 도구	수염 관리용	개	1	수염 관리용
35	가제 수건 – 수염을 붙이기전 마네킹에 묻은 스프리트 검(프로세이드)의 번들거림을 없애 주고 접착력을 높이기 위해 사용하는 재료	물에 젖은 상태	개	1	수염 관리용
36	글루 – 인조 속눈썹 연장 시 속눈썹을 붙이기 위해 사용하는 접착제 (사용 전 흔들어 사용한다)	공인인증기관으로부터 자가번호를 부여 받은 제품	개	1	공인인증제품, 공인인증기관으로부터 자가번호를 부여 받은 제품
37	글루판(속눈썹 판) – 글루를 소량 덜어 사용하는 도구	속눈썹 관리용	개	1	속눈썹 관리용
38	속눈썹(J컬) – 속눈썹 익스텐션 시술을 위해 사용하는 가모 속눈썹	J컬 타입 (8, 9, 10, 11, 12mm)	세트	필요량	필요량, 두께 0.15~0.2mm
39	마네킹(5~6mm 인조 속눈썹이 50가닥 이상 부착된 상태) – 4과제 작업을 위해 사용하는 마네킹으로써 인조 속눈썹을 붙이고 지참한다.	얼굴 단면용	개	1	속눈썹 관리 및 수염 관리용 (홀더 추가 지참 가능)
40	핀셋 – 속눈썹 익스텐션 시술 시 사용하는 도구	속눈썹 관리용	개	2	속눈썹 관리용
41	아이패치 – 속눈썹 연장시 눈 밑에 붙여 언더 속눈썹과 피부를 보호하는 제품	흰색, 테이프 불가	개	1	흰색, 테이프 불가
42	우드 스파출라 – 전처리제 사용 시 속눈썹을 받쳐 주는 도구	속눈썹 관리용	개	필요량	필요량, 속눈썹 관리용, 미사용품
43	전처리제 – 시술 전 속눈썹의 유분 및 이물질 등을 제거하는 제품	속눈썹 관리용	개	1	속눈썹 관리용
44	속눈썹 빗 – 속눈썹 연장 후 속눈썹을 정돈, 빗어 주는 도구	속눈썹 관리용	개	1	속눈썹 관리용
45	속눈썹 접착제 – 인조 속눈썹을 모델에게 붙일 때 사용하는 제품	공인인증기관으로부터 자가번호를 부여 받은 제품	개	1	공인인증기관으로부터 자가번호를 부여 받은 제품
46	속눈썹 판 – 8~12mm의 연장용 속눈썹 시술 시 편리함을 주는 도구	속눈썹 관리용	개	1	속눈썹 관리용

번호	재료명	규격	단위	수량	비고
47	클렌징 제품 및 도구 – 모델의 얼굴을 깨끗이 닦아 내는데 사용하는 제품 및 도구 등	클렌징 티슈, 해면, 습포 등	개	필요량	필요량, 메이크업 제거용
48	메이크업 팔레트(플레이트 판) – 메이크업 시술 시 위생적으로 믹싱하기 위해 사용하는 도구	믹싱용	개	1	믹싱용(파운데이션 및 아이섀도 등)

뷰티 메이크업

1 뷰티 메이크업

1 웨딩(로맨틱) 메이크업

귀여운 이미지의 신부가 사랑스러우면서도 여성미가 느껴지도록 화사하게 연출하는 메이크업이다.

베이스는 모델의 피부톤보다 화사해 보이도록 한 톤 밝게 핑크와 피치, 연보라 계열의 색상을 사용하여 로맨틱한 색감을 심플하게 표현하는 것이 좋다.

치크 색상은 페일톤의 핑크 또는 라벤더색으로 볼에 부드럽게 둥글려 사랑스러운 신부의 이미지를 표현하며, 립 컬러는 핑크 채도나 낮은 누드 핑크 계열의 립 색상으로 글로시한 질감을 표현하고 아이브로우는 눈썹 산이 둥근 느낌으로 부드럽게 그린다.

2 웨딩(클래식) 메이크업

클래식 웨딩 메이크업은 고전적, 전통적 의미를 갖고 있으며, 우아하고 지적인 분위기를 연출하는 메이크업이다.

베이스는 피부에 맞는 파운데이션으로 깨끗하게 표현한 후 컨실러로 커버한다.

아이 메이크업은 피치와 골드 베이지 등의 색상을 베이스 컬러로 사용하고 브라운색으로 눈매에 깊이감을 주듯 포인트를 만든다. 골드 펄을 사용하여 화려하고 생기 있게 연출한다.

치크는 광대뼈에 감싸듯이 코럴, 피치 계열 등의 색으로 표현한다.

립 컬러는 클래식한 이미지에 어울리게 차분하게 베이지 핑크 등을 사용하며, 입술 윤곽을 정리한다.

아이브로우는 브라운 또는 흑갈색으로 눈썹 산을 살짝 각지도록 선명하게 그려 준다.

3 한복 메이크업

한복 메이크업은 우리나라의 고전 의상인 한복에 어울리는 전통적인 메이크업으로 한복 옷고름, 치마, 저고리 색상을 고려하여 컬러를 계획한다. 한복 이미지에 맞는 우아하면서도 부드럽고 단아한 이미지로 아름다움을 표현 할 수 있다.

베이스 표현은 한복의 화사함을 돋보이게 하기 위해 잡티 없는 깨끗한 피부로 펄이 적거나 없는 메이크업 베이스로 투명하게 바른다.

아이 메이크업은 펄이 살짝 가미된 코럴 피치, 베이지 계열 베이스를 선택하고 브라운색 또는 한복 저고리의 소매 끝, 고름, 치마 색상을 고려하여 자연스럽고 부드럽게 포인트를 준다.

아이라이너는 아이라인을 그린 후 인조 속눈썹과 마스카라를 사용하여 가늘고 깨끗하게 눈매를 보정한다.

립 컬러는 오렌지, 레드 또는 한복의 치마나 저고리에 있는 붉은 색에 맞추어 입술을 바르며 차분하고 침착한 색상을 사용한다.

아이브로우는 브라운색으로 눈썹 결을 자연스럽게 살려주고, 눈썹 끝은 부드러운 곡선형의 둥근 아치형으로 깨끗하게 정리한다.

④ 내추럴 메이크업

평상시에 적용할 수 있는 메이크업으로 피부톤과 유사한 색을 사용하여 자연스럽고 깔끔한 분위기를 연출하는 것이 장점이다. 색감을 드러내기보다 얼굴의 퍼스널 컬러를 고려하여 전체적인 형태를 정하도록 한다.

베이스는 지나치게 밝거나 펄이 많은 것을 피하고 자연스럽게 피부톤에 적합한 색과 질감의 베이스를 선택하여 본래의 피부 컬러에 맞는 파운데이션으로 가볍게 연출하고, 아이섀도는 펄이 없는 베이지, 라이트 브라운, 살구색 등의 피부톤과 비슷한 색의 아이섀도를 사용하고 포인트 컬러로는 자연스러운 브라운 색상을 이용하여 연출한다.

아이라인은 점막만 가볍게 채워 주는 느낌으로 하고 윤곽 수정은 펄이 거의 없는 하이라이트와 피부톤보다 한 톤 어두운 섀딩 컬러로 자연스러운 입체감을 주고 치크는 피치색 또는 살구색 등으로 자연스러운 혈색을 살려 준다.

립 컬러는 베이지 핑크, 누드 핑크로 자연스러움을 상조, 퍼스널 컬러를 고려하여 적용한다.

제1과제	40분		
과제유형	뷰티 메이크업		
배점	총 100점 중 30점		
과제 포인트	웨딩(로맨틱)	신부가 사랑스러우면서도 여성미가 느껴 지도록 부드럽고 낭만적이며 화사하고 로맨틱한 웨딩 메이크업을 표현한다.	
	웨딩(클래식)	고전적, 전통적 의미를 갖고 있으며, 단아하고 우아하며 지적인 분위기를 연출하는 웨딩 메이크업을 표현한다.	
	한복	우리나라의 고전 의상인 한복에 어울리는 전통적인 메이크업으로 우아하면서도 부드럽고 단아한 메이크업을 표현한다.	
	내추럴	내추럴 메이크업은 피부톤과 유사한 컬러를 사용하여 자연스럽고 깔끔한 이미지의 메이크업을 표현한다.	

웨딩(로맨틱)

피부 표현

모델의 피부보다 한 톤 밝게 표현

눈썹

블랙 브라운: 눈썹 산이 각지지 않게 둥근 모양

아이섀도

- 베이스: 펄이 가미된 연핑크 눈두덩이, 언더라인 전체
- 연보라: 아이라인 주변, 눈두덩이 위로 그라데이션, 눈꼬리 언더라인 1/2~1/3까지 그라데이션(포인트)

아이라이너

- 속눈썹 사이를 메꾸어 교정
- 뷰러로 자연 속눈썹 컬링
- 인조 속눈썹 부착
- 마스카라

치크

핑크: 애플 존 위치, 둥근 느낌

립

- 핑크: 안쪽을 짙게하여 바깥쪽으로 그라데이션
- 립 글로스로 마무리

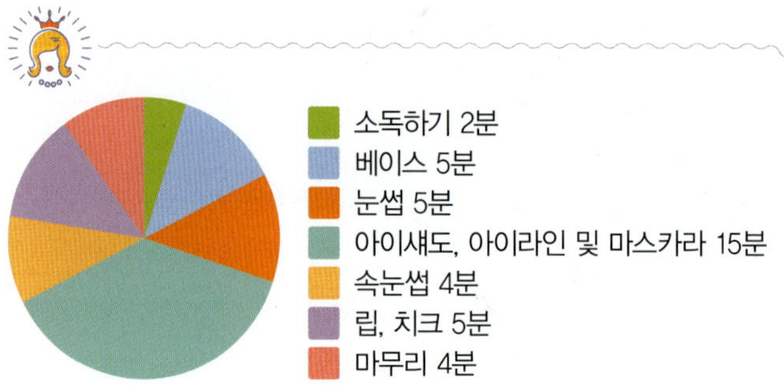

국가기술자격 실기시험 문제

자격종목	미용사(메이크업)	과 제 명	뷰티 메이크업 웨딩(로맨틱)

비번호 :

※시험시간 : 40분

1. 요구사항 (1과제)

※ 지참재료 및 도구를 사용하여 아래의 요구사항에 따라 뷰티 메이크업 웨딩(로맨틱)을 시험시간 내에 완성하시오.

가. 과제를 수행하기 전 손 및 도구류를 소독한 후 제시된 도면을 참고하여 웨딩(로맨틱) 메이크업 스타일을 연출하시오.

나. 모델의 피부톤에 적합한 메이크업 베이스를 선택하여 얇고 고르게 펴 바르시오.

다. 모델의 피부보다 한 톤 밝게 표현하시오.

라. 섀딩과 하이라이트 후 파우더로 가볍게 마무리하시오.

마. 모델의 눈썹 모양에 맞추어 흑갈색으로 그리되 눈썹 산이 각지지 않게 둥근 느낌으로 그리시오.

바. 아이섀도는 펄이 약간 가미된 연 핑크색으로 눈두덩이와 언더라인 전체에 바르시오.

사. 연보라색 아이섀도로 도면과 같이 아이라인 주변을 짙게 바르고 눈두덩이 위로 자연스럽게 그라데이션한 후 눈꼬리 언더라인 1/2~1/3까지 그라데이션하시오(단, 아이섀도 연출 시 아이홀 라인의 경계가 생기지 않게 그라데이션하시오).

아. 아이라인은 아이라이너로 속눈썹 사이를 메꾸어 그리고 눈매를 아름답게 교정하시오.

자. 뷰러를 이용하여 자연 속눈썹을 컬링하시오.

차. 인조 속눈썹은 모델 눈에 맞춰 붙이고, 마스카라를 발라 주시오.

카. 치크는 핑크 색으로 애플 존 위치에 둥근 느낌으로 바르시오.

타. 립은 핑크색으로 입술 안쪽을 짙게 바르고 바깥으로 그라데이션한 후 립 글로스로 촉촉하게 마무리하시오.

2. 수험자 유의사항

1) 모델은 문신(눈썹, 아이라인, 입술 등), 속눈썹 연장 및 메이크업이 되어 있지 않은 상태이어야 합니다.

2) 스파츌라, 속눈썹 가위, 족집게, 눈썹 칼 등의 도구류를 사용 전 소독제로 소독해야 합니다.

3) 메이크업 베이스, 파운데이션을 펴 바를 때 스펀지 퍼프 또는 브러시를 사용하시오.

4) 아이섀도, 치크, 립 등의 표현 시 브러시 등 적합한 도구를 사용하시오.

5) 화장품은 요구사항에 지정된 제형 외에는 타입에 상관없이 자유롭게 사용하시오.

웨딩(로맨틱) 메이크업 완성

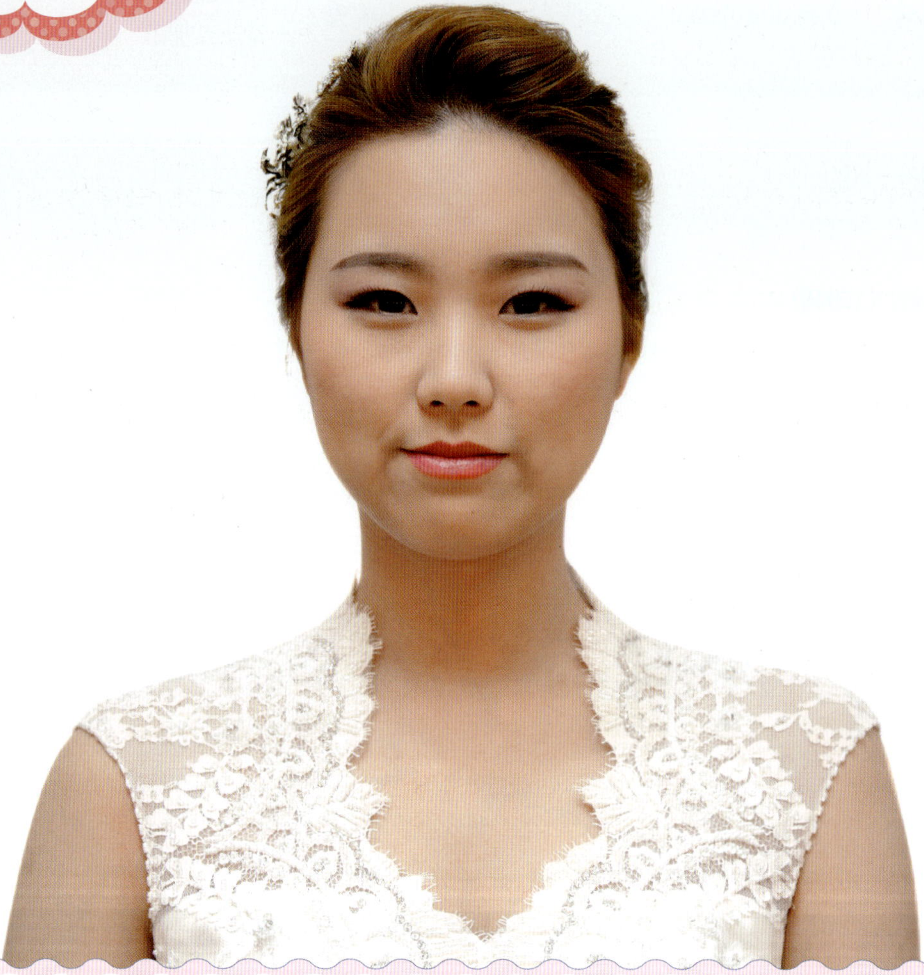

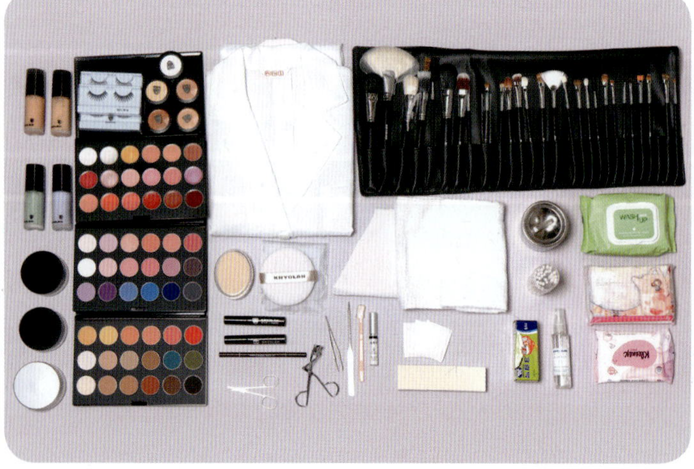

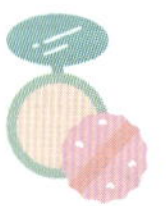

1과제 공통 재료

소독 및 위생	위생 가운, 어깨 보, 헤어터번, 타월, 소독제, 탈지면 용기, 탈지면, 위생 봉투 등
메이크업 재료	메이크업 파운데이션, 페이스 파우더 등, 아이섀도 팔레트, 립 팔레트, 아이라이너, 마스카라, 아이브로우 펜슬, 인조 속눈썹, 속눈썹 접착제 등
기타	눈썹 칼, 눈썹 가위, 브러시 세트, 스펀지 퍼프, 분첩, 뷰러, 타월, 미용 티슈, 물티슈, 면봉, 트위저, 클렌징 제품 및 도구 등

가 과제를 수행하기 전 수험자의 손 및 도구류를 소독한 후 제시된 도면을 참고하여 웨딩(로맨틱) 메이크업 스타일을 연출하시오.

① 수험자는 과제를 수행하기 전에 반드시 본인의 손을 소독한다.

② 수험자는 과제를 수행하기 전에 반드시 도구류를 소독한다.

③ 제시된 도면을 참고하여 웨딩(로맨틱) 메이크업 스타일을 연출한다.

 **TIP** 소독도구 눈썹칼, 트위저, 팔레트, 속눈썹가위, 스파출라

나 모델의 피부톤에 적합한 메이크업 베이스를 선택하여 얇고 고르게 펴 바르시오.

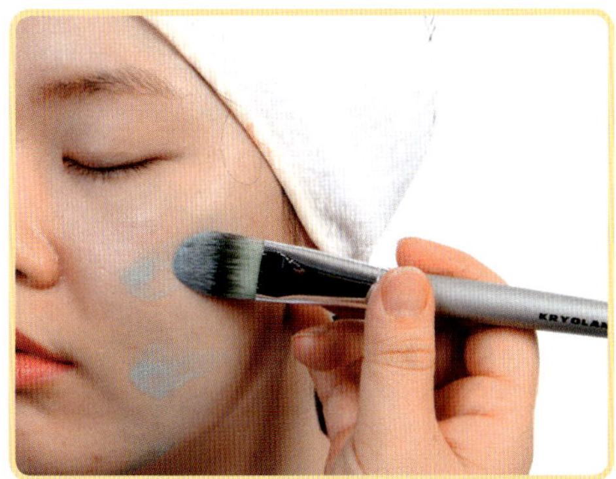

브러시를 사용한 방법

라텍스 스펀지를 사용한 방법

④ 모델의 피부톤에 적합한 메이크업 베이스를 선택한 후 라텍스 또는 파운데이션 브러시를 이용하여 두껍지 않게 피부결 방향으로 고르게 펴 바른다.

다 모델의 피부보다 한 톤 밝게 표현하시오.

⑤ 파운데이션은 모델의 피부보다 한 톤 밝게 발라 표현한다.

⑥ 눈, 코, 입 주변 등에 잡티 및 다크서클을 가리고 컨실러로 정리한다.

TIP 컨실러로 입술 주변을 미리 처리해 두면 메이크업을 깨끗하게 연출하는데 효과적이다.

라 섀딩과 하이라이트 후 파우더로 가볍게 마무리하시오.

⑦ 섀딩은 모델 얼굴 안쪽으로 자연스럽게 그라데이션 처리
하고 모델 얼굴에 맞춰서 윤곽을 수정한다.

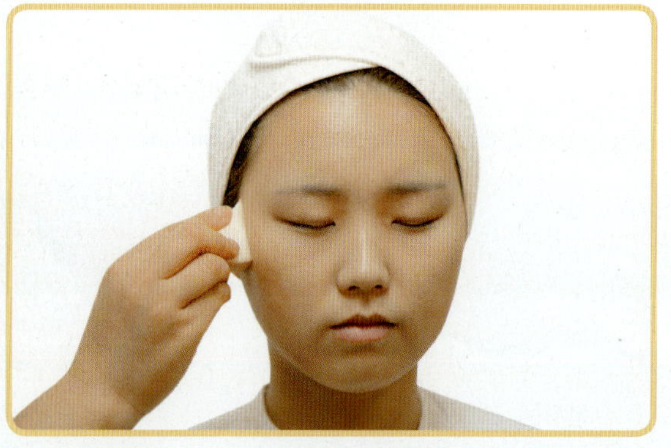

⑧ 하이라이트는 T존, 눈 밑 등 부위를 체크하고 표현한다.

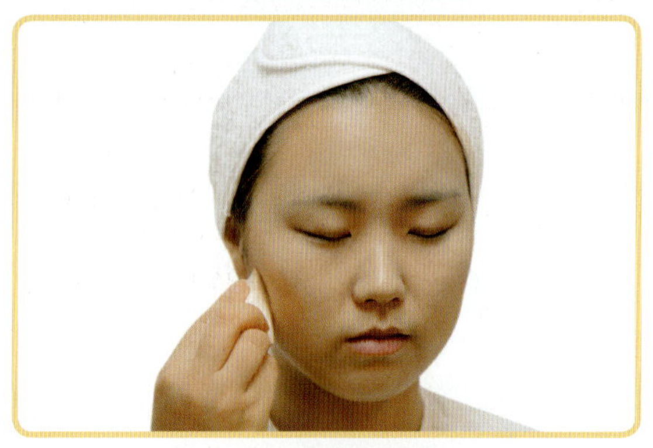

⑨ 자연스럽게 하이라이트를 그라데이션 표현한다.

⑩ 하이라이트와 섀딩용 파우더를 가볍게 터치하여 마무리
한다.

TIP 소량 도포 시에는 분첩보다 브러시를 이용하여 파우더를 도포하여 가볍게 유분기를 잡아 마무리한다.

마 모델의 눈썹 모양에 맞추어 흑갈색으로 그리되 눈썹 산이 각지지 않게 둥근 느낌으로 그리시오.

⑪ 모델의 눈썹 형태에 맞추어 흑갈색
으로 눈썹의 빈 곳을 그리되 산이
각지지 않게 둥근 느낌으로 그린다.

⑫ 브라운 컬러의 아이브로우 섀도로
가볍게 그려 흑갈색으로 둥근 느낌
으로 자연스럽게 마무리한다.

⑬ 스크루 브러시로 눈썹 산을 둥글게
정리한다.

바 아이섀도는 펄이 약간 가미된 연 핑크색으로 눈두덩이와 언더라인 전체에 바르시오.

⑭ 아이섀도는 펄이 가미된 연 핑크색으로 눈두덩이와 언더라인 전체에 펴 바른다.

사 연보라색 아이섀도로 도면과 같이 아이라인 주변을 짙게 바르고 눈두덩이 위로 자연스럽게 그라데이션한 후 눈꼬리 언더라인 1/2~1/3까지 그라데이션하시오(단, 아이섀도 연출 시 아이홀 라인의 경계가 생기지 않게 그라데이션하시오).

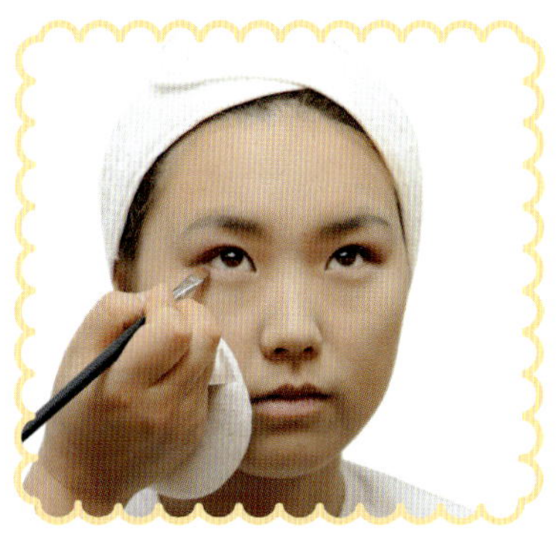

⑮ 도면과 같이 연보라색 아이섀도를 아이라인 주변에 짙게 바른다.

⑯ 아이섀도와 조화를 이룰 수 있도록 연보라색 아이섀도를 눈두덩이 위로 자연스럽게 그라데이션한다.

⑰ 아이섀도로 눈꼬리 언더라인 1/2~ 1/3까지 그라데이션한다.

아 아이라인은 아이라이너로 속눈썹 사이를 메꾸어 그리고 눈매를 아름답게 교정하시오.

⑱ 아이라인은 눈매가 교정되도록 속눈썹 사이를 꼼꼼히 메꾸어 그려 준다.

⑲ 모델의 눈매 교정을 위해 아이라인의 눈꼬리 부분을 연출한다.

 뷰러를 이용하여 자연 속눈썹을 컬링하시오.

⑳ 뷰러에 속눈썹을 한쪽씩 끼우고, 살짝 잡았다 놓으면서 컬링한다.

 인조 속눈썹은 모델 눈에 맞춰 붙이고, 마스카라를 발라 주시오.

㉑ 인조 속눈썹의 긴 부분이 눈꼬리쪽에 위치하도록 붙이는 것이 좋으므로 붙이기 전 길이 조절을 한다.

㉒ 모델의 눈에 맞춰 인조 속눈썹을 붙인다.

㉓ 모델의 인조 속눈썹과 속눈썹이 분리되지 않도록 주의하여 마스카라를 발라 또렷한 눈매로 완성한다.

㉔ 아이 메이크업 마무리

 뷰러를 이용하여 자연 속눈썹과 인조 속눈썹을 집어주면 더욱 자연스럽다.

카 치크는 핑크색으로 애플 존 위치에 둥근 느낌으로 바르시오.

㉕ 핑크색으로 애플 존 위치에 둥근 느 낌으로 펴 바른다.

㉖ 블러셔 브러시를 사용하여 핑크색의 블러셔로 부드럽게 그라데이션한다.

㉗ 블러셔의 느낌이 눈에 띄지 않도록 자연스럽게 마무리한다.

타 립은 핑크색으로 입술 안쪽을 짙게 바르고 바깥쪽으로 그라데이션한 후 립 글로스로 촉촉하게 마무리하시오.

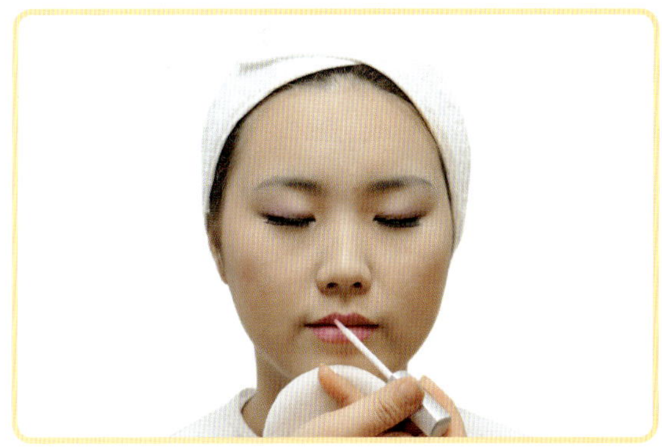

㉘ 핑크색으로 립스틱을 선택하여 입술 안쪽을 짙게 바르 고, 바깥쪽으로 그라데이션한다.

㉙ 촉촉하게 투명 립 글로스를 발라준다.

웨딩(로맨틱) 메이크업 마무리

웨딩(클래식)

피부 표현

- 피부톤에 맞춰 얇고 고른 메이크업 베이스
- 결점 커버 깨끗한 피부 표현
- 윤곽 수정
- 파우더로 매트하게

눈썹

블랙브라운 : 약간 각지도록 그린다.

아이섀도

- 피치 : 눈두덩이 전체 (베이스)
- 브라운 : 속눈썹 라인(포인트)
- 골드펄 : 눈 앞머리 위, 아래(화려함)

아이라이너

- 속눈썹 사이를 메꾸어 교정
- 뷰러로 자연 속눈썹 컬링
- 인조 속눈썹은 뒤쪽이 긴 스타일로 부착

치크

피치색 : 광대뼈 바깥에서 안쪽으로

립

베이지 핑크 : 입술 라인 선명하게 표현

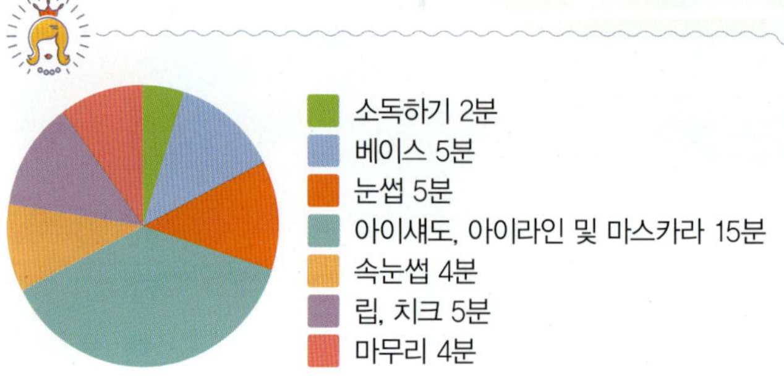

자격종목	미용사(메이크업)	과 제 명	뷰티 메이크업 웨딩(클래식)

비번호 :

※시험시간 : 40분

1. 요구사항 (1과제)

※ 지참재료 및 도구를 사용하여 아래의 요구사항에 따라 뷰티 메이크업 웨딩(클래식)을 시험시간 내에 완성하시오.

가. 과제를 수행하기 전 수험자의 손 및 도구류를 소독한 후 제시된 도면을 참고하여 웨딩(클래식) 메이크업 스타일을 연출하시오.

나. 모델의 피부톤에 적합한 메이크업 베이스를 선택하여 얇고 고르게 펴 바르시오.

다. 모델의 피부톤에 맞춰 결점을 커버하여 깨끗하게 피부 표현을 하시오.

라. 섀딩과 하이라이트로 윤곽 수정 후 파우더로 매트하게 마무리하시오.

마. 모델의 눈썹 모양에 맞추어 흑갈색으로 그리되 눈썹 산이 약간 각지도록 그려 주시오.

바. 피치색의 아이섀도를 눈두덩이 전체에 펴 바른 후 브라운색으로 속눈썹 라인에 깊이감을 주고, 눈두덩이 위로 펴 바르시오.

사. 눈 앞머리의 위, 아래에는 골드 펄을 발라 화려함을 연출하시오(단, 아이섀도 연출 시 아이홀 라인의 경계가 생기지 않게 그라데이션하시오).

아. 아이라인은 속눈썹 사이를 메꾸어 그리고 눈매를 아름답게 교정하시오.

자. 뷰러를 이용하여 자연 속눈썹을 컬링하시오.

차. 인조 속눈썹은 뒤쪽이 긴 스타일로 모델 눈에 맞춰 붙이고, 마스카라를 발라 주시오.

카. 치크는 피치색으로 광대뼈 바깥에서 안쪽으로 블렌딩하시오.

타. 립 컬러는 베이지 핑크색으로 바르고 입술 라인을 선명하게 표현하시오.

2. 수험자 유의사항

1) 모델은 문신(눈썹, 아이라인, 입술 등), 속눈썹 연장 및 메이크업이 되어 있지 않은 상태이어야 합니다.

2) 스파출라, 속눈썹 가위, 족집게, 눈썹 칼 등의 도구류를 사용 전 소독제로 소독해야 합니다.

3) 메이크업 베이스, 파운데이션을 펴 바를 때 스펀지 퍼프 또는 브러시를 사용하시오.

4) 아이섀도, 치크, 립 등의 표현 시 브러시 등 적합한 도구를 사용하시오.

5) 화장품은 요구사항에 지정된 제형 외에는 타입에 상관없이 자유롭게 사용하시오.

웨딩(클래식) 메이크업 완성

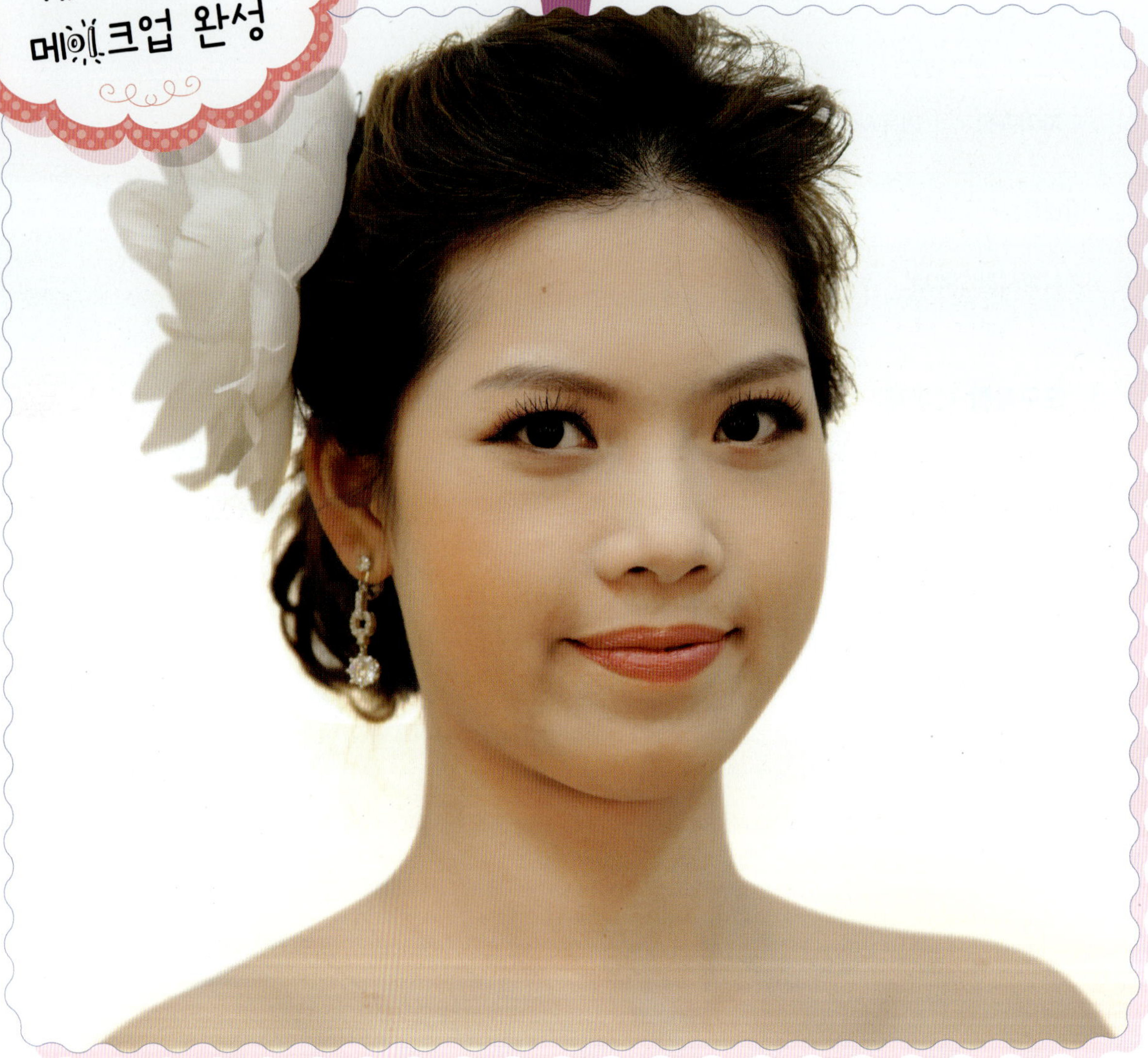

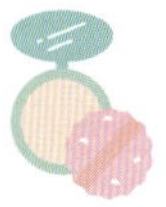

1과제 공통 재료

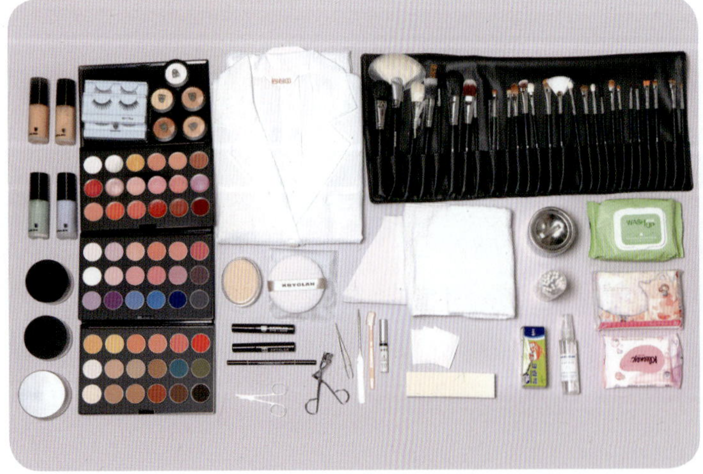

소독 및 위생	위생 가운, 어깨 보, 헤어터번, 타월, 소독제, 탈지면 용기, 탈지면, 위생 봉투 등
메이크업 재료	메이크업 파운데이션, 페이스 파우더 등, 아이섀도 팔레트, 립 팔레트, 아이라이너, 마스카라, 아이브로우 펜슬, 인조 속눈썹, 속눈썹 접착제 등
기타	눈썹 칼, 눈썹 가위, 브러시 세트, 스펀지 퍼프, 분첩, 뷰러, 타월, 미용 티슈, 물티슈, 면봉, 트위저, 클렌징 제품 및 도구 등

가 과제를 수행하기 전 수험자의 손 및 도구류를 소독한 후 제시된 도면을 참고하여 웨딩(클래식) 메이크업 스타일을 연출하시오.

① 수험자는 과제를 수행하기 전에 반드시 본인의 손을 소독한다.

② 수험자는 과제를 수행하기 전에 반드시 도구류를 소독한다.

③ 제시된 도면을 참고하여 웨딩(클래식) 메이크업 스타일을 연출한다.

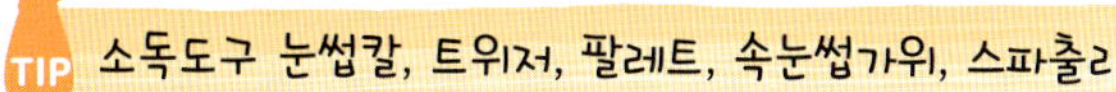

TIP 소독도구 눈썹칼, 트위저, 팔레트, 속눈썹가위, 스파츌라

나 모델의 피부톤에 적합한 메이크업 베이스를 선택하여 얇고 고르게 펴 바르시오.

④ 모델의 피부톤에 적합한 메이크업 베이스를 선택한 후 라텍스 스펀지 또는 파운데이션 브러시를 이용하여 두껍지 않게 피부 결 방향으로 고르게 펴 바른다.

다 모델의 피부톤에 맞춰 결점을 커버하여 깨끗하게 피부 표현을 하시오.

⑤ 모델에 알맞은 타입의 컨실러를 사용하여 결점을 커버하고 깨끗하게 피부를 연출한다.

⑥ 눈, 코, 입 주변 등에 잡티 및 다크서클을 가리고 컨실러로 정리한다.

TIP 컨실러로 입술 주변을 미리 처리해 두면 메이크업을 깨끗하게 연출하는데 효과적이다.

 셰딩과 하이라이트로 윤곽 수정 후 파우더로 매트하게 마무리하시오.

⑦ 모델의 얼굴형에 알맞게 셰딩을 처리하고, 자연스럽게 그라데이션한다.

⑧ T존, 눈 밑 등 하이라이트 부위를 체크하고 하이라이트로 윤곽을 수정한다.

⑨ 파우더를 도포하여 매트하게 마무리하여야 하고 웨딩(클래식) 메이크업은 베이스가 번들거리지 않도록 주의하여야 한다.

마 모델의 눈썹 모양에 맞추어 흑갈색으로 그리되 눈썹 산이 약간 각지도록 그려 주시오.

⑩ 모델의 눈썹 모양에 맞추어 흑갈색으로 빈 부분을 채워 그리되 눈썹 산이 약간 각지도록 그려 준다.

⑪ 눈썹 앞머리의 높이를 주의해서 눈썹의 좌우 균형 및 모양을 확인한 후 흑갈색의 아이브로우 섀도와 앵글 브러시를 이용하여 그려 준다.

바 피치색의 아이섀도를 눈두덩이 전체에 펴 바른 후 브라운색으로 속눈썹 라인에 깊이감을 주고, 눈두덩이 위로 펴 바르시오.

⑫ 피치색의 아이섀도를 눈두덩이 전반에 펴 바른다.

⑬ 자연스럽게 아이라인부터 펴 바르기 시작하여 눈두덩이 위로 그라데이션하여 눈매에 깊이감을 표현한다.

⑭ 포인트 컬러로 브라운색을 사용하여 속눈썹 라인에 깊이감을 주며, 이때 경계가 생기지 않게 주의한다.

사 눈 앞머리의 위, 아래에는 골드 펄을 발라 화려함을 연출하시오(단, 아이섀도 연출 시 아이홀 라인의 경계가 생기지 않게 그라데이션하시오).

⑯ 눈두덩이 위로 펴 발라 그라데이션하고 양 눈의 섀도 위치가 똑같은지 체크하여 수정·보완한다.

⑰ 모델의 눈 앞머리의 위, 아래에는 골드 펄을 펴 발라 화려함을 표현한다.

> **TIP** 클래식 메이크업의 우아하고 고상하며 화려한 이미지를 아이섀도을 통해 잘 나타낼 수 있도록 표현해 준다.

아 아이라인은 속눈썹 사이를 메꾸어 그리고 눈매를 아름답게 교정하시오.

⑱ 젤 또는 리퀴드 타입의 아이라이너로 속눈썹 라인을 꼼꼼히 메꾸어 그려 준다.

⑲ 모델의 눈매를 아름답게 교정하며 아이라인을 마무리한다.

자 뷰러를 이용하여 자연 속눈썹을 컬링하시오.

⑳ 인조 속눈썹을 붙이기 전 자연 속눈썹을 컬링한다.

차 인조 속눈썹은 뒤쪽이 긴 스타일로 모델 눈에 맞춰 붙이고, 마스카라를 발라 주시오.

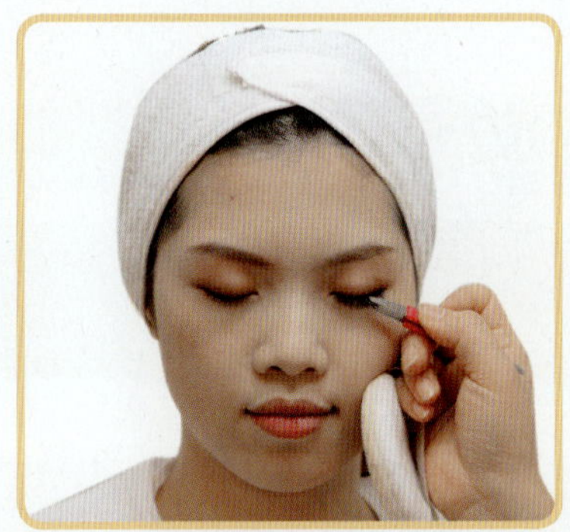

㉑ 모델의 눈에 맞추어 인조 속눈썹 뒤쪽이 긴 스타일로 선택하여 뒤쪽을 재단하고 사용한다.

㉒ 모델 눈에 인조 속눈썹을 맞춰 붙인다.

㉓ 인조 속눈썹을 붙인 후 뭉치지 않도록 마스카라를 바른다. 모델의 속눈썹과 인조 속눈썹이 분리되지 않게 주의하고 뷰러를 이용하여 자연 속눈썹과 인조 속눈썹을 붙여준다.

㉔ 아이 메이크업 마무리

카 치크는 피치색으로 광대뼈 바깥에서 안쪽으로 블렌딩하시오.

㉕ 치크는 피치색으로 모델의 광대뼈 바깥에서 안쪽으로 자연스럽게 그라데이션하여, 뭉치지 않도록 주의하여 블렌딩한다.

㉖ 자연스러움을 표현하기 위해 피치색의 블러셔를 사용하여 블렌딩한다.

㉗ 치크의 조화가 잘 이루어져 있는지 모델의 입꼬리를 올려 확인한다.

㉘ 립 컬러는 베이지 핑크색을 사용하여 발라준다.

㉙ 입 주변을 컨실러 처리하여 입술 라인을 선명하게 표현한다.

웨딩(클래식) 메이크업 마무리

피부 표현

- 피부톤에 맞춰 얇고 고른 메이크업 베이스
- 결점 커버 깨끗한 피부 표현
- 섀딩과 하이라이트
- 가볍게 파우더로 마무리

눈썹

브라운 컬러 : 모델의 눈썹 모양에 맞춰 자연스럽게

아이섀도

- 피치(펄이 약간 가미된) : 눈두덩이, 언더라인 전체(베이스)
- 브라운 : 아이라인 주변, 눈꼬리 언더라인 1/2~1/3(포인트)
- 밝은크림 : 언더라인, 애교살

아이라이너

- 속눈썹 사이를 메꾸어교정
- 뷰러로 자연 속눈썹 컬링
- 인조 속눈썹 부착
- 마스카라

치크

오렌지색 계열 : 광대뼈 위쪽 안에서 바깥으로

립

오렌지레드 : 입술 라인을 선명하게

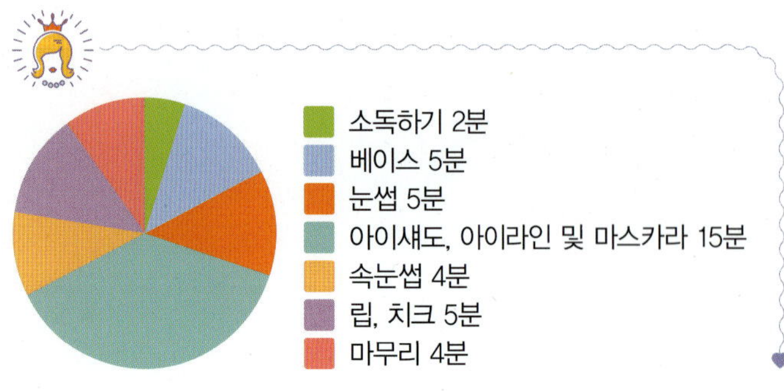

국가기술자격 실기시험 문제

자격종목	미용사(메이크업)	과 제 명	뷰티 메이크업 웨딩(한복)

비번호 :

※시험시간 : 40분

1. 요구사항 (1과제)

※ 지참재료 및 도구를 사용하여 아래의 요구사항에 따라 뷰티 메이크업(한복)을 시험시간 내에 완성하시오.

가. 과제를 수행하기 전 수험자의 손 및 도구류를 소독한 후 제시된 도면을 참고하여 한복 메이크업 스타일을 연출하시오.

나. 모델의 피부톤에 적합한 메이크업 베이스를 선택하여 얇고 고르게 펴 바르시오.

다. 모델의 피부 톤에 맞춰 결점을 커버하여 깨끗하게 피부 표현하시오.

라. 섀딩과 하이라이트 후 파우더로 가볍게 마무리하시오.

마. 모델의 눈썹 모양에 맞추어 자연스러운 브라운 컬러의 눈썹을 표현하시오.

바. 아이섀도의 표현은 펄이 약간 가미된 피치색으로 눈두덩이와 언더라인 전체에 바르시오.

사. 브라운색 아이섀도로 도면과 같이 아이라인 주변을 짙게 바르고 눈두덩이 위로 자연스럽게 그라데이션한 후 눈꼬리 언더라인 1/2~1/3까지 그라데이션하시오(단, 아이섀도 연출 시 아이홀 라인의 경계가 생기지 않게 그라데이션하시오).

아. 언더라인에는 밝은 크림색 섀도를 덧발라 애교 살이 돋보이도록 하시오.

자. 아이라인은 속눈썹 사이를 메꾸어 그리고 눈매를 아름답게 교정하시오.

차. 뷰러를 이용하여 자연 속눈썹을 컬링하시오.

카. 인조 속눈썹은 모델 눈에 맞춰 붙이고, 마스카라를 발라 주시오.

타. 치크는 오렌지 계열로 광대뼈 위쪽에 안에서 바깥으로 블렌딩해서 바르시오.

파. 립 컬러는 오렌지 레드색으로 바르고 입술 라인을 선명하게 표현하시오.

2. 수험자 유의사항

1) 모델은 문신(눈썹, 아이라인, 입술 등), 속눈썹 연장 및 메이크업이 되어 있지 않은 상태이어야 합니다.

2) 스파출라, 속눈썹 가위, 족집게, 눈썹 칼 등의 도구류를 사용 전 소독제로 소독해야 합니다.

3) 메이크업 베이스, 파운데이션을 펴 바를 때 스펀지 퍼프 또는 브러시를 사용하시오.

4) 아이섀도, 치크, 립 등의 표현 시 브러시 등 적합한 도구를 사용하시오.

5) 화장품은 요구사항에 지정된 제형 외에는 타입에 상관없이 자유롭게 사용하시오.

한복 메이크업 완성

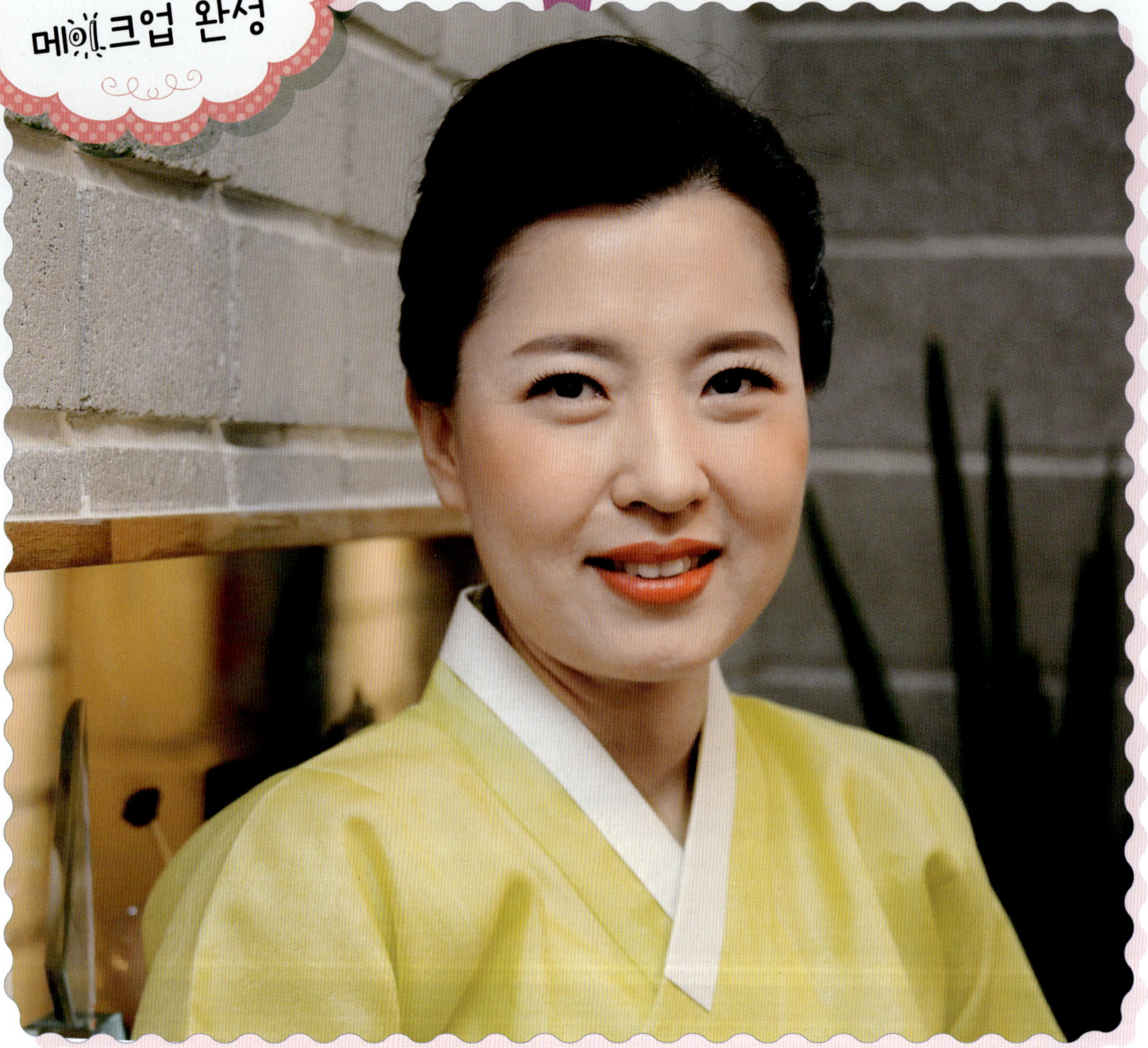

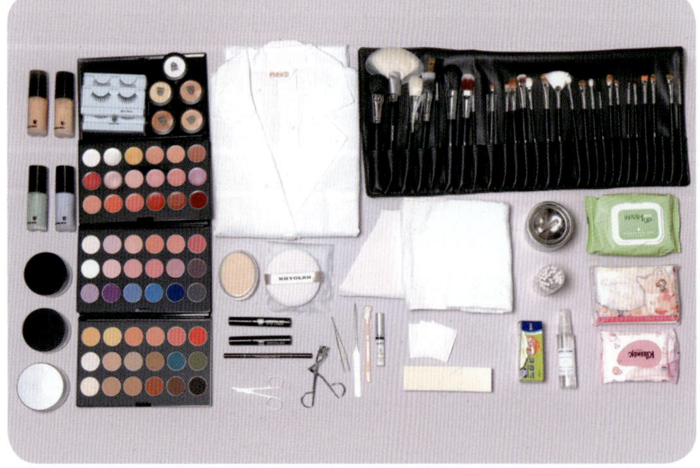

1과제 공통 재료

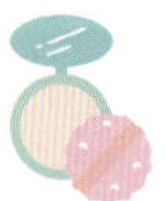

소독 및 위생	위생 가운, 어깨 보, 헤어터번, 타월, 소독제, 탈지면 용기, 탈지면, 위생 봉투 등
메이크업 재료	메이크업 파운데이션, 페이스 파우더 등, 아이섀도 팔레트, 립 팔레트, 아이라이너, 마스카라, 아이브로우 펜슬, 인조 속눈썹, 속눈썹 접착제 등
기타	눈썹 칼, 눈썹 가위, 브러시 세트, 스펀지 퍼프, 분첩, 뷰러, 타월, 미용 티슈, 물티슈, 면봉, 트위저, 클렌징 제품 및 도구 등

가 과제를 수행하기 전 수험자의 손 및 도구류를 소독한 후 제시된 도면을 참고하여 한복 메이크업 스타일을 연출하시오.

① 수험자는 과제를 수행하기 전에 반드시 본인의 손을 소독한다.

② 수험자는 과제를 수행하기 전에 반드시 도구류를 소독한다.

③ 제시된 도면을 참고하여 한복 메이크업 스타일을 연출한다.

TIP 소독도구 눈썹칼, 트위저, 팔레트, 속눈썹가위, 스파츌라

나 모델의 피부톤에 적합한 메이크업 베이스를 선택하여 얇고 고르게 펴 바르시오.

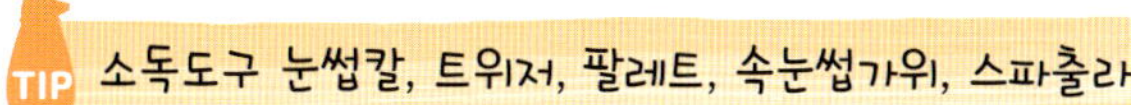

④ 모델의 피부톤에 적합한 메이크업 베이스를 선택한 후 라텍스 스펀지 또는 파운데이션 브러시를 이용하여 두껍지 않게 피부 결 방향으로 고르게 펴 바른다.

다 모델의 피부톤에 맞춰 결점을 커버하여 깨끗하게 피부 표현하시오.

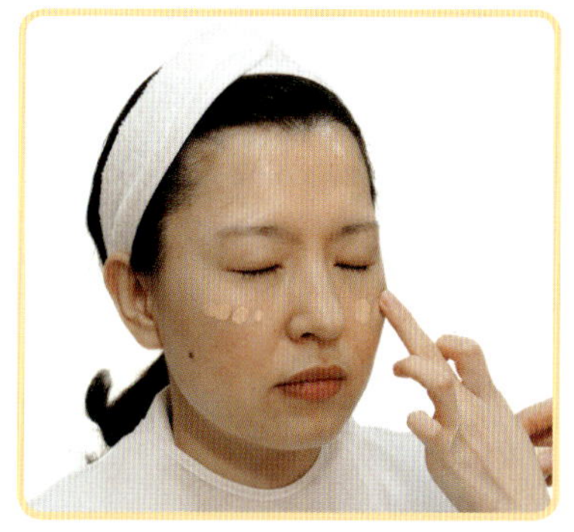
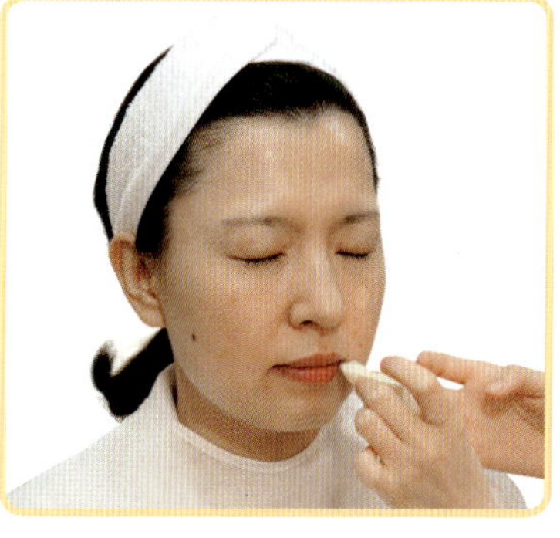

⑤ 모델의 피부 타입과 피부색에 알맞은 파운데이션을 선택하여 결점을 커버하여 깨끗한 피부를 표현한다.

⑥ 입, 코 주변 등에 잡티 커버 및 다크 서클 등의 결점을 컨실러를 사용하여 커버한다.

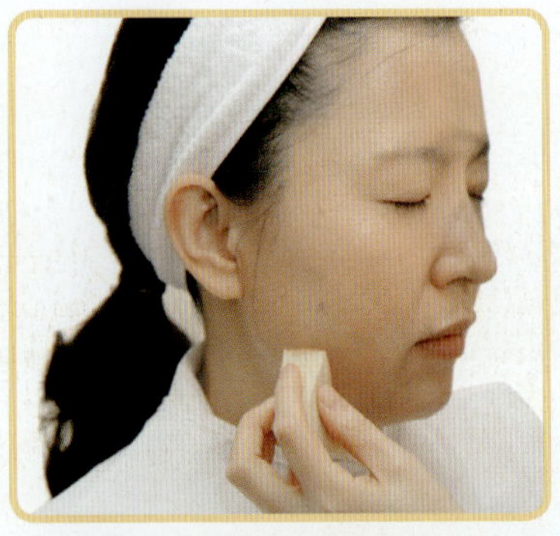

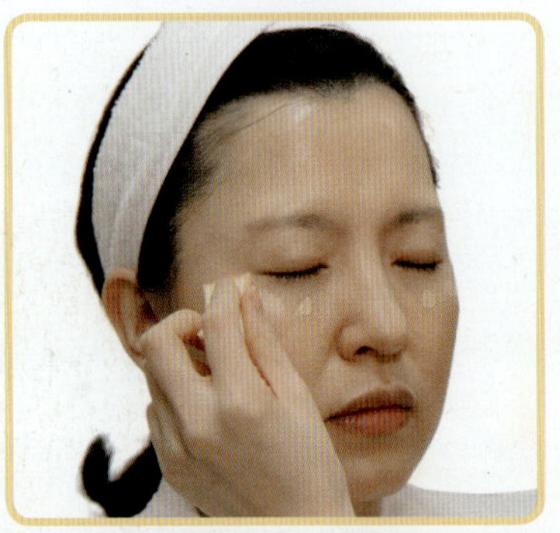

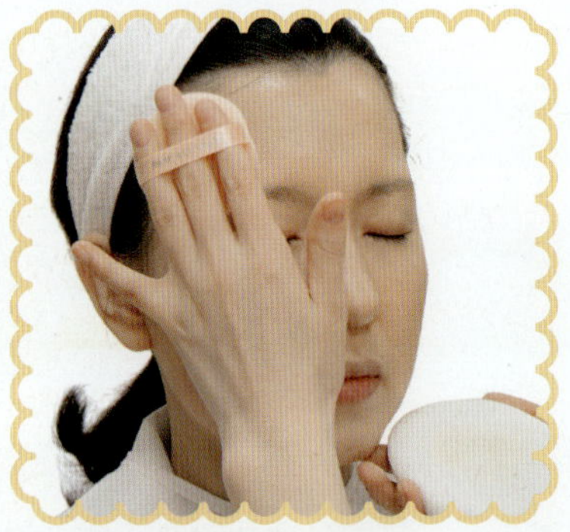

⑦ 한 톤 어두운 파운데이션 등으로 윤곽을 수정하고 섀딩한 부위를 얼굴 바깥쪽에서 안쪽으로 그라데이션한다.

⑧ 모델의 얼굴형에 알맞게 T존, 눈 밑 등 하이라이트를 표현한다.

⑨ 한복 메이크업에는 매트한 피부 표현이 어울리므로 퍼프를 이용하여 파우더를 도포하여 가볍게 마무리한다.

마   모델의 눈썹 모양에 맞추어 자연스러운 브라운 컬러의 눈썹을 표현하시오.

⑩ 모델의 눈썹 모양에 맞추어 브라운 색으로 자연스럽게 연출한다.

⑪ 눈썹의 좌우 균형 및 모양을 확인한 후 한복 메이크업 이미지에 맞는 아치형으로 표현한다.

바   아이섀도의 표현은 펄이 없는 약간 가미된 피치색으로 눈두덩이와 언더라인 전체에 바르시오.

⑫ 눈두덩이 전체에 펄이 가미된 피치색 아이섀도를 펴 바른다.

⑬ 아이홀 라인에 경계가 생기지 않도록 그라데이션한다.

⑭ 언더라인 전체에도 피치색 아이섀도를 펴 바른다.

사 브라운색 아이섀도로 도면과 같이 아이라인 주변을 짙게 바르고 눈두덩이 위로 자연스럽게 그라데이션한 후 눈꼬리 언더라인 1/2~1/3까지 그라데이션하시오(단, 아이섀도 연출 시 아이홀 라인의 경계가 생기지 않게 그라데이션하시오).

 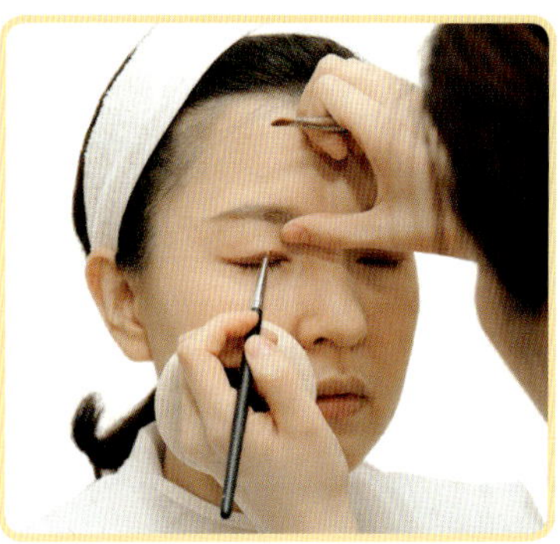 

⑮ 속눈썹 라인을 따라 브라운색 아이섀도를 포인트 컬러로 사용하여 아이라인 주변을 짙게 바른다.

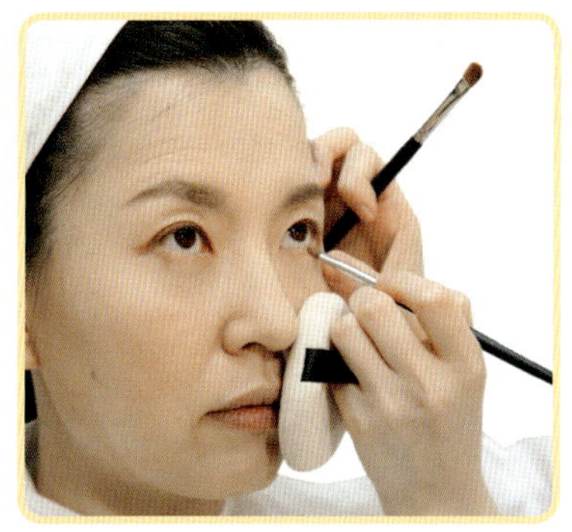 

⑯ 눈두덩이 위쪽으로 자연스럽게 그라데이션하여 포인트 아이섀도가 경계지지 않도록 표현한다.

⑰ 눈꼬리 언더라인 1/2~1/3까지 브라운색 아이섀도로 그라데이션을 완성한다.

TIP 한복 메이크업 이미지에 맞게 단아한 아이섀도를 표현한다.

아 언더라인에는 밝은 크림색 섀도를 덧발라 애교 살이 돋보이도록 하시오.

⑱ 밝은 크림색 섀도를 언더라인에 덧발라 애교살이 돋보이도록 표현한다.

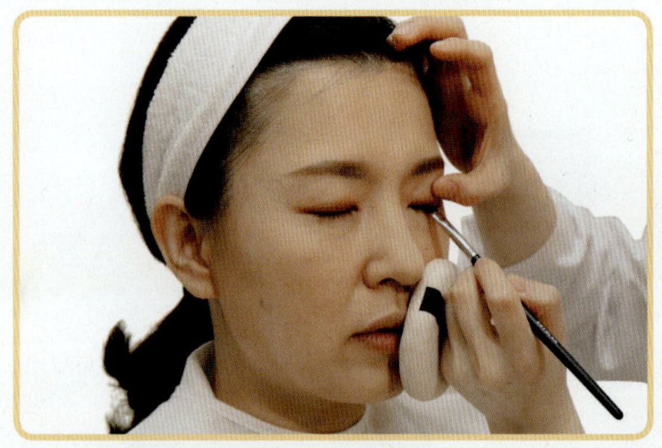 

⑲ 모델의 눈매가 교정되도록 아이라인은 속눈썹 사이를 메꾸어 그리고 눈매를 아름답게 교정한다.

차 뷰러를 이용하여 자연 속눈썹을 컬링하시오.

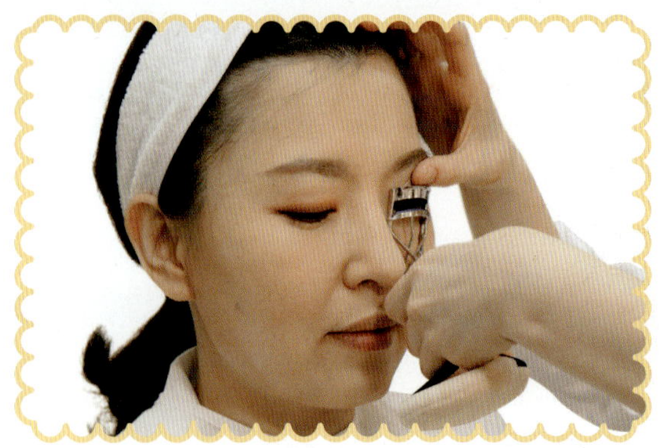

⑳ 소독한 뷰러를 이용하여 자연 속눈썹을 컬링한다.

카 인조 속눈썹은 모델 눈에 맞춰 붙이고 마스카라를 발라 주시오.

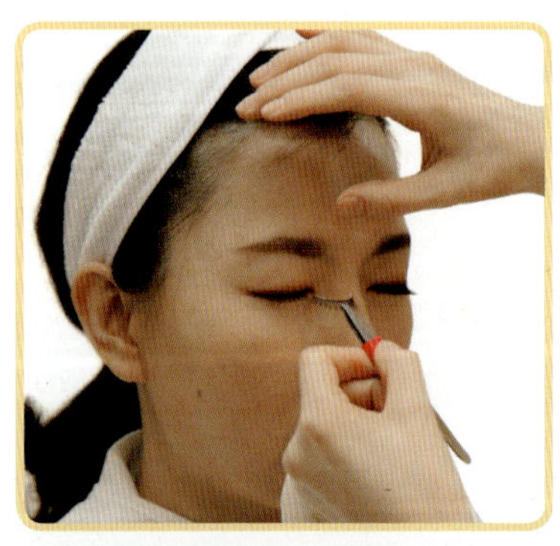  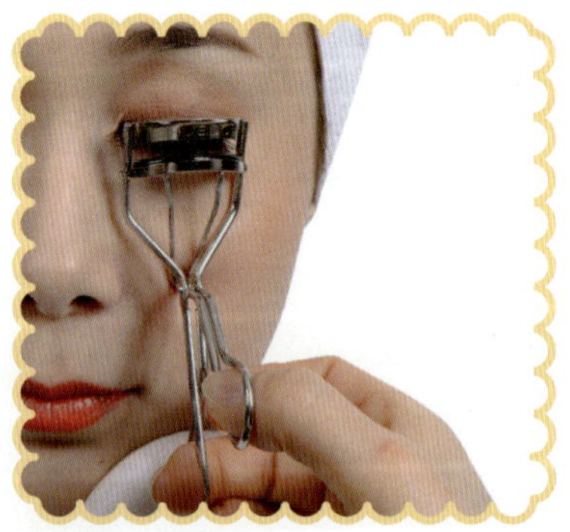

㉑ 모델의 눈에 맞추어 인조 속눈썹을 트위저를 이용하여 붙여준다.

㉒ 인조 속눈썹을 붙인 후 뭉치지 않도록 마스카라를 발라 마무리한다.

㉓ 인조 속눈썹과 모델의 속눈썹이 분리되지 않도록 뷰러를 사용하여 붙여 준다.

타 오렌지 계열로 광대뼈 위쪽에 안에서 바깥으로 블렌딩해서 바르시오.

㉔ 오렌지 계열로 광대뼈 안쪽에서 바깥으로 그라데이션한다.

파 립 컬러는 오렌지 레드색으로 바르고 입술라인을 선명하게 표현하시오.

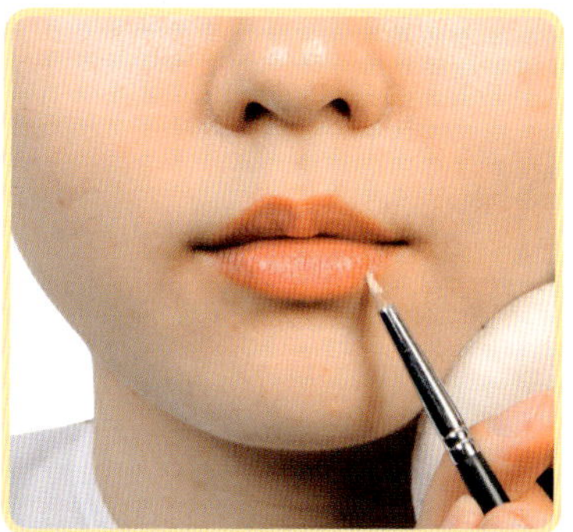

㉕ 오렌지 레드색을 사용하여 입술을
연출한다.

㉖ 컨실러로 입 주변을 처리하여 입술 라인을 선명하게 연출한다.

한복 메이크업 마무리

피부 표현

- 피부톤에 맞춰 얇고 고른 메이크업 베이스
- 모델 피부색과 비슷한 리퀴드 파운데이션
- 컨실러 등을 사용 결점을 커버하고 파운데이션은 얇게
- 투명 파우더로 마무리

눈썹

브라운 : 결을 살려서 자연스럽게

아이섀도

- 베이지(무 펄) : 눈두덩이, 언더라인 전체 (베이스)
- 브라운 : 아이라인 주변, 눈두덩이 위 자연스럽게(포인트), 눈꼬리 언더라인 1/2~1/3 까지 그라데이션(포인트)

아이라이너

- 브라운 : 속눈썹 사이를 메꾸어 교정
- 뷰러로 자연 속눈썹 컬링
- 마스카라로 자연스럽게 표현

치크

피치 : 광대뼈 안쪽 안에서 바깥으로 블렌딩

립

베이지 핑크 : 자연스럽게 발라 마무리

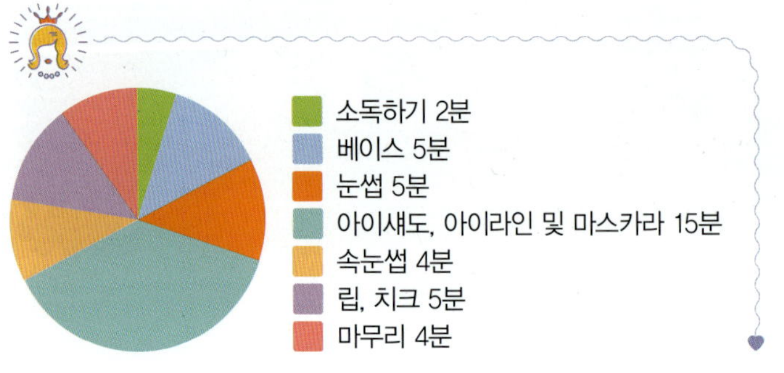

국가기술자격 실기시험 문제

자격종목	미용사(메이크업)	과 제 명	뷰티 메이크업 (내추럴)

비번호 :

※시험시간 : 40분

1. 요구사항 (1과제)

※ 지참재료 및 도구를 사용하여 아래의 요구사항에 따라 뷰티 메이크업(내추럴)을 시험시간 내에 완성하시오.

가. 과제를 수행하기 전 수험자의 손 및 도구류를 소독한 후 제시된 도면을 참고하여 웨딩(클래식) 메이크업 스타일을 연출하시오.

나. 모델의 피부톤에 적합한 메이크업 베이스를 선택하여 얇고 고르게 펴 바르시오.

다. 베이스 메이크업은 모델 피부색과 비슷한 리퀴드 파운데이션을 사용하시오.

라. 피부의 결점 등을 커버하기 위하여 컨실러 등을 사용할 수 있으며 파운데이션은 두껍지 않게 골고루 펴 바르며 투명 파우더를 사용하여 마무리하시오.

마. 눈썹의 표현은 모델의 눈썹의 결을 최대한 살려 자연스럽게 그려주시오.

바. 아이섀도의 표현은 펄이 없는 베이지색으로 눈두덩이와 언더라인 전체에 바르시오.

사. 브라운색으로 도면과 같이 아이라인 주변을 바르고 눈두덩이 위로 자연스럽게 그라데이션한 후 눈꼬리 언더라인 1/2~1/3까지 그라데이션하시오(단, 아이섀도 연출 시 아이홀 라인의 경계가 생기지 않게 그라데이션하시오).

아. 아이라인은 브라운 컬러의 섀도타입이나 펜슬타입을 이용하여 점막을 채우듯이 속눈썹 사이를 메꾸어 그리고 눈매를 자연스럽게 교정하시오.

자. 뷰러를 이용하여 자연 속눈썹을 컬링하시오.

차. 속눈썹은 마스카라를 이용하여 자연스럽게 표현해 주시오.

카. 치크는 피치색으로 광대뼈 바깥에서 안쪽으로 블렌딩하시오.

타. 립 컬러는 베이지 핑크색으로 바르고 입술 라인을 선명하게 표현하시오.

2. 수험자 유의사항

1) 모델은 문신(눈썹, 아이라인, 입술 등), 속눈썹 연장 및 메이크업이 되어 있지 않은 상태이어야 합니다.

2) 스파출라, 속눈썹 가위, 족집게, 눈썹 칼 등의 도구류를 사용 전 소독제로 소독해야 합니다.

3) 메이크업 베이스, 파운데이션을 펴 바를 때 스펀지 퍼프 또는 브러시를 사용하시오.

4) 아이섀도, 치크, 립 등의 표현 시 브러시 등 적합한 도구를 사용하시오.

5) 화장품은 요구사항에 지정된 제형 외에는 타입에 상관없이 자유롭게 사용하시오.

내추럴 메이크업 완성

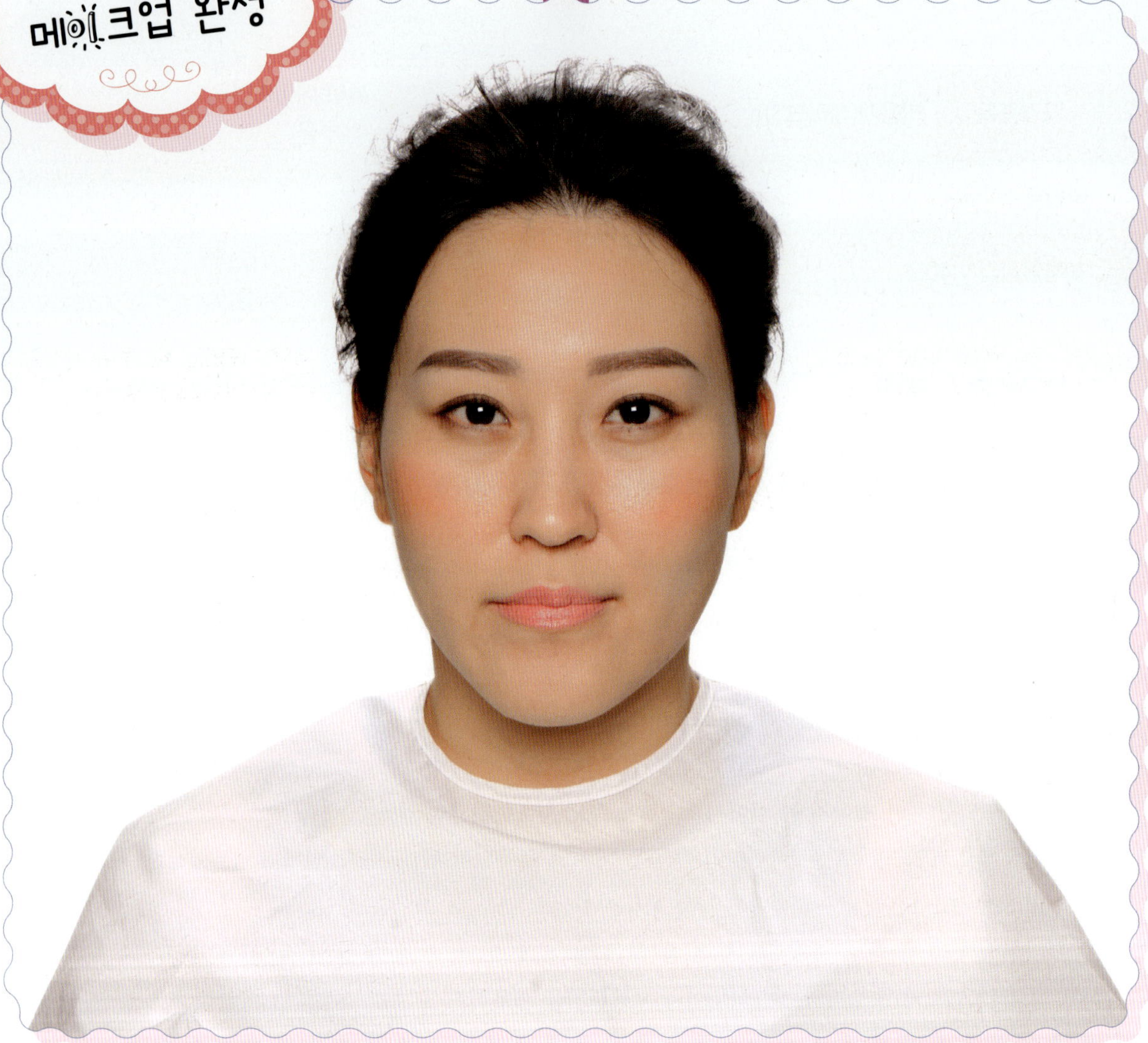

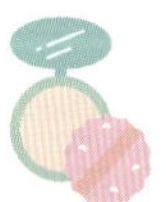

1과제 공통 재료

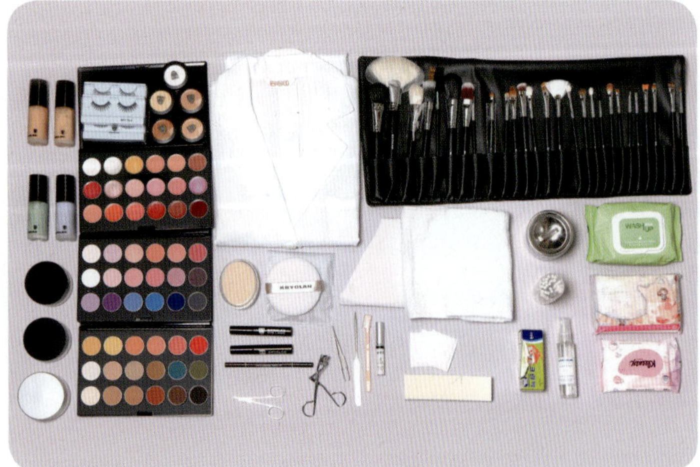

소독 및 위생	위생 가운, 어깨 보, 헤어터번, 타월, 소독제, 탈지면 용기, 탈지면, 위생 봉투 등
메이크업 재료	메이크업 파운데이션, 페이스 파우더 등, 아이섀도 팔레트, 립 팔레트, 아이라이너, 마스카라, 아이브로우 펜슬, 인조 속눈썹, 속눈썹 접착제 등
기타	눈썹 칼, 눈썹 가위, 브러시 세트, 스펀지 퍼프, 분첩, 뷰러, 타월, 미용 티슈, 물티슈, 면봉, 트위저, 클렌징 제품 및 도구 등

가 과제를 수행하기 전 수험자의 손 및 도구류를 소독한 후 제시된 도면을 참고하여 뷰티 메이크업 내추럴 스타일을 연출하시오.

① 수험자는 과제를 수행하기 전에 반드시 본인의 손을 소독한다.

② 수험자는 과제를 수행하기 전에 반드시 도구류를 소독한다.

③ 제시된 도면을 참고하여 내추럴 메이크업 스타일을 연출한다.

 **TIP** 소독도구 눈썹칼, 트위저, 팔레트, 속눈썹가위, 스파츌라

나 모델의 피부톤에 적합한 메이크업 베이스를 선택하여 얇고 고르게 펴 바르시오.

④ 모델의 피부톤에 적합한 메이크업 베이스를 선택한 후 라텍스 스펀지 또는 파운데이션 브러시를 이용하여 두껍지 않게 피부결 방향으로 고르게 펴 바른다.

 **TIP** 밝고 순수하고 온화한 느낌의 내추럴한 메이크업으로 자연스럽게 표현해야 합니다.

다 베이스 메이크업은 모델 피부색과 비슷한 리퀴드 파운데이션을 사용하시오.

⑤ 모델의 피부톤에 맞춰 두껍지 않게 주의하여 자연스럽게 리퀴드 파운데이션을 펴 바른다.

라 피부의 결점 등을 커버하기 위하여 컨실러 등을 사용할 수 있으며, 파운데이션은 두껍지 않게 골고루 펴 바르며 투명 파우더를 사용하여 마무리하시오.

⑥ 컨실러를 사용하여 입, 코 주변의 잡티 및 다크서클 등을 정리한다.

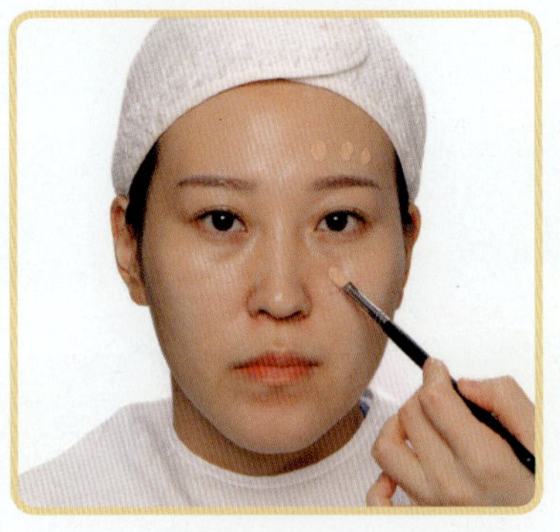

⑦ 네추럴 메이크업은 자연스럽게 표현하는 것이 중요하므로 컨실러 처리 시 피부의 결점 등을 커버할 때 베이스가 두꺼워지지 않도록 한다.

⑧ 자연스러운 윤곽 수정을 위해 피부색보다 한 톤 정도 어두운 섀딩과 한 톤 밝은 하이라이트로 얼굴을 수정한다.

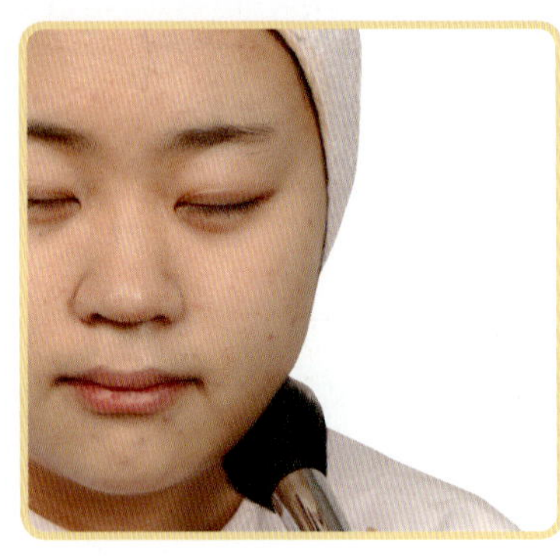

⑨ 소량 도포 시에는 분첩보다는 브러시를 이용하여 투명 파우더를 도포하여 가볍게 유분기를 잡아 자연스럽게 마무리한다.

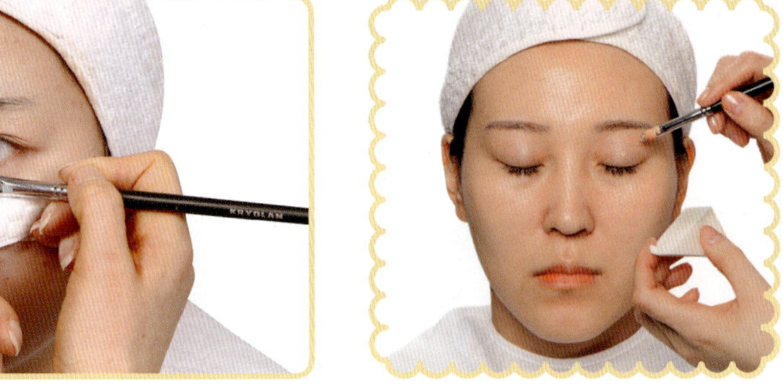

⑩ 잡티 등의 결점을 알맞은 제형의 컨실러를 선택하여 커버한다.

마 눈썹의 표현은 모델의 눈썹의 결을 최대한 살려 자연스럽게 그려 주시오.

⑪ 스크류 브러시로 모델의 눈썹을 빗어준 후 눈썹 형태에 맞게 눈썹의 결을 살려 자연스럽게 그림.

⑫ 아이브로우 섀도와 앵글 브러시를 이용하여 눈썹 결을 자연스럽게 살려 표현한다.

바 아이섀도의 표현은 펄이 없는 베이지 색으로 눈두덩이와 언더라인 전체에 바르시오.

⑬ 펄이 없는 베이지색 섀도우를 눈두덩이 전반에 펴 바른다.

⑭ 눈 밑 언더라인 전체에 펄 없는 베이지색 섀도를 펴 바른다.

사 브라운색으로 도면과 같이 아이라인 주변을 바르고 눈두덩이 위로 자연스럽게 그라데이션한 후 눈꼬리 언더라인 1/2~1/3까지 그라데이션하시오(단, 아이섀도 연출 시 아이홀 라인의 경계가 생기지 않게 그라데이션하시오).

⑮ 도면과 같이 아이라인 주변에 브라운색상을 펴 바른다.

⑯ 눈두덩이에 베이지색과 브라운색 사이에 경계가 생기지 않도록 자연스럽게 그라데이션한다.

⑰ 눈꼬리 부분이 언더라인 1/2~1/3 정도까지 브라운 섀도를 바른 후 그라데이션을 완성한다.

아 아이라인은 브라운 컬러의 섀도 타입이나 펜슬 타입을 이용하여 점막을 채우듯이 속눈썹 사이를 메꾸어 그리고 눈매를 자연스럽게 교정하시오.

  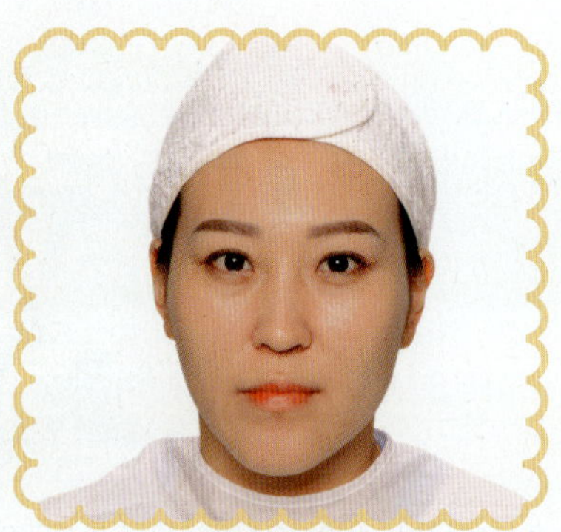

⑱ 브라운 컬러의 섀도 타입이나 펜슬 타입을 사용하여 점막을 채우듯이 속눈썹 사이를 꼼꼼히 메꾸어 그린다.

⑲ 아이라인이 두껍거나 진해지지 않게 주의하여 도면과 같이 그려준 후 눈매가 자연스럽게 교정되었는지 확인한다.

자 뷰러를 이용하여 자연 속눈썹을 컬링하시오.

TIP 뷰러를 눈썹 뿌리에 대고 오른손으로 부드럽게 당겨 컬링하고, 중간 부분을 컬링한 다음 눈썹 끝부분으로 올라가며 꽉잡아 탱탱한 컬을 완성한다.

⑳ 소독한 뷰러를 이용하여 속눈썹을 컬링한다.

차 속눈썹은 마스카라를 이용하여 자연스럽게 표현해 주시오.

㉑ 내추럴 메이크업은 인조 속눈썹을 붙이지 않고 요구사항 내용처럼 자연스럽게 마스카라를 이용하여 표현해 준다.

㉒ 아이 메이크업 마무리

카　치크는 피치컬러로 광대뼈 안쪽에서 바깥쪽으로 블렌딩하시오.

㉓ 치크는 모델의 광대뼈 안쪽에서 바깥쪽으로 피치색상을 선택하여 블렌딩한다.

㉔ 피치색의 블러셔를 브러시에 소량의 파우더를 얹어 자연스럽게 블렌딩한다.

타　립은 베이지 핑크색으로 자연스럽게 발라 마무리하시오.

 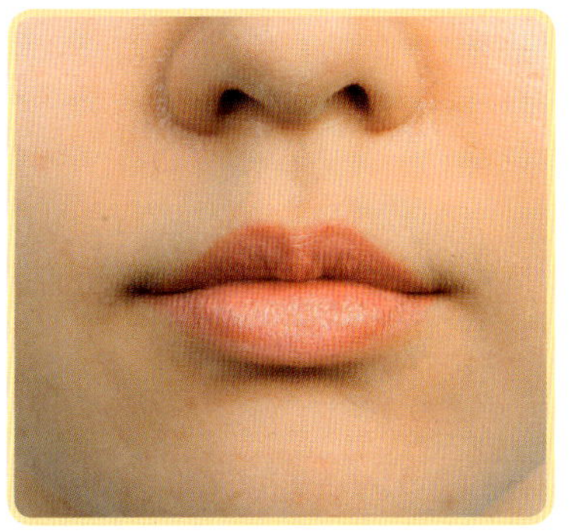

㉕ 립 컬러는 베이지 핑크색으로 입술 라인이 도드라지지 않게 자연스럽게 발라 표현하고 입술 라인과 입술산을 자연스럽게 완성한다.

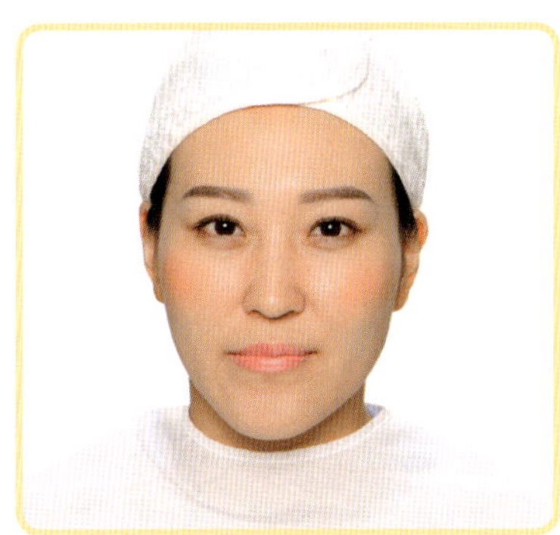

내추럴 메이크업 마무리

시대 메이크업

2 시대 메이크업

1 그레타 가르보 메이크업

1930년대는 경제공항과 불황으로 현실에서 도피적인 태도를 보이는 낙천주의가 확대되면서 영화산업이 중요한 대중문화로 자리 잡고 대중문화는 사회적 인식과 가치 형성에 커다란 영향을 주어 영화 속 스타들이 전 세계적인 아름다움의 기준이 되었다.

'그레타 가르보'와 '마를레네 디트리히' 등 성숙한 이미지의 여배우들이 인기를 끌었으며, 신비스러우면서 이국적이고 냉소적인 모습의 그레타 가르보는 밝고 흰 피부, 가는 활 모양의 아치형 눈썹, 아이홀과 속눈썹이 특징인 눈화장, 붉은 입술을 강조한 메이크업을 연출하였으며 광대뼈 아래도 음영을 강조하여 성숙하고 여성스러운 이미지를 연출하였다.

2 마릴린 먼로 메이크업

1950년대 세계대전이 끝났을 때에는 미국이 문화의 중심이 되었고, 풍요로운 대중 소비의 시대이자 경제호황기를 맞아 광고기술이 발달하였고, 컬러 TV의 등장으로 대중 스타의 이미지가 크게 유행하였다.

세계대전이 끝난 후 여성들은 모성적이고 청순한 여성미를 강요받고, 가정적이며 순종적인 여성상과 성적 매력을 주는 여성상과 젊은 세대의 새로운 등장으로 여성미의 기준에 젊음과 자유로움이 부여되면서 메이크업의 형태는 점차 다양해졌다.

대표적인 미인은 1950년대의 청순한 이미지의 '오드리 햅번'과 섹시한 이미지의 '마릴린 먼로'가 있으며 마릴린 먼로는 길게 붙인 속눈썹, 살구색의 아이섀도, 빨간색의 입술, 입가의 애교 점으로 섹시한 이미지를 강조하여 당시 여성들의 선망의 대상이 되었다.

③ 트위기 메이크업

1960년대 2차 세계대전 이후 태어난 베이비 붐(Baby Boom) 세대가 젊은 세대로 등장하면서 소비층을 이루는 동시에 사회적 중심이 되었다.

기성세대의 생활 방식을 변화시키려는 문화 혁명처럼 다양한 개성과 가치관이 공존하며 팝아트, 옵아트, 미니멀리즘 같은 현대적인 감각의 새로운 패션이 성행하기 시작하였으며, 유니섹스와 히피스타일의 메이크업 쇼, 헤어와 패션 트렌드에 큰 영향을 주었다.

'트위기'는 17세에 데뷔한 1960년대 영국의 톱 모델로, 그의 스타일이 젊은이들 사이에서 유행하였다. 1960년에는 아이홀을 강조한 귀여운 트위기 화장법이 전 세계적인 인기를 끌었다. 말괄량이 같은 이미지의 짧은 헤어스타일, 반짝반짝 빛나는 핑크빛 입술, 속눈썹 위에 메이크업, 파스텔톤의 아이섀도로 아이홀을 강조한 맑은 눈망울과 연한 핑크색의 립 메이크업으로, 격동의 60년대를 집약적으로 보여주는 대표적인 메이크업이다.

④ 펑크 메이크업

1970년대는 에너지 파동, 오일 쇼크, 인플레이션 현상 등으로 경제 불황을 겪은 젊은이들이 실질적이고 합리적인 생활을 추구하면서도 반항적이고도 퇴폐적인 이미지의 펑크 패션을 선보였다. 빨강, 주황, 검정색을 사용한 강렬한 펑크 분위기는 메이크업과 헤어 및 패션에도 큰 영향을 주었다.

미래에 대한 불안, 좌절을 느낀 저소득 계층의 젊은이들이 반항적인 펑크라는 하위 문화를 형성하게 되면서 그들의 사회에 대한 반항적이고 공격적이며 불쾌감을 주는 복장과 장식, 퇴폐적인 이미지인 비비드 컬러와 블랙 컬러가 유행하였다.

상대적으로 자연스러운 색조를 사용한 미국 여배우 '파라 포셋'의 스타일도 유행하였다.

제2과제	40분		
과제유형	시대 메이크업		
배점	총 100점 중 30점		
과제 포인트	그레타 가르보	아이홀의 표현, 섀딩과 하이라이트, 아치형의 눈썹, 인 커브의 립 표현 등을 강조하여 성숙하고 여성스러운 그레타 가르보의 메이크업 이미지를 표현한다.	
	마릴린 먼로	각진 눈썹과 길게 뺀 아이라인, 아웃 커브의 유분기 있는 레드 립, 애교 점, 섹시한 이미지를 강조하여 마릴린 먼로 메이크업의 특징을 표현한다.	
	트위기	말괄량이의 이미지를 강조하기 위해 과장된 동그란 쌍커플 라인과 속눈썹이 특징인 트위기는 아이홀을 맑은 눈망울로 표현하여 트위기 메이크업을 표현한다.	
	펑크	창백한 피부 표현, 결을 강조한 눈썹, 강한 아이홀, 사선으로 선을 그린 치크, 검붉은 립을 사용하여 펑크 메이크업을 표현한다.	

그레타 가르보

피부 표현

- 피부톤에 맞춰 얇고 고른 메이크업 베이스
- 결점 커버 후 윤곽 수정
- 파우더로 매트하게 마무리

눈썹

브라운 : 완벽하게 커버 후 앞쪽이 진하게 아치 형으로

아이섀도

- 브라운 계열(무 펄) : 뒤쪽이 진하게 아이홀 그리기, 무 펄 베이지 뒤쪽이 포인트(홀은 바깥쪽)
- 연한브라운(무 펄) : 언더

아이라이너

- 속눈썹 사이를 메꾸어 교정
- 뷰러로 자연 속눈썹 컬링
- 인조 속눈썹 부착(깊고 그윽한 눈매 연출)

치크

- 브라운 : 광대뼈 아래쪽을 강하게
- 핑크톤 : 얼굴 전체를 가볍게 쓸어 표현

립

레드 브라운(적당한 유분기를 가진) : 인 커브 형태

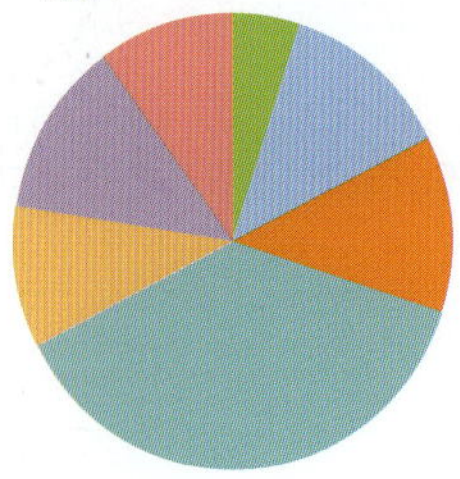

소독하기 2분
베이스 5분
눈썹 5분
아이섀도, 아이라인 및 마스카라 15분
속눈썹 4분
립, 치크 5분
마무리 4분

아이

치크

립

국가기술자격 실기시험 문제

자격종목	미용사(메이크업)	과 제 명	시대 메이크업 (그레타 가르보)

비번호 :

※시험시간 : 40분

1. 요구사항 (2과제)

※ 지참재료 및 도구를 사용하여 아래의 요구사항에 따라 시대 메이크업(그레타 가르보)을 시험시간 내에 완성하시오.

가. 과제를 수행하기 전 수험자의 손 및 도구류를 소독한 후 제시된 도면을 참고하여 시대 메이크업(그레타 가르보) 스타일을 연출하시오.

나. 모델의 피부톤에 적합한 메이크업 베이스를 선택하여 얇고 고르게 펴 바르시오.

다. 눈썹은 파운데이션 등(또는 눈썹 왁스 및 실러)을 사용하여 도면과 같이 완벽하게 커버하시오.

라. 모델의 피부톤에 맞춰 결점을 커버하여 깨끗하게 피부 표현을 하시오.

마. 섀딩과 하이라이트로 윤곽 수정 후 파우더로 매트하게 마무리하시오.

바. 눈썹은 아치형으로 그려 그레타 가르보의 개성이 돋보이게 표현하시오.

사. 아이섀도의 표현은 도면과 같이 모델의 눈두덩이에 펄이 없는 갈색 계열의 컬러를 이용하여 아이홀을 그리고 그라데이션하시오.

아. 아이라인은 속눈썹 사이를 메꾸어 그리고 도면과 같이 눈매를 교정하시오.

자. 뷰러를 이용하여 자연 속눈썹을 컬링하시오.

차. 인조 속눈썹은 모델 눈에 맞춰 붙이고, 깊고 그윽한 눈매를 연출하시오.

카. 치크는 브라운색으로 광대뼈 아래쪽을 강하게 표현하고 얼굴 전체를 핑크톤으로 가볍게 쓸어 표현하시오.

타. 적당한 유분기를 가진 레드 브라운 립 컬러를 이용하여 인 커브 형태로 바르시오.

2. 수험자 유의사항

1) 모델은 문신(눈썹, 아이라인, 입술 등), 속눈썹 연장 및 메이크업이 되어 있지 않은 상태이어야 합니다.

2) 스파출라, 속눈썹 가위, 족집게, 눈썹 칼 등의 도구류를 사용 전 소독제로 소독해야 합니다.

3) 메이크업 베이스, 파운데이션을 펴 바를 때 스펀지 퍼프 또는 브러시를 사용하시오.

4) 아이섀도, 치크, 립 등의 표현 시 브러시 등 적합한 도구를 사용하시오.

5) 화장품은 요구사항에 지정된 제형 외에는 타입에 상관없이 자유롭게 사용하시오.

그레타 가르보 메이크업 완성

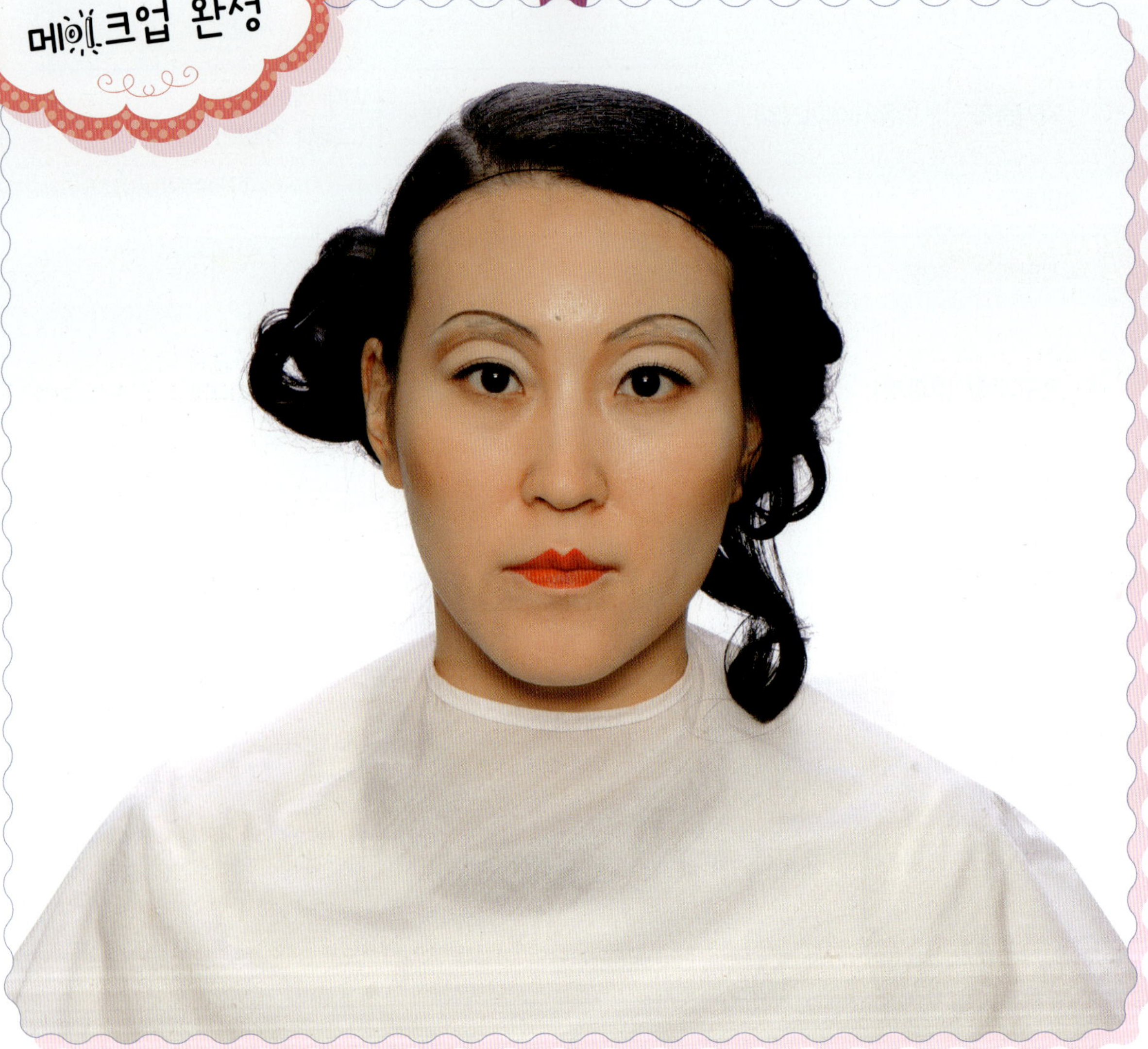

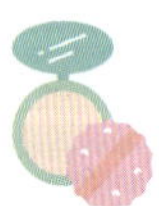

2과제 공통 재료

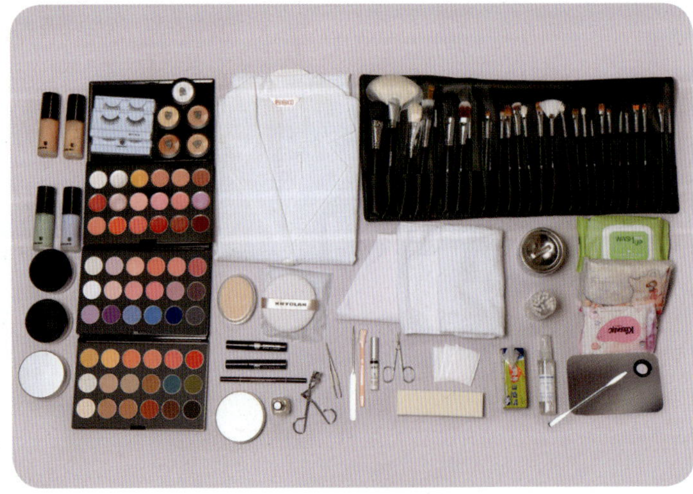

소독 및 위생	위생 가운, 어깨 보, 헤어터번, 타월, 소독제, 탈지면 용기, 탈지면, 위생 봉투 등
메이크업 재료	메이크업 파운데이션, 페이스 파우더 등, 아이섀도 팔레트, 립 팔레트, 아이라이너, 마스카라, 아이브로우 펜슬, 인조 속눈썹, 속눈썹 접착제 등, 더마 왁스, 실러, 스프리트 검
기타	눈썹 칼, 눈썹 가위, 브러시 세트, 스펀지 퍼프, 분첩, 뷰러, 타월, 미용 티슈, 물티슈, 면봉, 트위저, 클렌징 제품 및 도구 등

가 과제를 수행하기 전 수험자의 손 및 도구류를 소독한 후 제시된 도면을 참고하여 시대 메이크업 (그레타 가르보) 스타일을 연출하시오.

① 수험자는 과제를 수행하기 전에 반드시 본인의 손을 소독한다.

② 수험자는 과제를 수행하기 전에 반드시 도구류를 소독한다.

③ 제시된 도면을 참고하여 그레타 가르보 메이크업 스타일을 연출한다.

TIP 소독도구 눈썹칼, 트위저, 팔레트, 속눈썹가위, 스파출라

나 모델의 피부톤에 적합한 메이크업 베이스를 선택하여 얇고 고르게 펴 바르시오.

④ 모델의 피부톤에 적합한 메이크업 베이스를 선택한 후 라텍스 스펀지 또는 파운데이션 브러시를 이용하여 두껍지 않게 피부결 방향으로 고르게 펴 바른다.

다 눈썹은 파운데이션 등(또는 눈썹 왁스 및 컨실러)을 사용하여 도면과 같이 완벽하게 커버하시오.

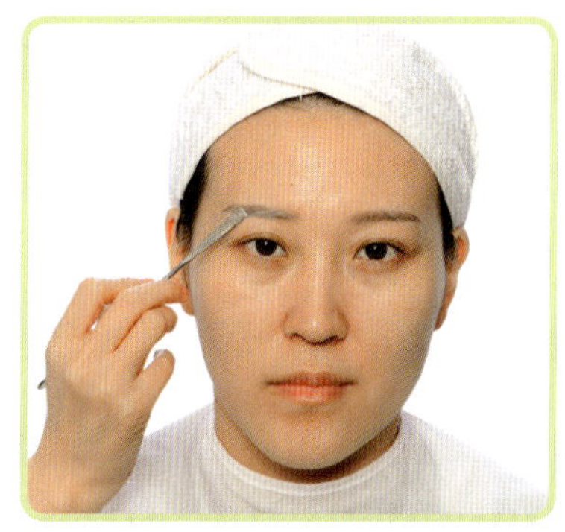

⑤ 모델의 아치형 눈썹 위치를 파악한 후 커버할 부분에 왁스 등(스프리트 검, 컨실러)을 이용하여 눈썹을 커버한다.

⑥ 모델의 눈썹에 도포한 왁스를 스파출라로 얇게 펴 바르듯 지그시 누르며 커버해준다.

⑦ 모델의 피부보다 한톤 어두운 파운데이션으로 노즈 섀도우 라인에 음영감을 표현한다.

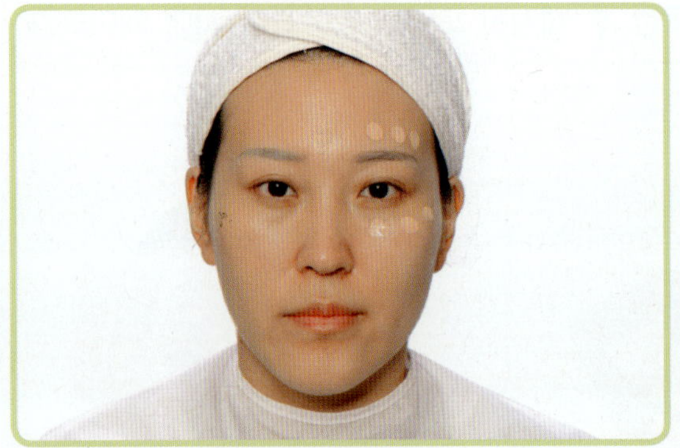 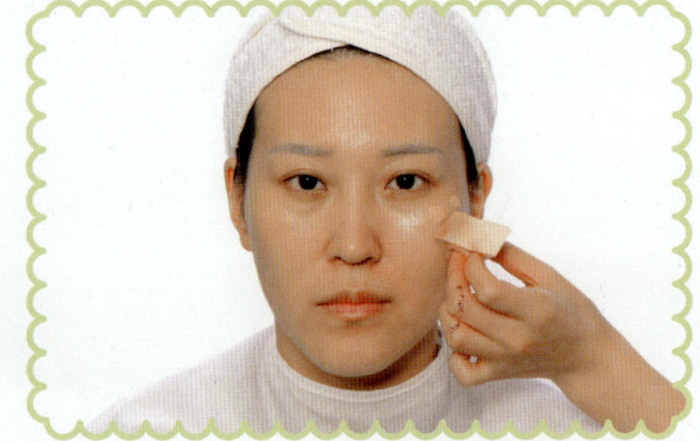

⑧ 더마 왁스와 피부의 경계가 생기지 않도록 파운데이션으로 자연스럽게 마무리 해준다.

라 모델의 피부톤에 맞춰 결점을 커버하여 깨끗하게 피부 표현하시오.

⑨ 다크서클, 잡티 등을 눈썹에 컨실러를 사용하여 완벽하게 커버한다.

마 섀딩과 하이라이트 윤곽 수정 후 파우더로 매트하게 마무리하시오.

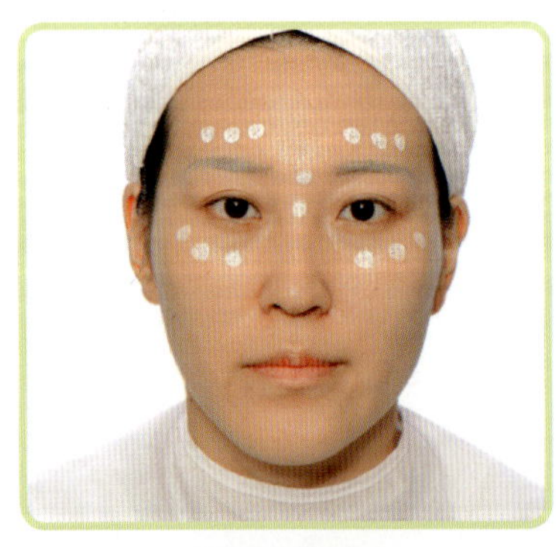 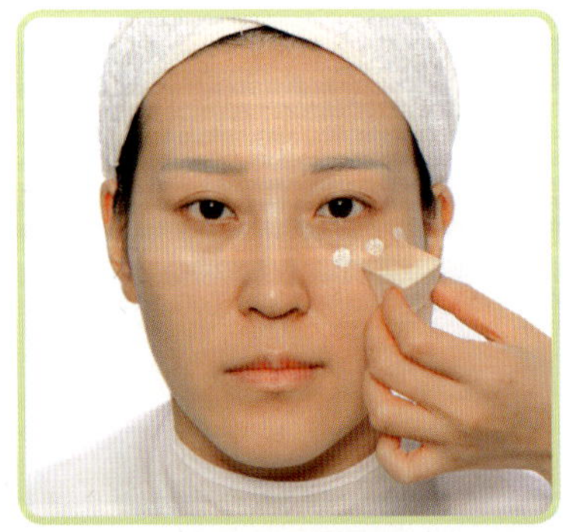 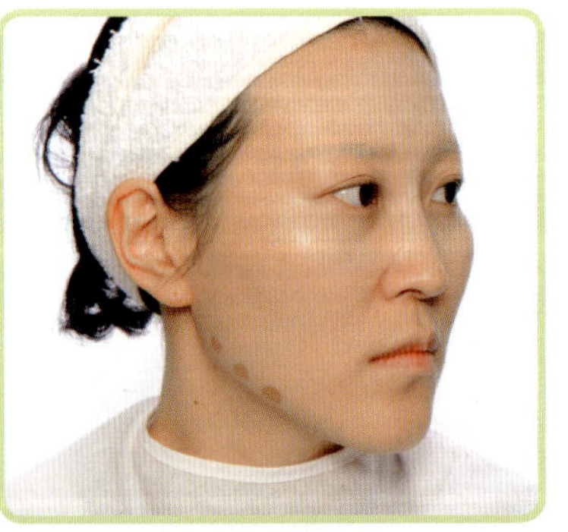

⑩ 모델의 피부톤보다 한 톤 어두운 파운데이션을 사용하여 노즈라인에 가볍게 음영감을 주고 그레타 가르보의 이미지가 잘 표현될 수 있도록 광대뼈 아랫부분과 콧대에 자연스럽게 섀딩을 한다.

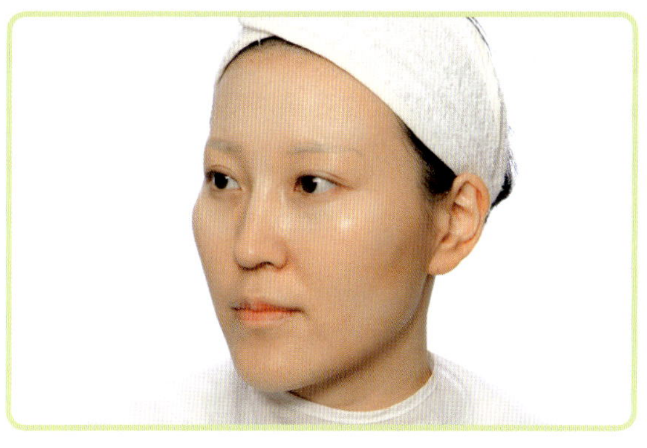

⑪ T존과 눈 밑, 턱 부위에 하이라이트를 하여 윤곽 수정을 한다.

⑫ 브러시 또는 분첩을 사용하여 파우더로 매트하게 마무리한다.

바 눈썹은 아치형으로 그려 그레타 가르보의 개성이 돋보이게 표현하시오.

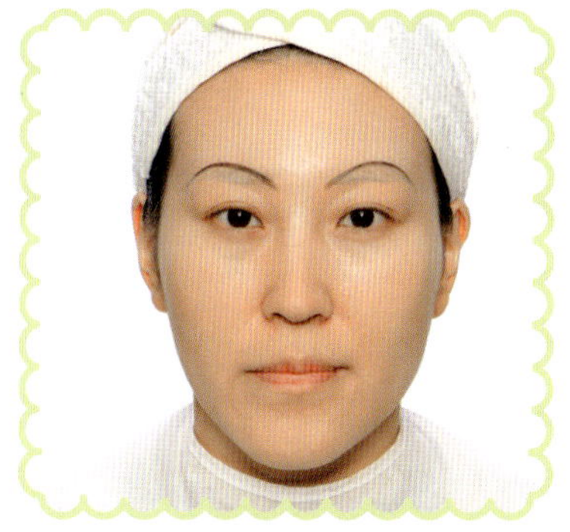

⑬ 아이브로우 펜슬을 사용하여 눈썹은 가늘고 길게 활 모양의 그레타 가르보의 개성이 돋보일 수 있도록 아치형의 눈썹을 연출한다.

사 아이섀도의 표현은 도면과 같이 모델의 눈두덩이에 펄이 없는 갈색 계열의 컬러를 이용하여 아이홀을 그리고 그라데이션하시오.

⑭ 펄이 없는 갈색 섀도를 사용하여 아이홀 라인을 그린다.

⑮ 노즈라인에 아이섀도를 사용하여 가볍게 음영을 넣는다.

⑯ 베이스 컬러의 섀도를 경계가 지지 않도록 눈두덩이에 바르면 깨끗하고 선명한 아이홀이 강조되도록 완성한다.

  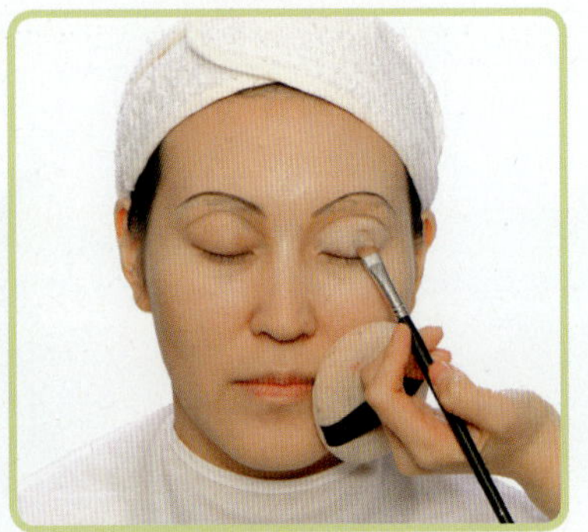

⑰ 펄이 없는 갈색 섀도를 쌍겹 위 아이홀에 1~2mm 아이홀 라인을 섬세하게 만든다.

⑱ 펄이 없는 갈색 섀도를 사용하여 아이홀을 그리고 그라데이션한다.

 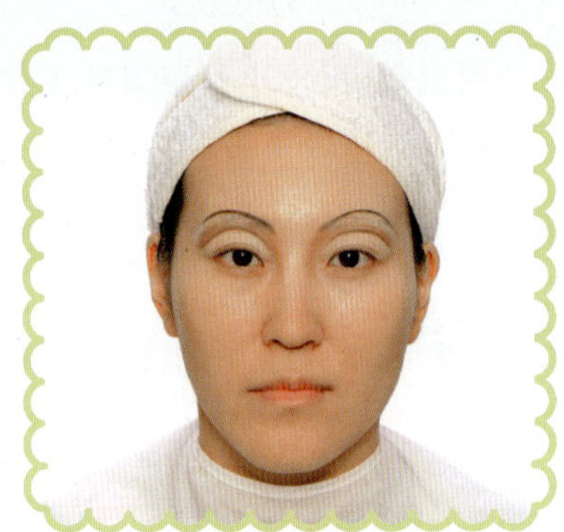

⑲ 그레타 가르보 아이섀도 마무리

아 아이라인은 속눈썹 사이를 메꾸어 그리고 도면과 같이 눈매를 교정하시오.

 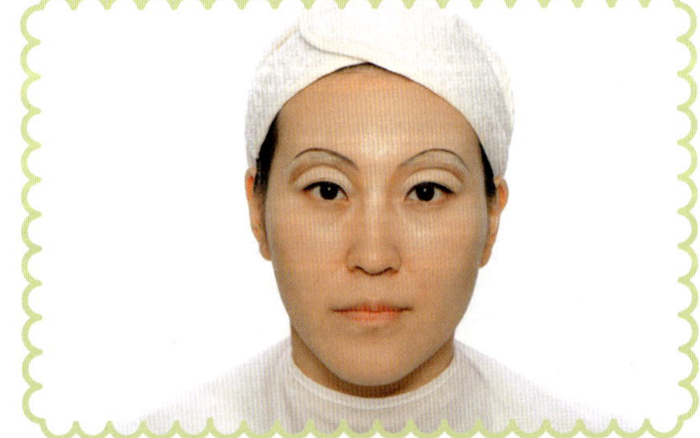

⑳ 젤 또는 리퀴드 타입의 아이라이너를 사용하여 점막을 채우듯 속눈썹 사이를 꼼꼼히 메꾸어 눈매를 교정한다.

자 뷰러를 이용하여 자연 속눈썹을 컬링하시오.

㉑ 소독한 뷰러를 사용하여 모델의 속눈썹을 컬링한다.

차 인조 속눈썹은 모델 눈에 맞춰 붙이고, 깊고 그윽한 눈매를 연출하시오.

㉒ 그레타 가르보의 이미지에 알맞은 인조 속눈썹을 선택 후 모델의 눈 길이에 맞게 인조 속눈썹 길이를 측정한다.

㉓ 인조 속눈썹의 길이를 잘라준다.

㉔ 트위저를 사용하여 인조 속눈썹을 붙여 깊고 그윽한 눈매를 표현해준다.

카 치크는 브라운색으로 광대뼈 아래쪽을 강하게 표현하고 얼굴 전체를 핑크톤으로 가볍게 쓸어 표현하시오.

㉕ 광대뼈 아래쪽 부분에 브라운색상으로 강하게 표현한다.

㉖ 얼굴 전체를 핑크톤의 블러셔로 가볍게 쓸어준다.

㉗ 경계가 생기지 않도록 자연스럽게 마무리한다.

 적당한 유분기를 가진 레드 브라운 립 컬러를 이용하여 인 커브 형태로 바르시오.

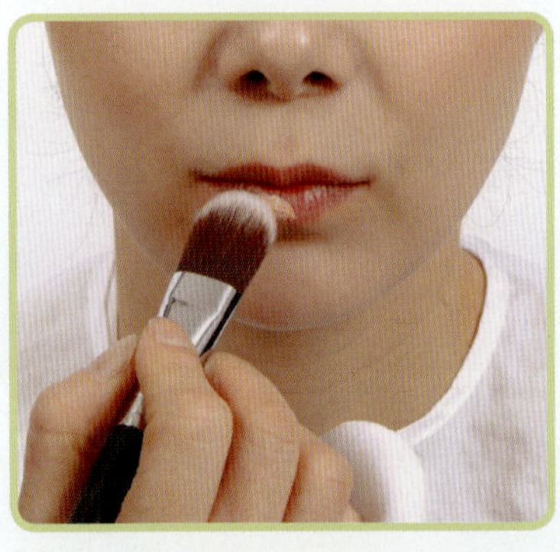

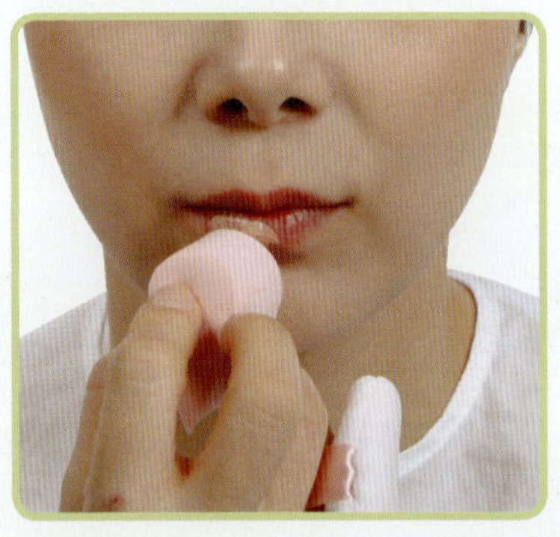

㉘ 립 메이크업을 하기 전 파운데이션
　브러시 또는 메이크업 스펀지를 자
　연스럽게 파운데이션을 사용하여
　입술 주변을 깨끗이 정리한다.

㉙ 입술 주변을 컨실러를 이용하여 깨끗이 정리하고 적당한 유분기를 가진 레드 브
　라운 립 컬러를 사용, 인커브 형태의 입술 라인을 그려 준다.

그레타 가르보 메이크업 마무리

마릴린 먼로

피부 표현

- 피부톤에 맞춰 얇고 고른 메이크업 베이스
- 피부톤보다 밝은 핑크톤의 파운데이션
- 섀딩과 하이라이트로 윤곽 수정
- 파우더로 매트하게 마무리

눈썹

브라운 : 양 미간이 좁지 않은 각진 눈썹(원래 위치보다 넓게)

아이섀도

- 핑크 베이지 계열 ; 아이홀 표현(뒤쪽이 진하도록 하는 것이 포인트)
- 화이트 : 아이홀 안쪽 눈꺼풀
- 베이지 : 언더

립

레드(적당한 유분기를 가진) : 아웃 커브 형태

아이라이너

- 속눈썹 사이를 메꾸어 길게 뺀 형태의 눈매
- 뷰러로 자연 속눈썹 컬링
- 인조 속눈썹 부착(길게 뒤로 빼서 부착)

치크

핑크톤 : 광대뼈보다 아래쪽에서 구각을 향해 사선 방향

점

블랙 : 마릴린 먼로의 개성이 돋보이는 점

자격종목	미용사(메이크업)	과 제 명	시대 메이크업 (마릴린 먼로)

비번호 :

※시험시간 : 40분

1. 요구사항 (2과제)

※ 지참재료 및 도구를 사용하여 아래의 요구사항에 따라 시대 메이크업(마릴린 먼로)을 시험시간 내에 완성하시오.

가. 과제를 수행하기 전 수험자의 손 및 도구류를 소독한 후 제시된 도면을 참고하여 시대 메이크업(마릴린 먼로) 스타일을 연출하시오.

나. 모델의 피부톤에 적합한 메이크업 베이스를 선택하여 얇고 고르게 펴 바르시오.

다. 모델의 피부톤보다 밝은 핑크톤의 파운데이션으로 표현하시오.

라. 섀딩과 하이라이트로 윤곽 수정 후 파우더로 매트하게 마무리하시오.

마. 눈썹은 브라운색의 양미간이 좁지 않은 각진 눈썹으로 표현하시오.

바. 아이섀도는 모델의 눈두덩이를 중심으로 핑크와 베이지 계열의 컬러를 이용하여 아이홀을 표현하고 그라데이션하시오.

사. 아이홀 안쪽 눈꺼풀에 화이트 색상으로 입체감을 주고 언더에는 베이지 계열의 섀도를 바르시오.

아. 아이라인은 속눈썹 사이를 메꾸어 그리고 도면과 같이 아이라인을 길게 뺀 형태의 눈매를 표현하시오.

자. 뷰러를 이용하여 자연 속눈썹을 컬링하시오.

차. 인조 속눈썹은 모델의 눈보다 길게 뒤로 빼서 붙여 주고 깊고 그윽한 눈매를 표현하시오.

카. 치크는 핑크톤으로 광대뼈보다 아래쪽에서 구각을 향해 사선으로 바르시오.

타. 적당한 유분기를 가진 레드 립 컬러를 아웃 커브 형태로 바르시오.

파. 도면과 같이 마릴린 먼로의 개성이 돋보이는 점을 그리시오.

2. 수험자 유의사항

1) 모델은 문신(눈썹, 아이라인, 입술 등), 속눈썹 연장 및 메이크업이 되어 있지 않은 상태이어야 합니다.

2) 스파출라, 속눈썹 가위, 족집게, 눈썹 칼 등의 도구류를 사용 전 소독제로 소독해야 합니다.

3) 메이크업 베이스, 파운데이션을 펴 바를 때 스펀지 퍼프 또는 브러시를 사용하시오.

4) 아이섀도, 치크, 립 등의 표현 시 브러시 등 적합한 도구를 사용하시오.

5) 화장품은 요구사항에 지정된 제형 외에는 타입에 상관없이 자유롭게 사용하시오.

마릴린 먼로 메이크업 완성

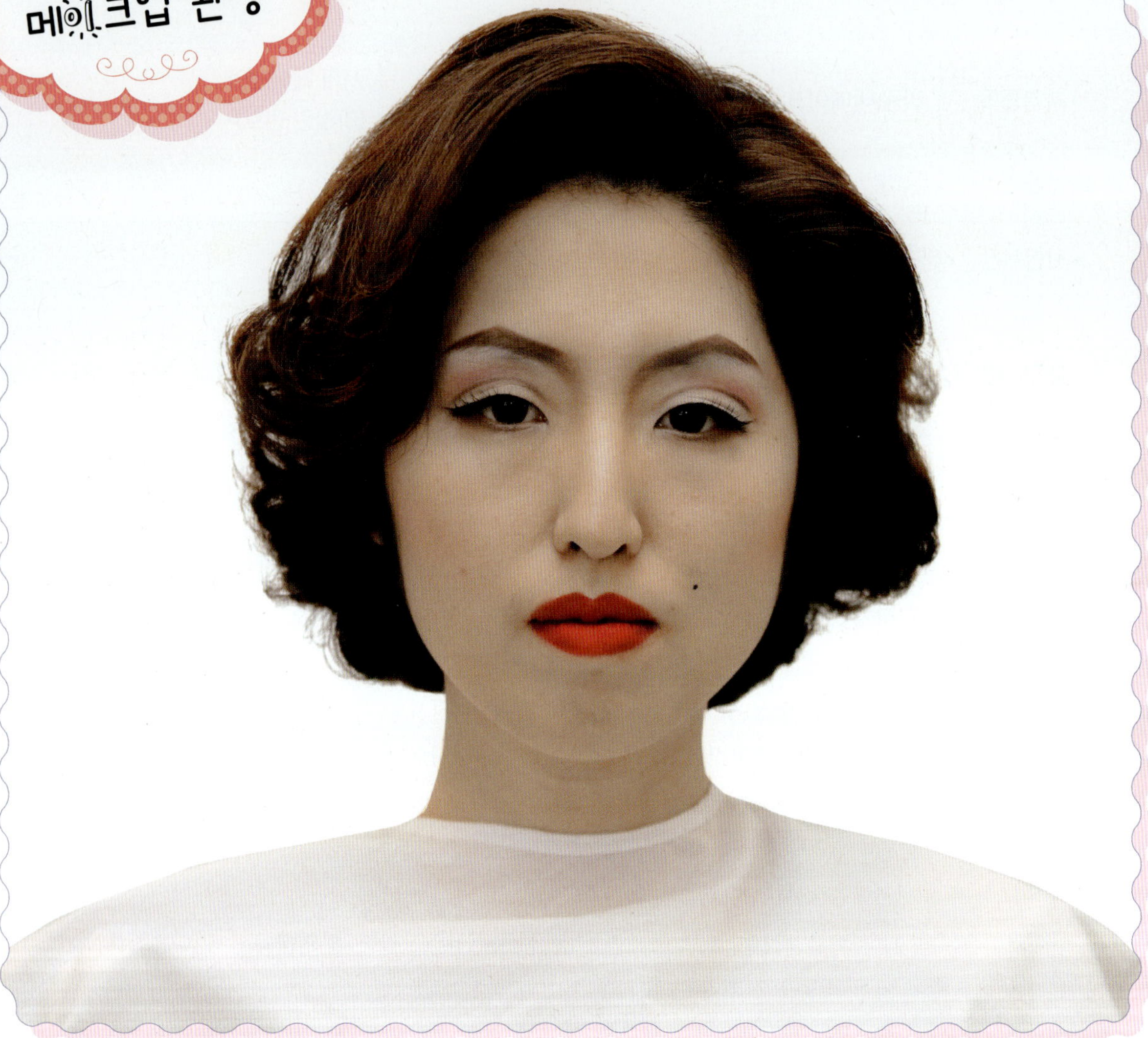

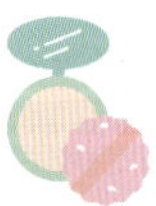

2과제 공통 재료

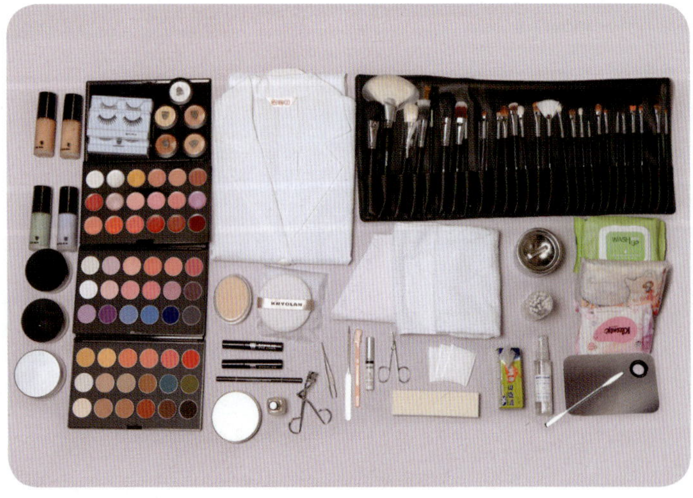

소독 및 위생	위생 가운, 어깨 보, 헤어터번, 타월, 소독제, 탈지면 용기, 탈지면, 위생 봉투 등
메이크업 재료	메이크업 파운데이션, 페이스 파우더 등, 아이섀도 팔레트, 립 팔레트, 아이라이너, 마스카라, 아이브로우 펜슬, 인조 속눈썹, 속눈썹 접착제 등, 더마 왁스, 실러, 스프리트 검
기타	눈썹 칼, 눈썹 가위, 브러시 세트, 스펀지 퍼프, 분첩, 뷰러, 타월, 미용 티슈, 물티슈, 면봉, 트위저, 클렌징 제품 및 도구 등

가 과제를 수행하기 전 수험자의 손 및 도구류를 소독한 후 제시된 도면을 참고하여 시대 메이크업 (마릴린 먼로) 스타일을 연출하시오.

① 수험자는 과제를 수행하기 전에 반드시 본인의 손을 소독한다.

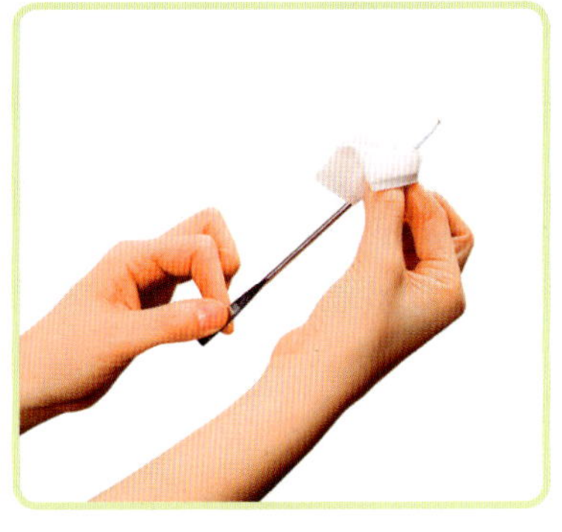

② 수험자는 과제를 수행하기 전에 반드시 도구류를 소독한다.

③ 제시된 도면을 참고하여 마릴린 먼로 메이크업 스타일을 연출한다.

TIP 소독도구 눈썹칼, 트위저, 팔레트, 속눈썹가위, 스파츌라

나 모델의 피부톤에 적합한 메이크업 베이스를 선택한 후 라텍스 또는 파운데이션 브러시를 이용하여 두껍지 않게 피부결 방향으로 고르게 펴 바른다.

④ 모델의 피부톤에 맞춰 메이크업 베이스를 피부 결 방향으로 얇고 고르게 펴 바른다.

다 모델의 피부톤보다 밝은 핑크톤의 파운데이션으로 표현하시오.

⑤ 모델의 피부색을 파악한 후 파운데이션 브러시 또는 스펀지 퍼프를 사용하여 모델의 피부톤보다 밝은 핑크톤의 파운데이션을 펴 바른다.

라 셰딩과 하이라이트로 윤곽 수정 후 파우더로 매트하게 마무리하시오.

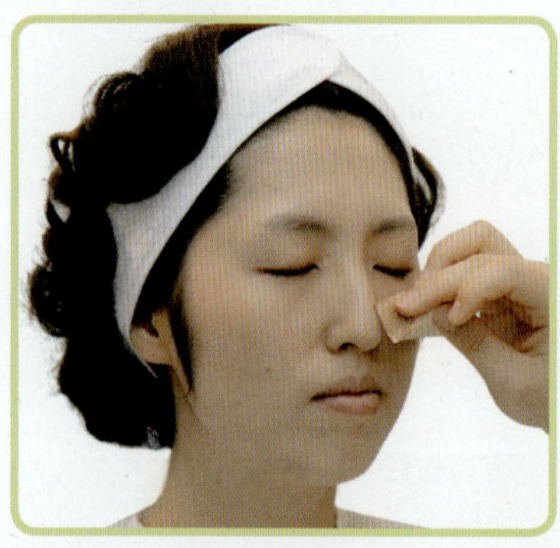 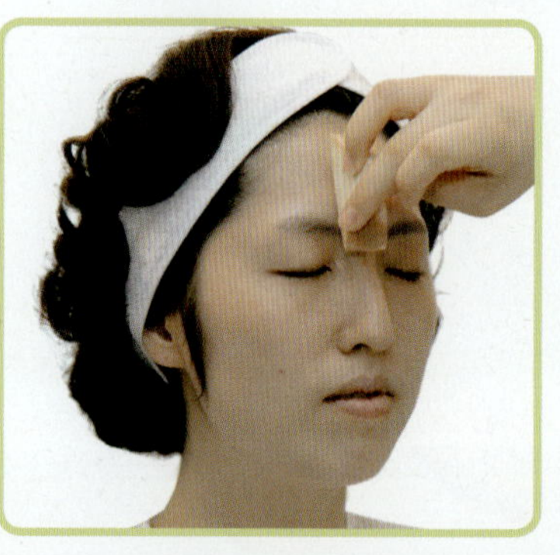

⑥ 모델의 얼굴형을 고려하여 마릴린 먼로의 이미지를 살려 광대, 콧대, 턱 등에 셰딩을 넣는다.

⑦ T존 및 눈 밑, 인중, 턱 부위에 하이라이트로 셰딩하고 한 톤 어둡거나 밝은 파운데이션 또는 컨실러를 스펀지 퍼프나 브러시를 사용하여 자연스러운 윤곽 수정을 하여 파우더 처리 후에도 입체감 있게 베이스 연출을 한다.

⑧ 브러시 또는 분첩을 사용하여 파우더로 매트하게 마무리한다.

마 눈썹은 브라운색의 양 미간이 좁지 않은 각진 눈썹으로 표현하시오.

⑨ 브라운색의 아이브로우 섀도로 각진 눈썹 모양을 잡아준 후 아이브로우 펜슬을 이용하여 윤곽을 또렷하게 그려주며 양 미간 사이가 좁지 않도록 눈썹 앞머리를 표현한다.

⑩ 컨실러나 파운데이션을 사용하여 눈썹 주변을 깨끗하게 정리하여 각진 눈썹을 더 선명하게 표현한다.

바 아이섀도는 모델의 눈두덩이를 중심으로 핑크와 베이지 계열의 색을 이용하여 아이홀을 표현하고 그라데이션하시오.

⑪ 아이섀도는 모델의 눈두덩이를 중심으로 핑크와 베이지 계열의 색을 이용하여 아이홀을 그려 준다.

⑫ 모델의 눈 형태를 고려하여 베이지 계열의 섀도로 아이홀을 그린 후 브라운 섀도를 이용하여 각진 눈썹의 모양을 잡고 아이브로우 펜슬을 이용하여 윤곽을 또렷하게 표현한다.

⑬ 아이홀 라인 위 방향으로 핑크 베이지 컬러 아이섀도로 자연스럽게 그라데이션 한다.

사 아이홀 안쪽 눈커풀에 화이트 색상으로 입체감을 주고 언더에는 베이지 계열의 섀도를 바르시오.

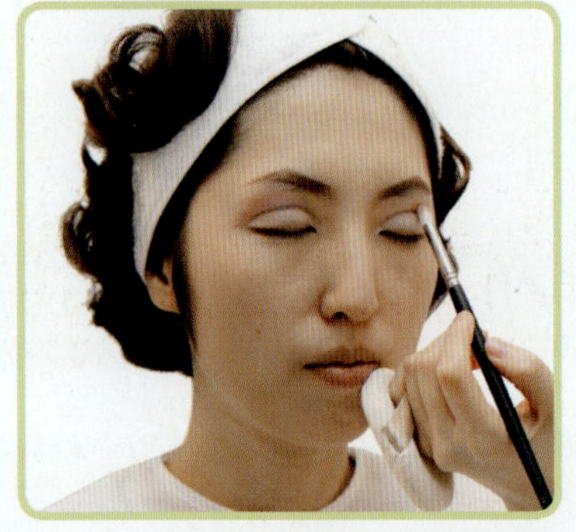  

⑭ 언더에는 베이지 계열의 섀도를 바르고 핑크와 베이지색을 이용하여 아이홀 라인을 감싸듯 한 번 더 잡아 주어 깔끔한 아이홀을 표현한다. 아이홀 안쪽 눈꺼풀 부분에는 화이트 색상으로 감싸듯 자연스럽게 입체감을 준다.

아 아이라인은 속눈썹 사이를 메꾸어 그리고 도면과 같이 아이라인을 길게 뺀 형태의 눈매를 표현하시오.

⑮ 아이라이너로 아이라인은 속눈썹 사이를 메꾸어 도면과 같이 아이라인을 길게 뺀 형태로 살짝 올려주고 홀 밖으로 2~3mm 정도 길게 눈매를 표현한다.

자 뷰러를 이용하여 자연 속눈썹을 컬링하시오.

TIP 뷰러를 눈썹 뿌리에 대고 오른손으로 부드럽게 당겨 컬링하고, 중감 부분을 컬링한 다음 눈썹 끝부분으로 올라가며 꽉잡아 땡땡한 컬을 완성한다.

⑯ 소독한 뷰러를 사용하여 모델의 속눈썹을 컬링하시오.

차 인조 속눈썹은 모델의 눈보다 길게 뒤로 빼서 붙여 주고 깊고 그윽한 눈매를 표현하시오.

⑰ 마릴린 먼로의 이미지가 부각될 수 있도록 인조 속눈썹을 모델의 눈보다 길게 빼서 붙여주어 깊고 그윽한 눈매를 표현한다.

⑱ 마스카라를 사용하여 끝부분이 떨어지지 않도록 주의하여 자연 속눈썹과 인조 속눈썹이 분리되지 않도록 컬링한다.

카 치크는 핑크톤으로 광대뼈보다 아래쪽에서 구각을 향해 사선으로 바르시오.

⑲ 치크는 핑크톤의 블러셔를 브러시를 사용하여 광대뼈보다 아래쪽에서 구각을 향해 사선으로 그라데이션한다.

⑳ 자연스럽게 연출되도록 마무리한다.

타 적당한 유분기를 가진 레드 립 컬러를 아웃 커브 형태로 바르시오.

㉑ 적당한 유분기를 가진 레드 립 컬러를 아웃 커브 형태로 그려 준다.

㉒ 볼륨감 있는 마릴린 먼로의 입술 형태가 부각될 수 있도록 입술을 채워준다.

 도면과 같이 마릴린 먼로의 개성이 돋보이는 점을 그리시오.

㉓ 마릴린 먼로의 개성이 돋보이는 점을 표현하기 위해 리퀴드 라이너, 젤 아이라이너를 사용하여 모델의 왼쪽 볼에 점을 그려
   준다.

마릴린 먼로 메이크업 마무리

트위기

피부 표현

- 피부톤에 맞춰 얇고 고른 메이크업 베이스
- 피부색과 비슷한 리퀴드 또는 크림 파운데이션
- 파우더로 마무리

눈썹

브라운(자연스러운) : 눈썹산 강조

아이섀도

- 화이트 베이스, 핑크, 네이비, 그레이, 어두운 청색 : 인위적인 쌍꺼풀 라인
- 화이트 : 쌍꺼풀 안쪽, 눈썹 아래 하이라이트, 언더라인

아이라이너

- 선명하게 그려 눈매 교정
- 뷰러로 자연 속눈썹 컬링
- 마스카라
- 인조 속눈썹 부착
- 언더 속눈썹에 마스카라 후 아이라이너 또는 인조 속눈썹 부착

치크

핑크 및 라이트 브라운 : 애플 존 위치에 둥근 느낌

립

베이지 핑크 : 립 컬러를 자연스럽게

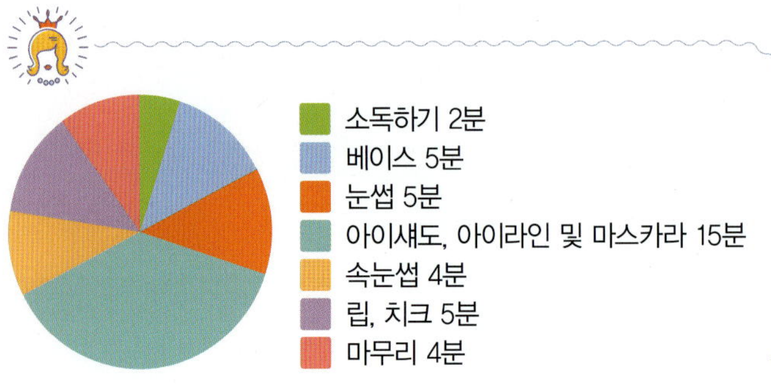

아이

치크

립

국가기술자격 실기시험 문제

자격종목	미용사(메이크업)	과제 명	시대 메이크업 (트위기)

비번호 :

※시험시간 : 40분

1. 요구사항 (2과제)

※ 지참재료 및 도구를 사용하여 아래의 요구사항에 따라 시대 메이크업(트위기)을 시험시간 내에 완성하시오.

가. 과제를 수행하기 전 수험자의 손 및 도구류를 소독한 후 제시된 도면을 참고하여 시대 메이크업(트위기) 스타일을 연출하시오.

나. 모델의 피부톤에 적합한 메이크업 베이스를 선택하여 얇고 고르게 펴 바르시오.

다. 베이스 메이크업은 모델 피부색과 비슷한 리퀴드 또는 크림 파운데이션을 사용하시오.

라. 파운데이션은 두껍지 않게 골고루 펴 바르며 파우더를 사용하여 마무리하시오.

마. 눈썹의 표현은 도면과 같이 자연스러운 브라운 컬러로 눈썹 산을 강조하여 그리시오.

바. 아이섀도는 화이트 베이스 컬러와 핑크, 네이비, 그레이, 어두운 청색 등을 사용하여 인위적인 쌍꺼풀 라인을 표현하시오.

사. 쌍꺼풀 라인과 아이라인의 선이 선명하도록 강조하여 그라데이션하고 화이트로 쌍꺼풀 안쪽 및 눈썹 아래 부위를 하이라이트하시오.

아. 아이라인은 선명하게 그리고 도면과 같이 눈매를 교정하시오.

자. 뷰러를 이용하여 자연 속눈썹을 컬링한 후 마스카라를 바르고 인조 속눈썹을 붙여 눈매를 강조하시오.

차. 도면과 같이 과장된 속눈썹 표현을 위해 언더 속눈썹에 마스카라를 한 후 아이라이너를 사용하여 그리거나 인조 속눈썹을 붙여 표현하시오.

카. 치크는 핑크 및 라이트 브라운색으로 애플 존 위치에 둥근 느낌으로 바르시오.

타. 베이지 핑크색의 립 컬러를 자연스럽게 발라 마무리하시오.

2. 수험자 유의사항

1) 모델은 문신(눈썹, 아이라인, 입술 등), 속눈썹 연장 및 메이크업이 되어 있지 않은 상태이어야 합니다.

2) 스파출라, 속눈썹 가위, 족집게, 눈썹 칼 등의 도구류를 사용 전 소독제로 소독해야 합니다.

3) 메이크업 베이스, 파운데이션을 펴 바를 때 스펀지 퍼프 또는 브러시를 사용하시오.

4) 아이섀도, 치크, 립 등의 표현 시 브러시 등 적합한 도구를 사용하시오.

5) 화장품은 요구사항에 지정된 제형 외에는 타입에 상관없이 자유롭게 사용하시오.

트위기 메이크업 완성

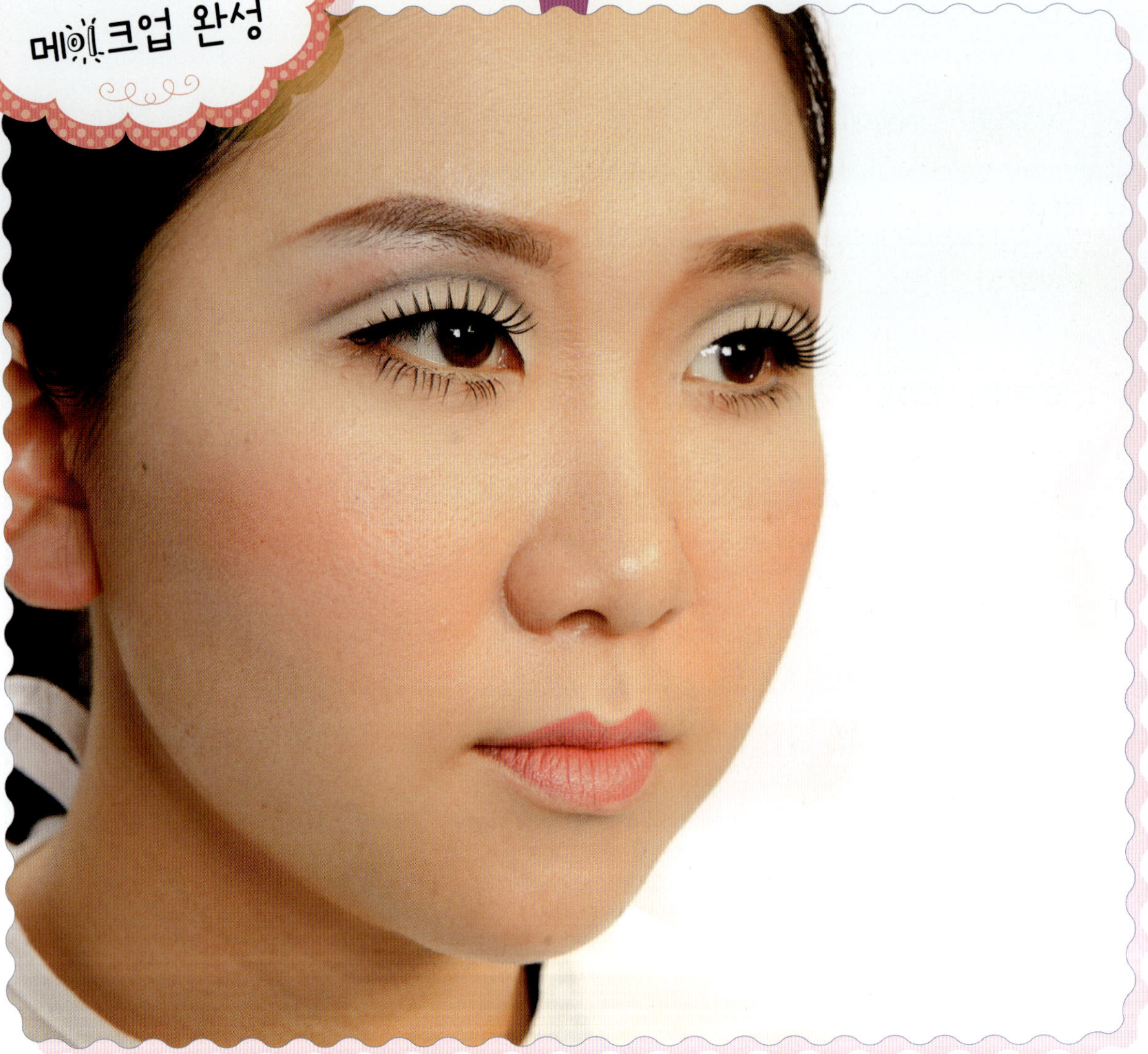

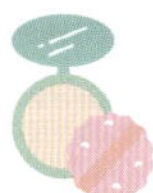

2과제 공통 재료

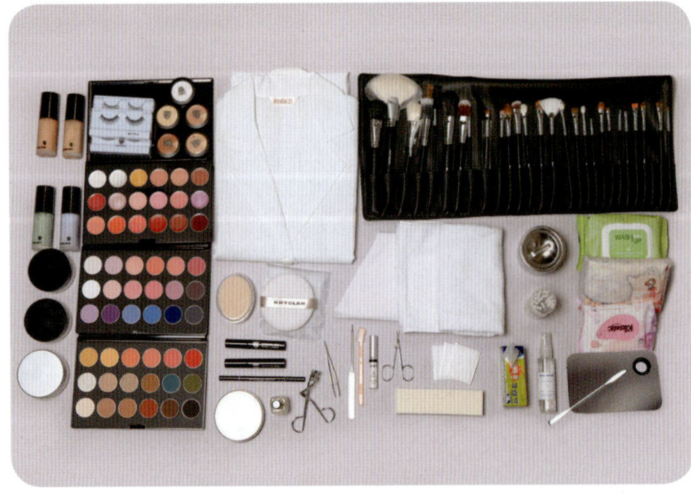

소독 및 위생	위생 가운, 어깨 보, 헤어터번, 타월, 소독제, 탈지면 용기, 탈지면, 위생 봉투 등
메이크업 재료	메이크업 파운데이션, 페이스 파우더 등, 아이섀도 팔레트, 립 팔레트, 아이라이너, 마스카라, 아이브로우 펜슬, 인조 속눈썹, 속눈썹 접착제 등, 더마 왁스, 실러, 스프리트 검
기타	눈썹 칼, 눈썹 가위, 브러시 세트, 스펀지 퍼프, 분첩, 뷰러, 타월, 미용 티슈, 물티슈, 면봉, 트위저, 클렌징 제품 및 도구 등

가 과제를 수행하기 전 수험자의 손 및 도구류를 소독한 후 제시된 도면을 참고하여 시대 메이크업 (트위기) 스타일을 연출하시오.

① 수험자는 과제를 수행하기 전에 반드시 본인의 손을 소독한다.

② 수험자는 과제를 수행하기 전에 반드시 도구류를 소독한다.

③ 제시된 도면을 참고하여 트위기 메이크업 스타일을 연출한다.

TIP 소독도구 눈썹칼, 트위저, 팔레트, 속눈썹가위, 스파츌라

나 모델의 피부톤에 적합한 메이크업 베이스를 선택하여 얇고 고르게 펴 바르시오.

④ 모델의 피부톤에 맞춰 두껍지 않게 라텍스 스펀지 또는 파운데이션 브러시를 이용하여 얇게 메이크업 베이스를 피부 결 방향으로 고르게 펴 바른다.

다 베이스 메이크업은 모델 피부색과 비슷한 리퀴드 또는 크림 파운데이션을 사용하시오.

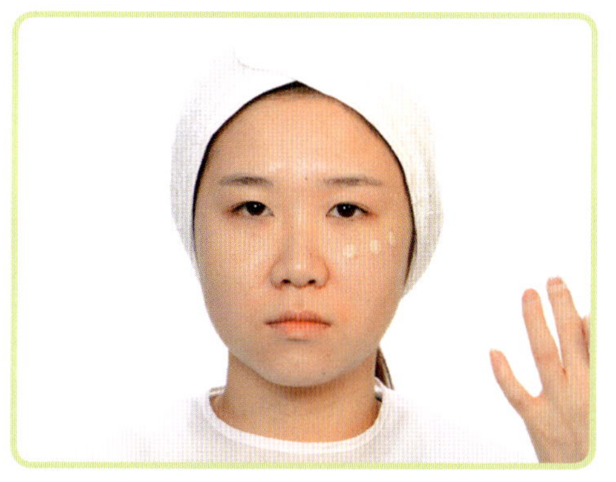

⑤ 파운데이션 브러시 또는 스펀지 퍼프를 이용하여 모델의 피부색에 알맞은 리퀴드 또는 크림 파운데이션을 두껍지 않게 골고루 펴 바른다.

라 파운데이션은 두껍지 않게 골고루 펴 바르며 파우더를 사용하여 마무리하시오.

 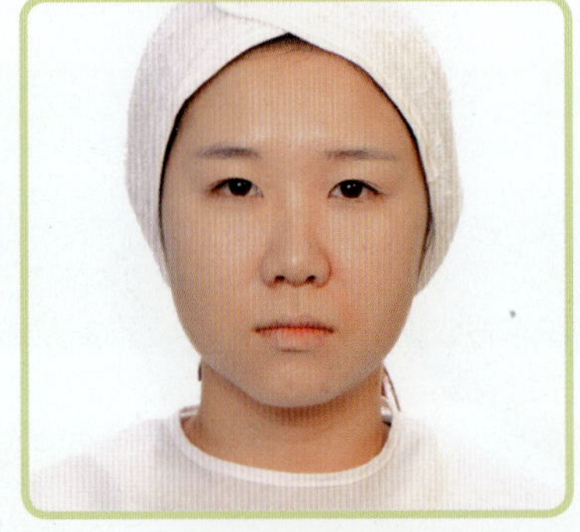 

⑥ 파운데이션을 바른 후 컨실러를 사용하여 다크서클 등 톤을 가볍게 보정하여 깔끔한 피부로 표현한다.

⑦ 브러시 또는 분첩을 사용하여 파우더로 마무리한다.

마 눈썹의 표현은 도면과 같이 자연스러운 브라운 컬러로 눈썹 산을 강조하여 그리시오.

⑧ 눈썹은 도면과 같이 자연스러운 브라운 컬러로 트위기 메이크업 도면과 같이 눈썹 산을 강조하여 그린다.

바 아이섀도는 화이트 베이스 컬러와 핑크, 네이비, 그레이, 어두운 청색 등을 사용하여 인위적인 쌍꺼풀 라인을 표현하시오.

⑨ 화이트 아이섀도를 눈두덩이 전체에 펴 바른다.

⑩ 쌍꺼풀 라인에 핑크색 아이섀도를 사용하여 선에 인위적인 쌍꺼풀 가이드라인을 잡아준다.

⑪ 네이비, 그레이 색상의 아이섀도를 사용하여 핑크색 쌍꺼풀 가이드라인과 연결하여 또렷한 쌍꺼풀 라인을 표현한다.

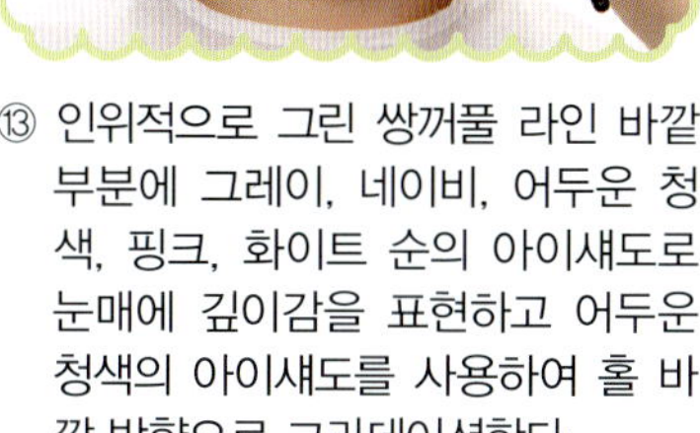

⑫ 쌍꺼풀 라인을 또렷하게 강조하여 1960년대의 귀여운 트위기 메이크업을 표현한다.

⑬ 인위적으로 그린 쌍꺼풀 라인 바깥 부분에 그레이, 네이비, 어두운 청색, 핑크, 화이트 순의 아이섀도로 눈매에 깊이감을 표현하고 어두운 청색의 아이섀도를 사용하여 홀 바깥 방향으로 그라데이션한다.

사 쌍꺼풀 라인과 아이라인의 선이 선명하도록 강조하여 그라데이션하고 화이트로 쌍꺼풀 안쪽 및 눈썹 아래 부위를 하이라이트하시오.

⑭ 아이섀도를 이용하여 쌍꺼풀과 아이라인, 눈꼬리 및 언더라인을 그려 주고 쌍꺼풀 라인과 아이라인의 선이 선명하도록 강조하여 그라데이션한다.

⑮ 쌍꺼풀 안쪽에 화이트 컬러의 아이섀도를 사용하여 하이라이트한다.

⑯ 눈썹 뼈 아래 부위에도 하이라이트를 적용한다.

 아이라인은 선명하게 그리고 도면과 같이 눈매를 교정하시오.

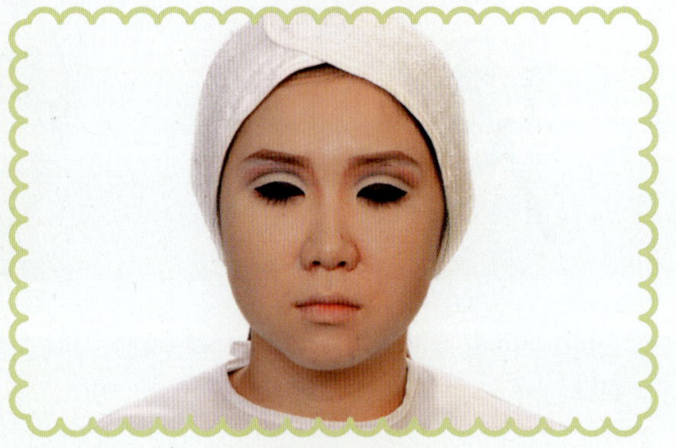

⑰ 리퀴드 타입의 아이라이너로 속눈썹 사이를 꼼꼼히 채워 아이라인을 선명하게 그린다.

⑱ 트위기의 이미지가 부각될 수 있도록 도면과 같이 눈매를 또렷하고 선명하게 교정한다.

 뷰러를 이용하여 자연 속눈썹을 컬링한 후 마스카라를 바르고 인조 속눈썹을 붙여 눈매를 강조하시오.

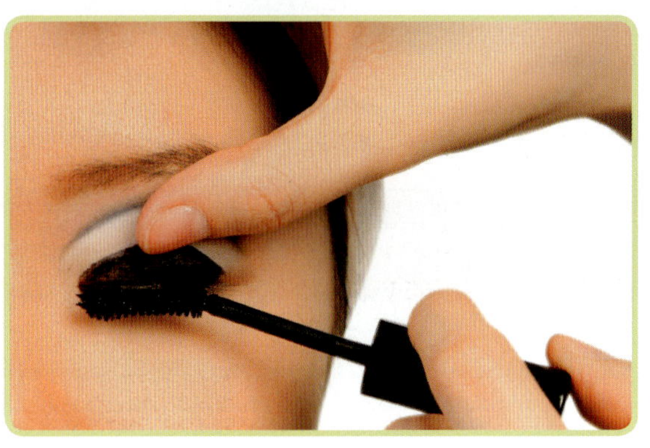

⑲ 소독한 뷰러를 이용하여 자연 속눈썹을 컬링한다.

⑳ 마스카라를 바른다.

㉑ 눈매를 강조하기 위해 인조 속눈썹의 길이를 조절한 후 소독한 트위저를 이용하여 붙여준다.

 도면과 같이 과장된 속눈썹 표현을 위해 언더 속눈썹에 마스카라를 한 후 아이라이너를 사용하여 그리거나 인조 속눈썹을 붙여 표현하시오.

㉒ 과장된 속눈썹 표현을 위해 속눈썹 마스카라를 한 후 아이라이너를 이용해 적당한 간격으로 붓펜 타입 또는 리퀴드 라이너를 이용하여 언더 속눈썹의 기준선을 미리 그려 놓는다.

㉓ 또는 언더 속눈썹을 그리는 방법 외에도 인조 속눈썹이나 가닥 속눈썹을 붙여 연출할 수 있다.

카 치크는 핑크 및 라이트 브라운색으로 애플 존 위치에 둥근 느낌으로 바르시오.

㉔ 치크는 모델의 애플 존 위치에 핑크 및 브라운색상 블러셔로 브러시를 이용하여 둥근 느낌으로 바른다.

㉕ 립 브러시를 이용하여 베이지 핑크색의 립 컬러를 모델의 입술 형태에 맞게 자연스럽게 발라 입술을 연출한다.

트위기 메이크업 마무리

펑크

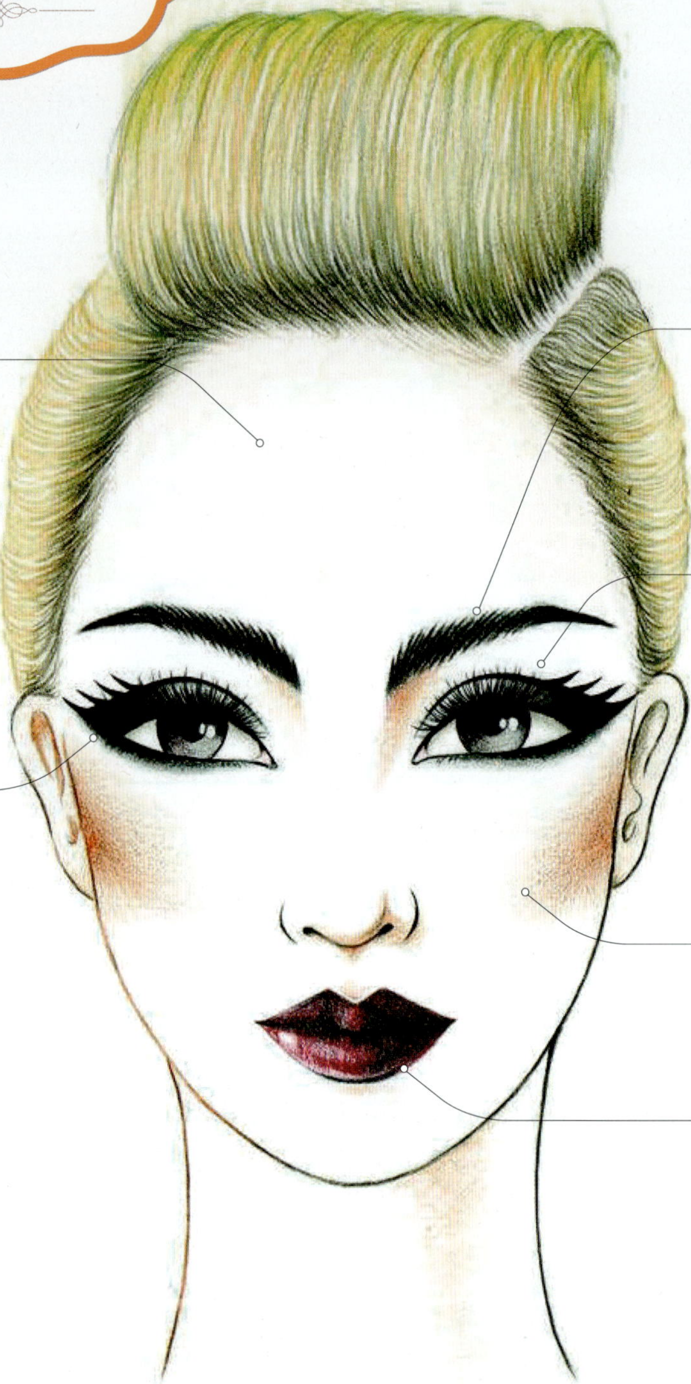

피부 표현

- 피부톤에 맞춰 얇고 고른 메이크업 베이스
- 크림 파운데이션을 사용하여 창백하게 표현
- 컨실러 등을 사용하여 결점 커버
- 파우더로 매트하게 마무리

아이라이너

- 블랙 : 아이홀 라인을을 바깥쪽으로 과장되게 그린다.
- 언더라인을 뒤쪽까지 연결하여 강하게 표현
- 뷰러로 자연 속눈썹 컬링 후 마스카라
- 인조 속눈썹 부착

눈썹

- 눈썹의 결을 강조하여 짙고 강하게
- 눈썹 결을 살리기 위해 아이라이너로 마무리

아이섀도

- 화이트, 베이지, 그레이, 블랙 : 아이홀을 강하게 표현
- 아이홀 : 눈꼬리에서 앞머리 쪽으로 눈꼬리 1/3 부분을 블랙 아이섀도나 아이라이너로 메꾸어 그라데이션

치크

레드 브라운 : 얼굴 앞쪽을 향하여 사선으로 선을 그리듯 강하게 표현

립

검붉은색 : 입술 라인 선명하게 표현

- 소독하기 2분
- 베이스 5분
- 눈썹 5분
- 아이섀도, 아이라인 및 마스카라 15분
- 속눈썹 4분
- 립, 치크 5분
- 마무리 4분

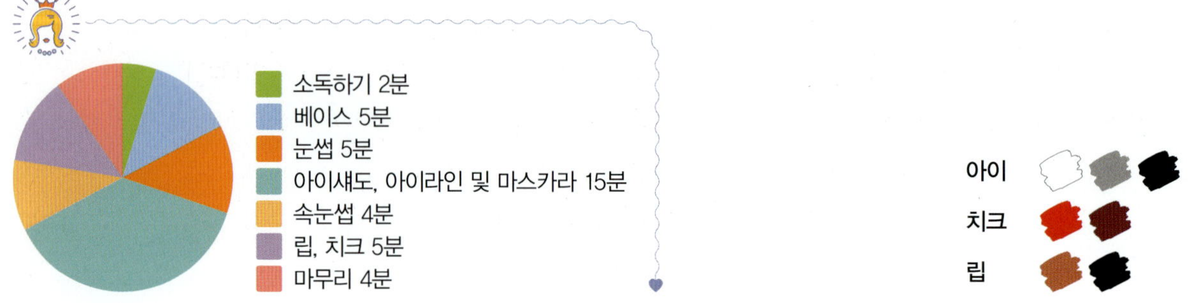

자격종목	미용사(메이크업)	과 제 명	시대 메이크업 (펑크)

비번호 :

※시험시간 : 40분

1. 요구사항 (2과제)

※ 지참재료 및 도구를 사용하여 아래의 요구사항에 따라 시대 메이크업(펑크)을 시험시간 내에 완성하시오.

가. 과제를 수행하기 전 수험자의 손 및 도구류를 소독한 후 제시된 도면을 참고하여 시대 메이크업(펑크) 스타일을 연출하시오.

나. 모델의 피부톤에 적합한 메이크업 베이스를 선택하여 얇고 고르게 펴 바르시오.

다. 베이스 메이크업은 크림 파운데이션을 사용하여 창백하게 피부 표현을 하시오.

라. 피부의 결점 등을 커버하기 위하여 컨실러 등을 사용할 수 있으며 파우더를 이용하여 매트하게 표현하시오.

마. 눈썹은 도면과 같이 눈썹의 결을 강조하여 짙고 강하게 그리시오.

바. 아이섀도의 표현은 화이트, 베이지, 그레이, 블랙 등의 컬러를 이용하여 아이홀을 강하게 표현하시오.

사. 아이홀은 눈꼬리에서 앞머리 쪽으로 그리고 아이홀의 눈꼬리 1/3 부분을 검정색 아이섀도나 아이라이너를 이용하여 채우고 도면과 같이 그라데이션하시오.

아. 아이라인은 검정색을 이용하여 3개의 라인을 아이홀 라인의 바깥쪽으로 과장되게 그려 도면과 같이 표현하시오

자. 언더라인은 위쪽 라인까지 연결하여 강하게 표현하시오.

차. 속눈썹은 뷰러를 이용하여 자연 속눈썹을 컬링한 후 마스카라를 바르고, 모델의 눈에 맞게 인조 속눈썹을 붙이시오.

카. 치크는 레드 브라운색으로 얼굴 앞쪽을 향하여 사선으로 선을 그리듯 강하게 바르시오.

타. 립은 검붉은 색을 이용하여 펴 바르고 입술 라인을 선명하게 표현하시오.

2. 수험자 유의사항

1) 모델은 문신(눈썹, 아이라인, 입술 등), 속눈썹 연장 및 메이크업이 되어 있지 않은 상태이어야 합니다.

2) 스파출라, 속눈썹 가위, 족집게, 눈썹 칼 등의 도구류를 사용 전 소독제로 소독해야 합니다.

3) 메이크업 베이스, 파운데이션을 펴 바를 때 스펀지 퍼프 또는 브러시를 사용하시오.

4) 아이섀도, 치크, 립 등의 표현 시 브러시 등 적합한 도구를 사용하시오.

5) 화장품은 요구사항에 지정된 제형 외에는 타입에 상관없이 자유롭게 사용하시오.

펑크 메이크업 완성

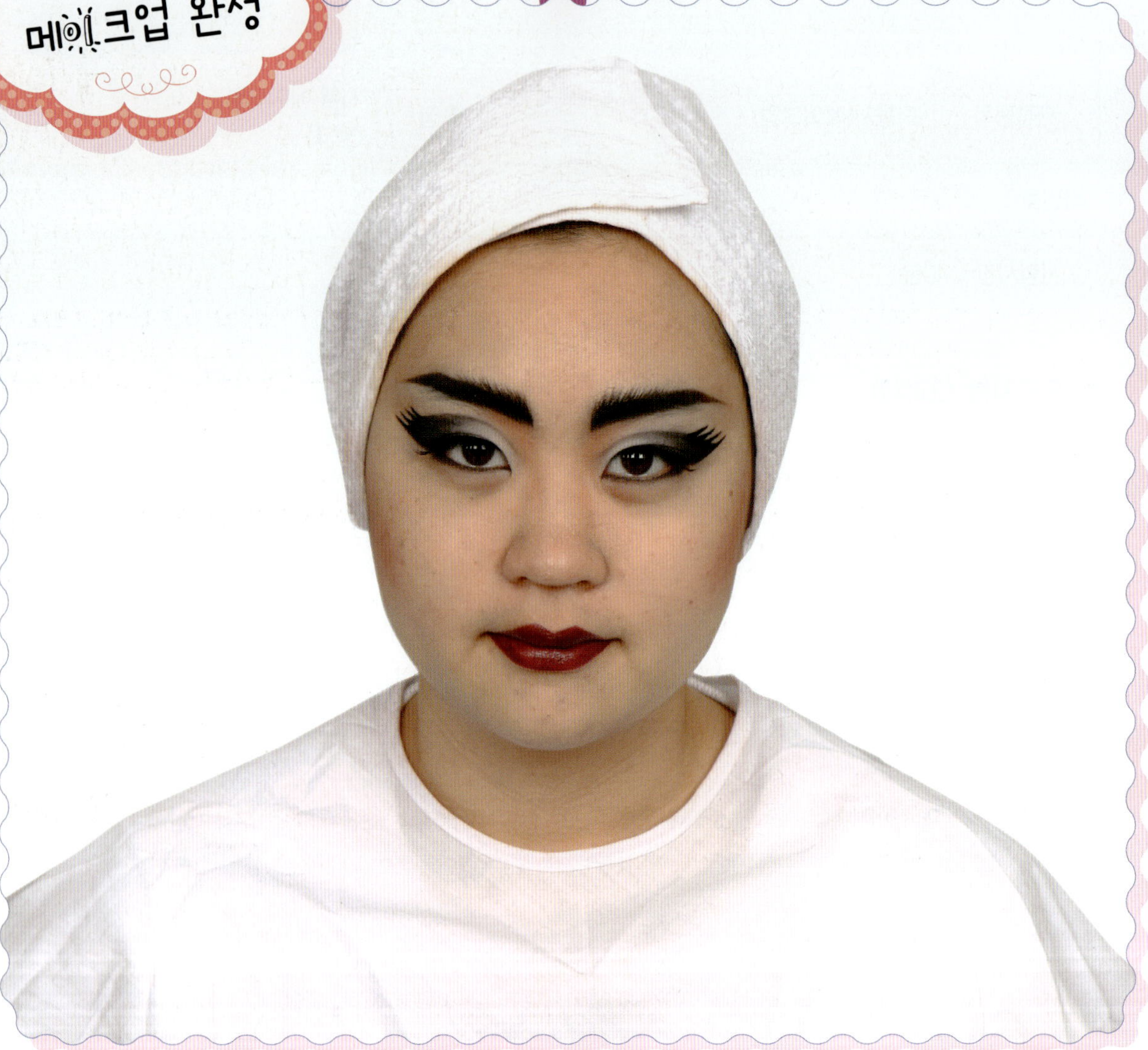

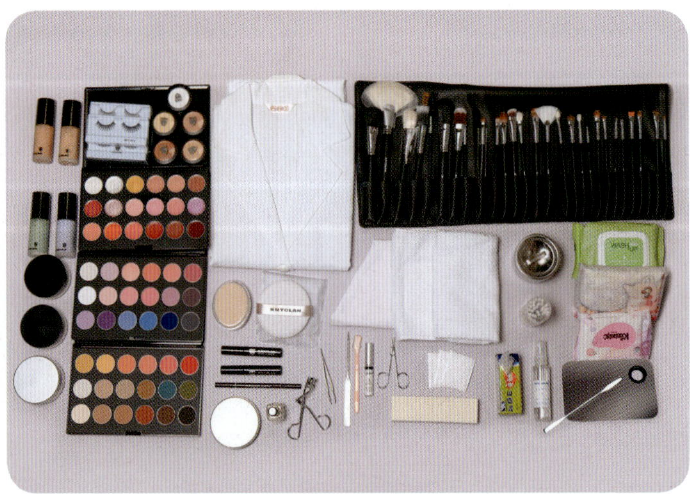

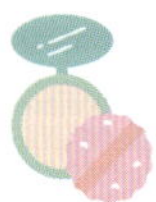

2과제 공통 재료

소독 및 위생	위생 가운, 어깨 보, 헤어터번, 타월, 소독제, 탈지면 용기, 탈지면, 위생 봉투 등
메이크업 재료	메이크업 파운데이션, 페이스 파우더 등, 아이섀도 팔레트, 립 팔레트, 아이라이너, 마스카라, 아이브로우 펜슬, 인조 속눈썹, 속눈썹 접착제 등, 더마 왁스, 실러, 스프리트 검
기타	눈썹 칼, 눈썹 가위, 브러시 세트, 스펀지 퍼프, 분첩, 뷰러, 타월, 미용 티슈, 물티슈, 면봉, 트위저, 클렌징 제품 및 도구 등

가 과제를 수행하기 전 수험자의 손 및 도구류를 소독한 후 제시된 도면을 참고하여 시대 메이크업 (펑크) 스타일을 연출하시오.

① 수험자는 과제를 수행하기 전에 반 드시 본인의 손을 소독한다.

② 수험자는 과제를 수행하기 전에 반 드시 도구류를 소독한다.

③ 제시된 도면을 참고하여 펑크 메이 크업 스타일을 연출한다.

TIP 소독도구 눈썹칼, 트위저, 팔레트, 속눈썹가위, 스파츌라

나 모델의 피부톤에 적합한 메이크업 베이스를 선택하여 얇고 고르게 펴 바르시오.

④ 모델의 피부톤에 적합한 메이크업 베이스를 선택한 후 라텍스 스펀지 또는 파운데이션 브러시를 이용하여 두껍지 않게 피부 결 방향으로 고르게 펴 바른다.

다 베이스 메이크업은 크림 파운데이션을 사용하여 창백하게 피부 표현을 하시오.

⑤ 베이스 메이크업은 크림 파운데이션을 사용하여 모델의 피부를 창백하게 표현한다.

 피부의 결점 등을 커버하기 위하여 컨실러 등을 사용할 수 있으며 파우더를 이용하여 매트하게 표현하시오.

⑥ 파운데이션을 바른 후 컨실러를 이용하여 깨끗하게 피부를 표현한다.

⑦ 파우더를 사용하여 매트하게 표현한다.

 눈썹은 도면과 같이 눈썹의 결을 강조하여 짙고 강하게 그리시오.

⑧ 아이브로우 펜슬로 눈썹 형태를 잡아준다.

⑨ 블랙 아이섀도를 이용하여 눈썹을 진하고 날렵하게 그려 준다.

⑩ 펜슬을 이용하여 눈썹을 짙고 강하게 눈썹의 결을 표현하고 눈썹의 윤곽을 또렷하게 한다.

 아이섀도의 표현은 화이트, 베이지, 그레이, 블랙 등의 컬러를 이용하여 아이홀을 강하게 표현하시오.

⑪ 아이홀 안쪽 눈두덩이 전체에 화이트 컬러의 아이섀도를 펴 바른다.

⑫ 그레이 색상 아이섀도를 이용하여 눈꼬리에서 앞머리 쪽으로 아이홀의 윤곽을 잡은 후 블랙 색상으로 강하게 아이홀을 표현한다.

사 아이홀은 눈꼬리에서 앞머리 쪽으로 그리고 아이홀의 눈꼬리 1/3 부분을 검정색 아이섀도나 아이라이너를 이용하여 채우고 도면과 같이 그라데이션하시오.

⑬ 아이섀도나 리퀴드 타입의 아이라이너를 이용하여 아이홀의 눈꼬리 1/3 부분을 블랙 아이섀도로 채우고 그라데이션한다.

⑭ 아이홀 안쪽 그라데이션 형태를 완성한다.

⑮ 블랙 색상을 사용하여 아이라인을 그린다.

아 아이라인은 검정색을 이용하여 3개의 라인을 아이홀 라인의 바깥쪽으로 과장되게 그려 도면과 같이 표현하시오.

⑯ 젤 또는 리퀴드 타입의 블랙 아이라이너를 사용하여 아이라인을 제외하고 아이홀 라인 방향으로 3개의 라인을 아이홀 라인의 바깥쪽으로 그려 빈티지인 핑크 이미지 메이크업을 과장되게 표현한다.

⑰ 아이라인과 눈꼬리 부분에 또렷하고 강한 핑크 인싱의 이미지로 아이라인을 연결한다.

자 언더라인은 위쪽 라인까지 연결하여 강하게 표현하시오.

⑱ 언더라인의 점막 부분도 검정색 아이라인으로 채워 그린 후 블랙 아이섀도를 이용하여 그라데이션하여 선명하고 깊이감 있는 언더라인을 표현한다. 위쪽 라인까지 연결하여 강하게 연출한다.

차 속눈썹은 뷰러를 이용하여 자연 속눈썹을 컬링한 후 마스카라를 바르고, 모델의 눈에 맞게 인조 속눈썹을 붙이시오.

⑲ 소독한 뷰러를 사용하여 컬링한다.

⑳ 모델의 시선을 아래로 향하게 한 후 눈꺼풀을 면봉으로 올려주고 꼼꼼하게 마스카라를 바른다.

㉑ 마스카라 완성

㉒ 펑크 이미지에 알맞은 모델의 눈에 맞춰 인조 속눈썹을 선택하여 길이 조절 후 트위저를 사용하여 붙여준다.

카 치크는 레드 브라운색으로 얼굴 앞쪽을 향하여 사선으로 선을 그리듯 강하게 바르시오.

㉓ 사선형 치크 브러시를 사용하여 레드 브라운색으로 모델의 얼굴 앞쪽으로 향하여 사선으로 선을 그리듯 강하게 그라데이션하여 표현한다.

타 립은 검붉은 색을 이용하여 펴 바르고 입술 라인을 선명하게 표현하시오.

㉔ 모델의 입술 산을 검붉은 색의 립 라이너로 입술 라인을 그린다.

㉕ 검붉은 색의 립 컬러를 펴 바른다.

㉖ 검정색 펜슬을 사용하여 입술 산을 각지게 표현하고 붉은색의 립 컬러와 자연스럽게 그라데이션 되도록 하면 검붉은 색의 선명한 립라인을 표현할 수 있다.

펑크 메이크업 마무리

캐릭터 메이크업

 캐릭터 메이크업

1 레오파드 메이크업

레오파드 이미지를 표현하는 캐릭터 메이크업은 동물의 패턴을 이용하여 강한 이미지를 전달하고 예술적으로 표현할 수 있다.

레오파드 메이크업은 표범의 검은 반점을 이용하여 표범의 날카롭고 예리한 눈매, 레오파드 패턴을 메이크업 디자인에 적용하여 동물의 피부색인 연한 브라운 또는 옐로우, 오렌지, 브라운색을 사용하여 베이스 메이크업을 하고 육식동물의 날카로운 눈매를 표현하기 위해 상승형 아이 메이크업을 하는 것이 중요하다.

2 한국무용 메이크업

한국무용은 오래전부터 내려오는 전통문화를 바탕으로 하여 서양 무용에 비해 정적이고 우아한 아름다움과 때로는 경쾌하면서도 격식에 얽매이지 않는 부드럽고 자연스러운 미를 표현한다. 신무용, 궁중무용, 민속무용, 가면무용, 의식무용, 창작무용 등으로 분류한다.

메이크업 시 한복의 색채에 맞는 오방색(청, 적, 황, 백, 흑)을 사용하여 한복과 잘 어울리는 붉은 계열의 컬러를 주로 사용한다.

아이브로우는 다크 브라운과 블랙의 색을 사용하여 둥근 초승달 모양에 가까운 형태의 상승형 곡선으로 동양적인 느낌의 눈썹으로 표현하고, 귀밑머리를 메이크업 펜슬로 그려 주는 것이 특징이다.

3 발레 메이크업

발레는 우아하고 아름다운 곡선미와 활기찬 남성미가 어우러져 신비로움을 주는 율동이며, 음악, 의상, 무대 장치, 팬터마임 등을 갖추어 특정한 주제의 이야기를 종합적으로 하는 서양 무용이다.

작품의 주제, 조명, 배경 등에 따라 캐릭터를 파악하고 귀족적이면서도 우아하고 아름답고 환상적인 이미지로, 때로는 강력한 이미지로 변화시켜야 한다.

4 노역 메이크업

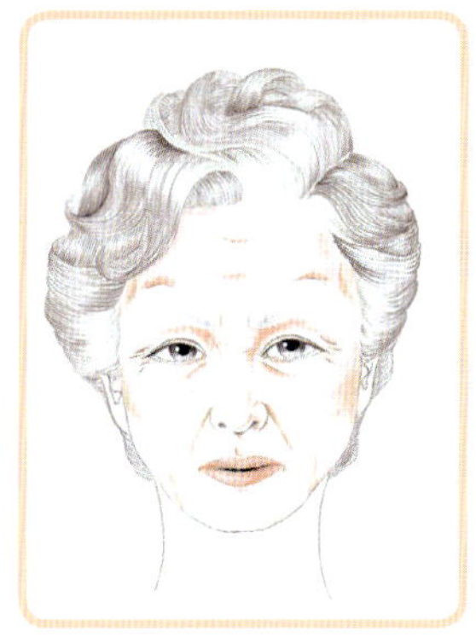

노역 캐릭터 메이크업은 미디어와 무대 메이크업으로 분류되며 미디어 공연 등 다양한 매체에 따라 어두운 부분의 정도를 섬세하게 표현하고 연기자의 실제 나이보다 배역의 나이를 더 늙게 보일 수 있도록 주름의 깊이감을 다르게하여 자연스럽고, 세밀하고, 정확하게 표현해야 한다.

노역 캐릭터 메이크업은 극중 상황 등에 따라 캐릭터의 차이, 모델의 기본 골격, 근육, 처짐을 고려하여 얼굴의 윤곽을 먼저 잡고, 관자놀이, 볼, 눈두덩이 등에 음영을 표현한다.

붉은 기는 건강하고 젊어 보일 수 있으므로 붉은 기 없는 파운데이션을 바르고 눈썹뼈, 이마, 광대뼈, 턱, 코, 옆선, 안쪽 등 돌출 부분에 하이라이트를 한 후 이마 중앙, 볼, 관자놀이, 코, 옆선, 인중 등에 섀딩을 칠하여 노역 캐릭터의 성격을 전달하기 위해 강한 음영감으로 다소 과장되게 표현한다.

메이크업 시 피부톤보다 밝은 파운데이션을 한 후 핑크 파우더로 밝고 화사하게 섀딩을 주어 윤곽선을 부각하고, 다크 브라운과 검정색으로 아치형 또는 갈매기형 눈썹으로 그려 준다. 핑크, 퍼플, 브라운 등의 섀도우로 아이톤을 잡고, 아이홀 아래와 눈 아래 흰색을 터치하여 눈이 커 보이게 눈썹뼈 부위에 하이라이트하여 입체감을 주고, 관중과의 거리를 고려하여 풍성한 인조 눈썹으로 눈을 강조하여 화사한 느낌으로 윤곽 표현이 짙은 메이크업을 표현한다.

제3과제	50분	
과제유형	캐릭터 메이크업	
배점	총 100점 중 25점	
과제 포인트	레오파드	레오파드 동물 캐릭터에 맞는 레오파드 과제를 적용하여 날카롭고 예리한 눈매를 적용하여 메이크업한다.
	한국무용	한국무용은 우아한 아름다움과 때로는 경쾌하면서도 격식에 얽매이지 않는 부드러움을 갖고 있다. 과제에 맞는 한국무용 메이크업을 한다.
	발레	발레 무용은 우아하고 아름답고 환상적인 이미지로 등장하는 캐릭터에 어울리는 화사한 메이크업을 표현한다.
	노역	드라마나 연극, 영화 등의 극중 상황에 등장하는 노인 역할 캐릭터와 어울리는 메이크업을 표현한다.

레오파드

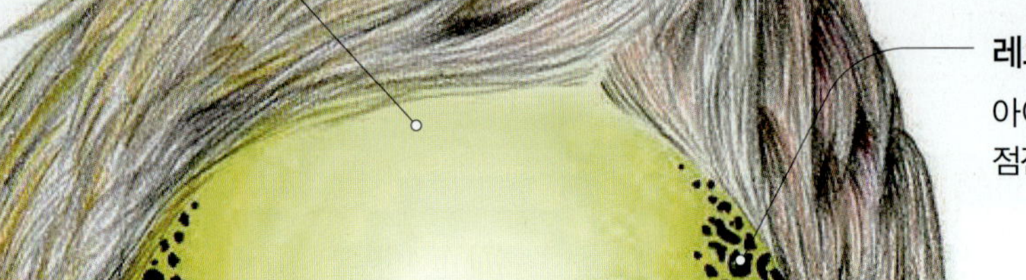
피부 표현

• 피부톤에 맞는 메이크업 베이스
• 피부톤보다 밝은 파운데이션
• 파우더로 마무리
• 옐로우, 오렌지, 브라운의 아쿠아 컬러나 아이섀도 등을 순서대로 도면같이 조화롭게 그라데이션

아이섀도

• 화이트 : 아이홀 부위를 뚜렷하게 표현
• 블랙 아이라이너 : 눈꺼풀 위와 눈 밑 언더라인의 트임을 표현
• 브라운 아이라이너 : 아이홀
• 화이트 : 아이홀 안쪽과 언더라인 밑

레오파드 무늬

아이라이너 : 선명하고 점진적으로 표현

아이라이너

• 인조 속눈썹 부착
• 언더라인 : 아이라이너로 그리거나 인조 속눈썹 부착

치크

• 브라운 : 광대뼈 아래쪽을 강하게
• 핑크톤 : 얼굴 전체를 가볍게 쓸어 표현

립

버건디 레드 : 인 커브 라인(입술 윤곽, 구각을 강조한 형태)

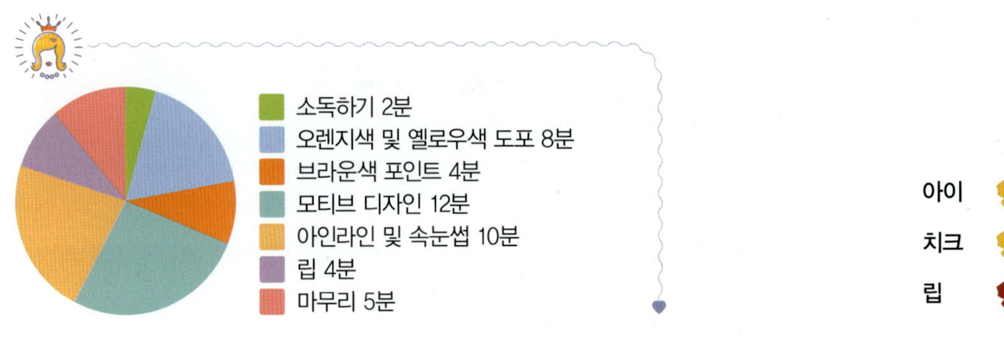
소독하기 2분
오렌지색 및 옐로우색 도포 8분
브라운색 포인트 4분
모티브 디자인 12분
아인라인 및 속눈썹 10분
립 4분
마무리 5분

아이
치크
립

국가기술자격 실기시험 문제

자격종목	미용사(메이크업)	과 제 명	캐릭터 메이크업 (레오파드)

비번호 :

※시험시간 : 50분

1. 요구사항 (3과제)

※ 지참재료 및 도구를 사용하여 아래의 요구사항에 따라 캐릭터 메이크업(레오파드)을 시험시간 내에 완성하시오.

가. 과제를 수행하기 전 수험자의 손 및 도구류를 소독한 후 제시된 도면을 참고하여 캐릭터 메이크업(레오파드) 스타일을 연출하시오.

나. 모델의 피부톤에 맞는 메이크업 베이스를 바르시오.

다. 피부톤보다 밝은 색 파운데이션을 이용하여 바른 후 파우더로 마무리하시오.

라. 옐로우, 오렌지, 브라운색의 아쿠아 컬러나 아이섀도 등을 사용하여 도면과 같이 조화롭게 그라데이션을 하시오.

마. 아이홀 부위는 도면과 같이 흰색으로 뚜렷하게 표현하고, 검정색 아이라이너, 아쿠아 컬러 등으로 눈꺼풀 위와 눈 밑 언더라인의 트임을 표현하시오.

바. 레오파드 무늬는 아쿠아 컬러나 아이라이너 등을 사용하여 선명하고 점진적으로 표현하시오.

사. 인조 속눈썹을 사용하여 길고 날카로운 눈매를 표현하시오.

아. 도면과 같이 언더라인은 아이라이너를 사용하여 그리거나 인조 속눈썹을 붙여 표현하시오.

자. 버건디 레드의 립 컬러를 모델의 입술에 맞게 사용하되, 구각을 강조한 인 커브 형태(구각)로 표현하시오.

2. 수험자 유의사항

1) 모델은 문신(눈썹, 아이라인, 입술 등), 속눈썹 연장 및 메이크업이 되어 있지 않은 상태이어야 합니다.

2) 스파출라, 속눈썹 가위, 족집게, 눈썹 칼 등의 도구류를 사용 전 소독제로 소독해야 합니다.

3) 메이크업 베이스, 파운데이션을 펴 바를 때 스펀지 퍼프 또는 브러시를 사용하시오.

4) 아이섀도, 치크, 립 등의 표현 시 브러시 등 적합한 도구를 사용하시오.

5) 화장품은 요구사항에 지정된 제형 외에는 타입에 상관없이 자유롭게 사용하시오.

레오파드 메이크업 완성

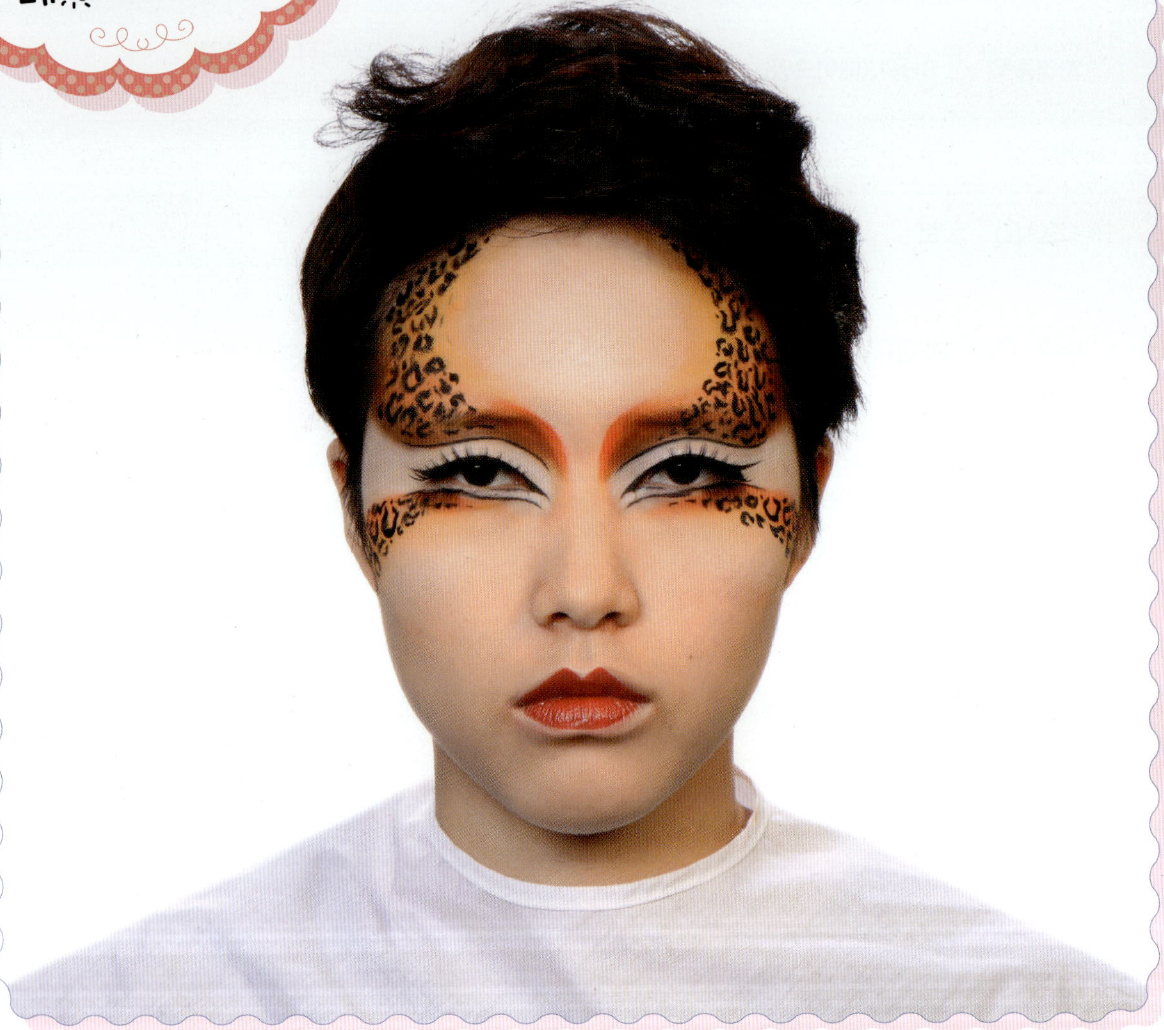

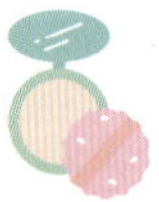

3과제 공통 재료

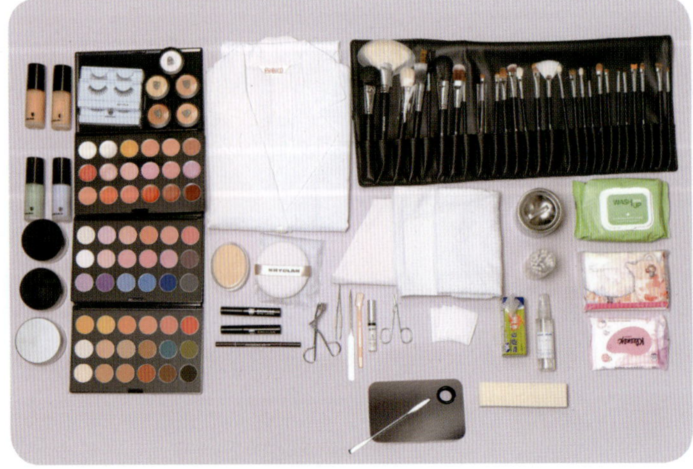

소독 및 위생	위생 가운, 어깨 보, 헤어터번, 타월, 소독제, 탈지면 용기, 탈지면, 위생 봉투 등
메이크업 재료	메이크업 파운데이션, 페이스 파우더 등, 아이섀도 팔레트, 립 팔레트, 아이라이너, 마스카라, 아이브로우 펜슬, 인조 속눈썹, 속눈썹 접착제 등
기타	눈썹 칼, 눈썹 가위, 브러시 세트, 스펀지 퍼프, 분첩, 뷰러, 타월, 미용 티슈, 물티슈, 면봉, 트위저, 클렌징 제품 및 도구 등

가 과제를 수행하기 전 수험자의 손 및 도구류를 소독한 후 제시된 도면을 참고하여 캐릭터 메이크업(레오파드) 스타일을 연출하시오.

① 수험자는 과제를 수행하기 전에 반드시 본인의 손을 소독한다.

② 수험자는 과제를 수행하기 전에 반드시 도구류를 소독한다.

③ 제시된 도면을 참고하여 레오파드 메이크업 스타일을 연출한다.

 **TIP** 소독도구 눈썹칼, 트위저, 팔레트, 속눈썹가위, 스파츌라

나 모델의 피부톤에 맞는 메이크업 베이스를 바르시오.

④ 모델의 피부톤에 적합한 메이크업 베이스를 선택한 후 라텍스 스펀지 또는 파운데이션 브러시를 이용하여 두껍지 않게 피부결 방향으로 고르게 펴 바른다.

다 피부톤보다 밝은 색 파운데이션을 이용하여 바른 후 파우더로 마무리하시오.

⑤ 모델의 피부 상태를 고려하여 알맞은 제형을 선택한 후 모델의 피부톤보다 밝은 색상의 파운데이션을 발라준다. 이때 밝은 베이스는 잘 펴 바르지 않으면 얼룩이 생길 수 있으므로 주의하여 그라데이션한다.

⑥ 컨실러를 이용하여 눈가 주변의 다크서클, 잡티, 입 주변 등을 깨끗이 컨실러로 보정한다.

 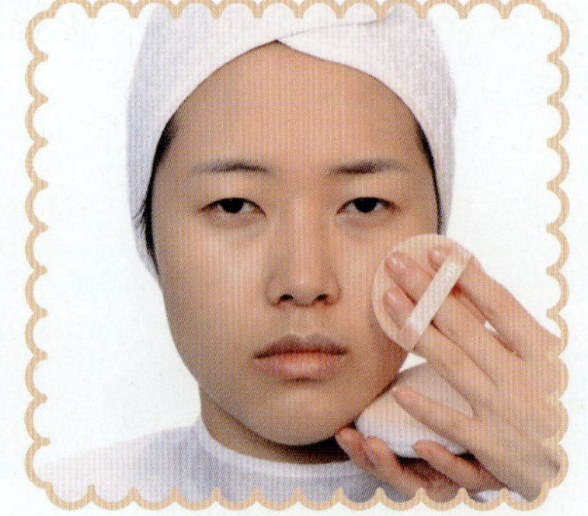

⑦ 밝은 색 파우더로 마무리한다.

라 옐로우, 오렌지, 브라운색의 아이섀도를 사용하여 도면과 같이 조화롭게 그라데이션을 하시오.

 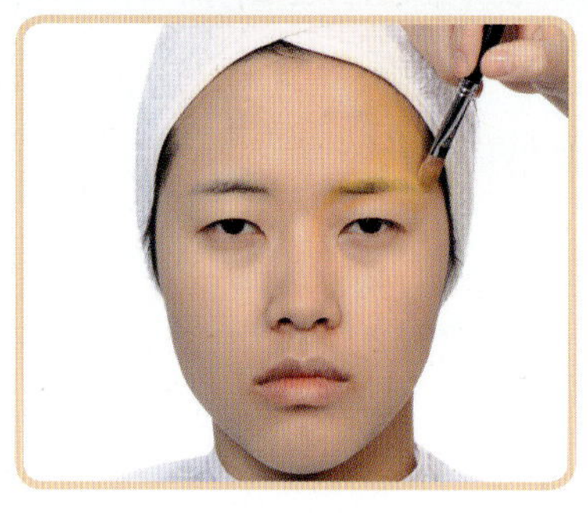 

⑧ 옐로우색의 아이섀도를 이용하여 도면과 같이 얼굴 외곽에서 안쪽으로 그라데이션하듯 바른다.

⑨ 오렌지색의 아이섀도를 감싸주듯 옐로우 아래에 채색하고 자연스럽게 그라데이션 처리한다.

  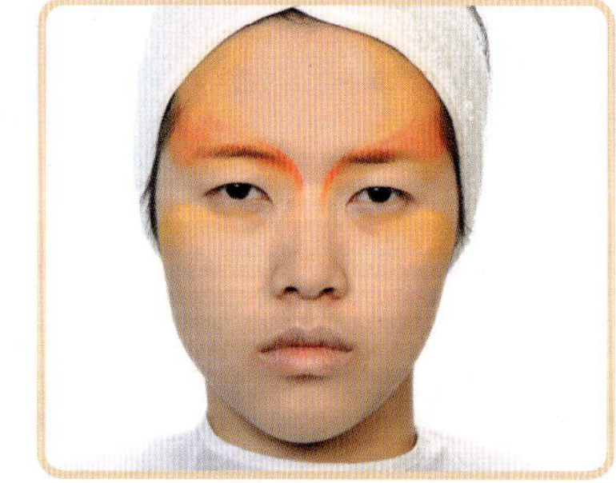

⑩ 콧대에서 이마로 이어지는 부분을 그리기 시작하여 콧대부터 눈썹, 이마 외곽으로 이어지는 부분에 오렌지 색상을 채워 그려 준다.

⑪ 옐로우, 오렌지 부분 마무리

⑫ 브라운색상을 이용하여 아이홀을 잡고, 브라운색상으로 아이홀을 그릴 땐 선의 처음과 끝이 중간보다 연하고 얇아지도록 그려 자연스럽게 완성한다.

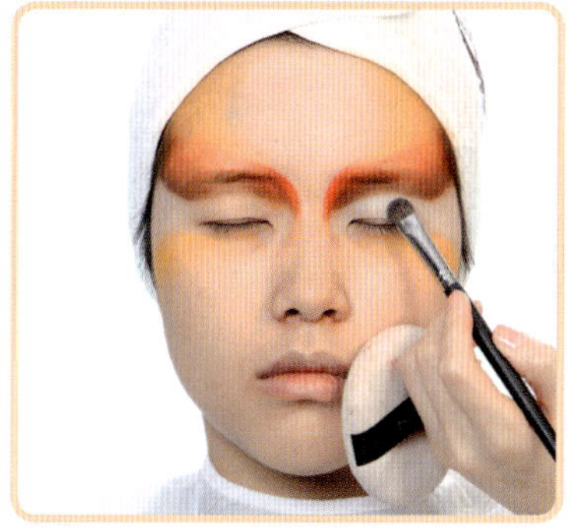  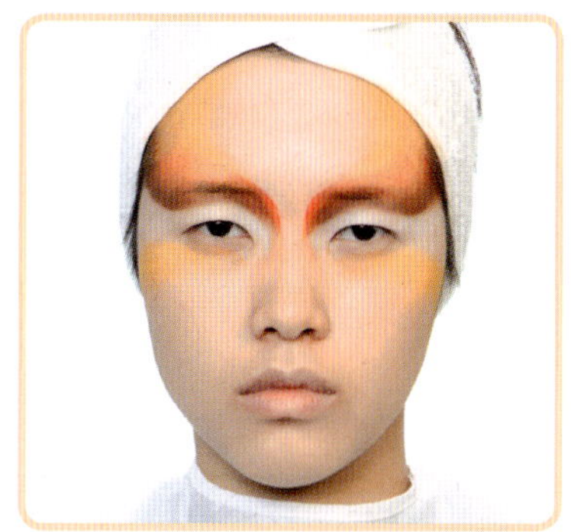

⑬ 아이홀 부위는 도면과 같이 눈두덩이 전반의 아이홀 안쪽 부분과 관자놀이 부분에 흰색 아이섀도 컬러를 이용하여 뚜렷하게
표현하되 브라운색상과 혼합될 수 있으므로 두 가지 색이 섞이지 않도록 주의한다.

⑭ 검정 색상 아이라이너로 눈꺼풀, 앞머리와 눈꼬리 부분을 길게 그린다.

⑮ 아이홀에 라인을 그릴 때에는 선의
처음과 끝이 중간보다 연하고 얇아
지도록 그려 주고 아이홀 라인을 진
하게 그려 넣는다.

⑯ 아이홀 부위에 브라운 아이섀도 색
상으로 아이라인과 자연스럽게 그라
데이션한다.

⑰ 검정 색상 아이라이너로 눈 앞머리 부분은 뾰족하게 표현하고 눈꼬리도 상승형
의 긴 형태로 그린 후 눈 밑 언더라인 트임이 보이도록 그려 준다.

TIP 2018년 1회 시험부터 아쿠아 물감은 사용 금지하고 있다.

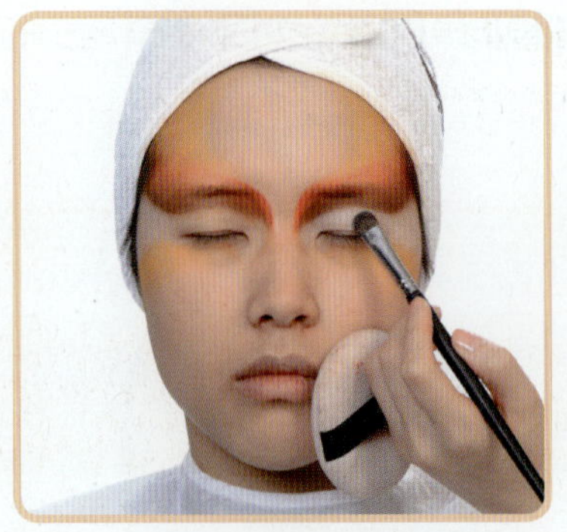

⑱ 흰 색상 아이섀도로 눈 바깥쪽과 앞머리를 터치하고 그라데이션한다.

⑲ 오렌지 아이섀도로 도면과 같이 눈 바깥쪽 아래에서 볼 부분을 그려 준다.

⑳ 옐로우 아이섀도 색상으로 볼 안쪽 방향으로 그라데이션한다.

 상승형으로 육식동물의 날카로운 눈매를 표현해야 한다.

바 레오파드 무늬는 아이라이너를 사용하여 선명하고 점진적으로 표현하시오.

㉑ 검은 색상 아이라이너를 이용하여 눈꼬리부터 헤어라인까지 선명한 레오파드 무늬를 그린다.

㉒ 아이홀 라인부터 헤어라인까지 작고 큰 형태의 레오파드 무늬를 선명하고 점진적으로 표현한다.

㉓ 눈 앞머리와 얼굴의 외곽 방향으로 갈수록 레오파드 무늬가 점차 작아지도록 표현한다.

㉔ 눈 아랫부분 레오파드 무늬를 선명하게 점진적으로 그려 준다.

사 인조 속눈썹을 사용하여 길고 날카로운 눈매를 표현하시오.

㉕ 속눈썹을 컬링해준다.

㉖ 마스카라를 바른다.

㉗ 인조 속눈썹을 사용하여 길고 날카로운 눈매의 레오파드 이미지에 맞는 속눈썹을 선택한 후 트위저로 붙인다.

아 도면과 같이 언더라인은 아이라이너를 사용하여 그리거나 인조 속눈썹을 붙여 표현하시오.

㉘ 눈 밑 언더라인에도 인조 속눈썹을 붙인다.

> **TIP** 검정 아이라이너로 이용하여 그릴 때는 눈 앞머리부터 눈꼬리까지 각도, 방향, 길이를 고려하여 선명하게 그린다.

자 버건디 레드의 립 컬러를 모델의 입술에 맞게 사용하되, 구각을 강조한 인 커브 형태(구각)로 표현하시오.

㉙ 버건디 레드의 립 컬러로 라인을 또렷하게 그린다.

㉚ 립라인을 먼저 그리고 채워 넣어 실수를 줄이도록 하며 구각을 강조한 인 커브 형태로 버건디 레드의 립 컬러를 모델의 입술 형태에 따라 잘 어울리도록 표현한다.

레오파드 캐릭터 메이크업 마무리

한국무용

피부 표현

- 피부톤에 맞춰 얇고 고른 메이크업 베이스
- 결점 커버 후 파운데이션으로 깨끗한 피부 표현
- 섀딩과 하이라이트로 윤곽 수정
- 핑크 파우더로 매트하게 마무리

눈썹

브라운으로 시작하여 앞쪽 블랙, 뒷쪽 그라데이션, 부드러운 곡선의 동양적인 아치형

아이섀도

- 화이트 : 눈썹뼈 하이라이트
- 연분홍 : 눈두덩 그라데이션(베이스)
- 마젠타 : 눈꼬리(포인트)
- 언더라인 : 상승형(포인트)

아이라이너/속눈썹

- 블랙 아이라이너
- 언더라인 : 펜슬, 아이섀도
- 뷰러로 자연 속눈썹 컬링
- 마스카라 후 다크 블랙 인조 속눈썹 부착 (상승형으로)

귀밑머리

블랙 펜슬 또는 아이라이너 : 잔머리에서 입술 꼬리 방향으로 선을 자연스럽게 뺀다.

치크

핑크 : 광대뼈로 감싸듯 화사하게

립

레드 : 립 라이너로 립 안쪽으로 그라데이션하여 핑크가 가미된 레드로 블렌딩한다.

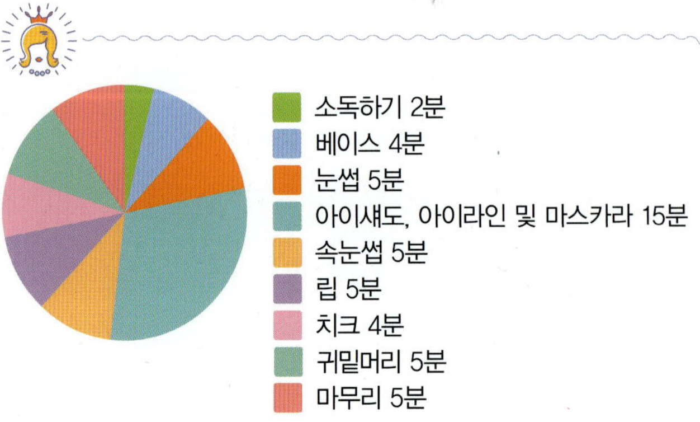

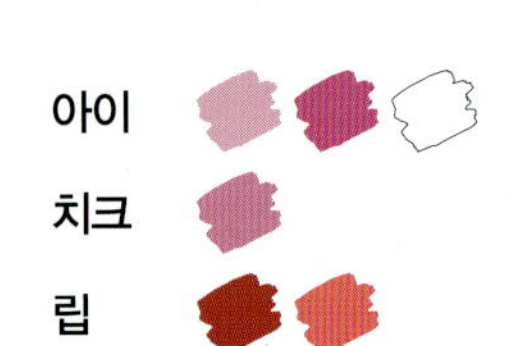

자격종목	미용사(메이크업)	과 제 명	캐릭터 메이크업 (한국무용)

비번호 :

※시험시간 : 50분

1. 요구사항 (3과제)

※ 지참재료 및 도구를 사용하여 아래의 요구사항에 따라 캐릭터 메이크업(한국무용)을 시험시간 내에 완성하시오.

가. 과제를 수행하기 전 수험자의 손 및 도구류를 소독한 후 제시된 도면을 참고하여 캐릭터 메이크업(한국무용) 스타일을 연출하시오.

나. 모델의 피부톤에 적합한 메이크업 베이스를 선택하여 얇고 고르게 펴 바르시오.

다. 모델의 피부톤에 맞춰 결점을 커버하고 파운데이션으로 깨끗하게 피부 표현을 하시오.

라. 섀딩과 하이라이트로 윤곽 수정 후 핑크 파우더로 매트하게 마무리하시오.

마. 눈썹은 브라운색으로 시작하여 검정색으로 자연스럽게 연결되도록 표현하며, 모델의 얼굴형을 고려하여 도면과 같이 부드러운 곡선의 동양적인 눈썹으로 표현하시오.

바. 눈썹뼈에 흰색으로 하이라이트를 주어 입체감 있는 눈매를 연출하시오.

사. 연분홍색 아이섀도를 이용하여 눈두덩을 그라데이션하시오.

아. 눈꼬리 부분과 언더라인을 마젠타 컬러로 포인트를 주고 도면과 같이 상승형으로 표현하시오.

자. 아이라인은 검정색 아이라이너를 사용하여 도면과 같이 그리고 언더라인은 펜슬 또는 아이섀도로 마무리하시오.

차. 뷰러를 이용하여 자연 속눈썹을 컬링하시오.

카. 마스카라 후 검정색의 짙은 인조 속눈썹을 사용하여 끝부분이 처지지 않도록 상승형으로 붙이시오.

타. 치크는 핑크색으로 광대뼈를 감싸듯 화사하게 표현하시오.

파. 레드 컬러의 립 라이너를 이용하여 립 안쪽으로 그라데이션하고 핑크가 가미된 레드색의 립 컬러로 블렌딩하시오.

하. 블랙 펜슬 또는 블랙 아이라이너를 이용하여 귀밑머리를 자연스럽게 그리시오.

2. 수험자 유의사항

1) 모델은 문신(눈썹, 아이라인, 입술 등), 속눈썹 연장 및 메이크업이 되어 있지 않은 상태이어야 합니다.

2) 스파출라, 속눈썹 가위, 족집게, 눈썹 칼 등의 도구류를 사용 전 소독제로 소독해야 합니다.

3) 메이크업 베이스, 파운데이션을 펴 바를 때 스펀지 퍼프 또는 브러시를 사용하시오.

4) 아이섀도, 치크, 립 등의 표현 시 브러시 등 적합한 도구를 사용하시오.

5) 화장품은 요구사항에 지정된 제형 외에는 타입에 상관없이 자유롭게 사용하시오.

한국무용 메이크업 완성

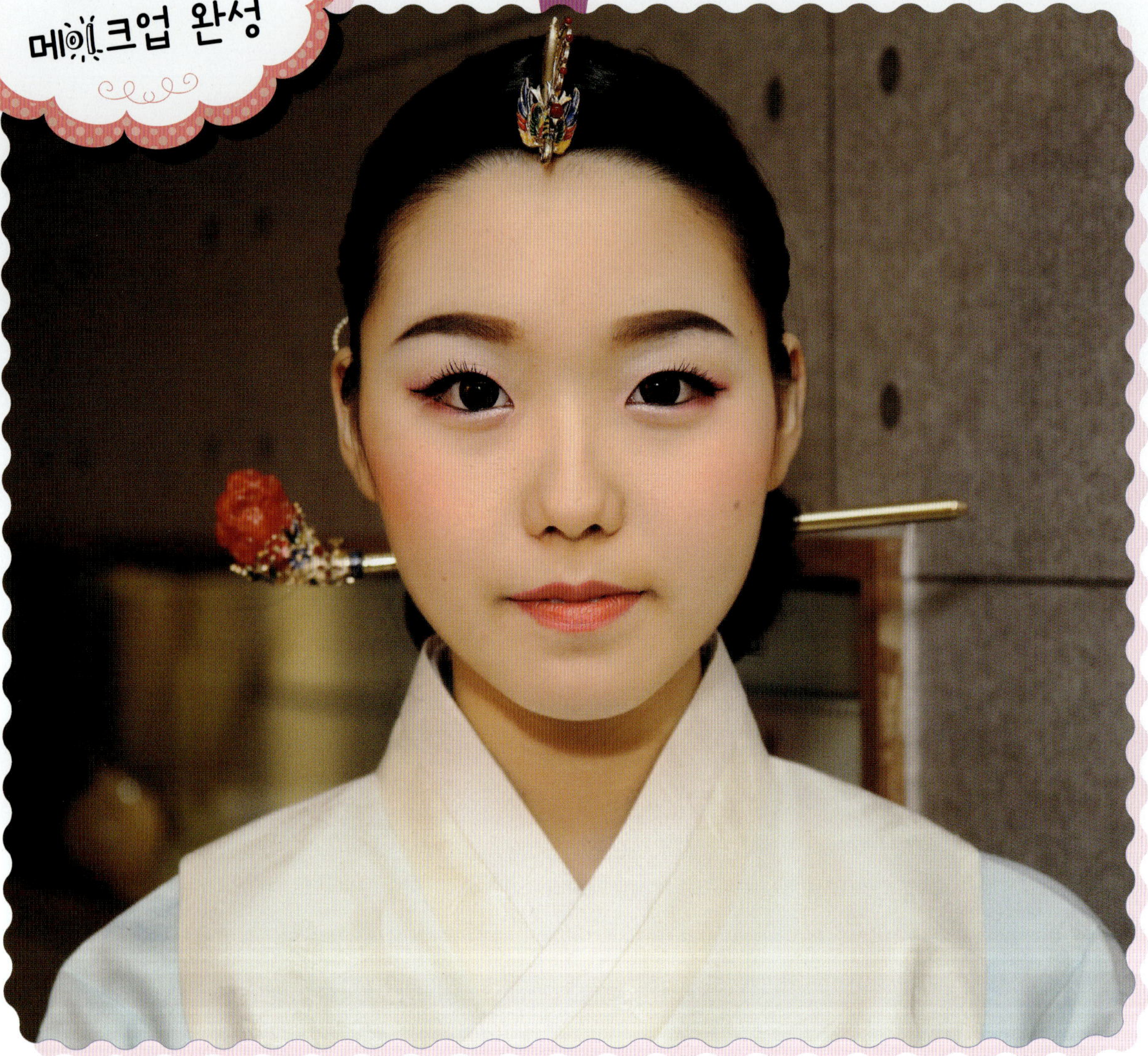

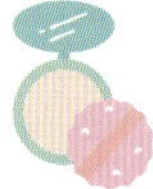

3과제 공통 재료

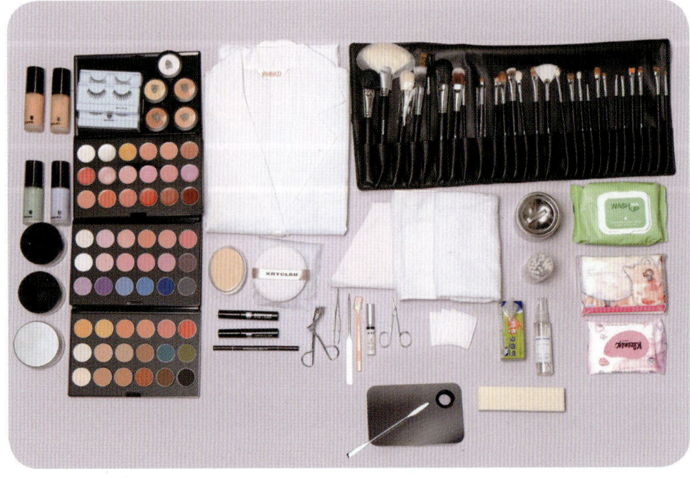

소독 및 위생	위생 가운, 어깨 보, 헤어터번, 타월, 소독제, 탈지면 용기, 탈지면, 위생 봉투 등
메이크업 재료	메이크업 파운데이션, 페이스 파우더 등, 아이섀도 팔레트, 립 팔레트, 아이라이너, 마스카라, 아이브로우 펜슬, 인조 속눈썹, 속눈썹 접착제 등
기타	눈썹 칼, 눈썹 가위, 브러시 세트, 스펀지 퍼프, 분첩, 뷰러, 타월, 미용 티슈, 물티슈, 면봉, 트위저, 클렌징 제품 및 도구 등

가 과제를 수행하기 전 수험자의 손 및 도구류를 소독한 후 제시된 도면을 참고하여 캐릭터 메이크 업(한국무용) 스타일을 연출하시오.

① 수험자는 과제를 수행하기 전에 반 드시 본인의 손을 소독한다.

② 수험자는 과제를 수행하기 전에 반 드시 도구류를 소독한다.

③ 제시된 도면을 참고하여 한국무용 메이크업 스타일을 연출한다.

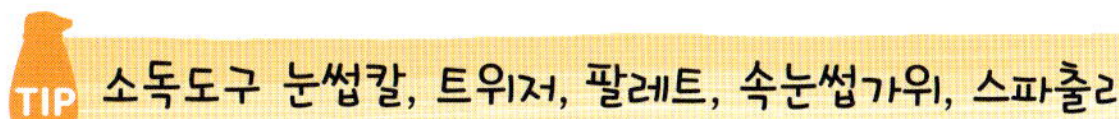

나 모델의 피부톤에 적합한 메이크업 베이스를 선택하여 얇고 고르게 펴 바르시오.

④ 모델의 피부톤에 적합한 메이크업 베이스를 선택한 후 라텍스 스펀지 또는 파운데이션 브러시를 이용하여 두껍지 않게 피부 결 방향으로 고르게 펴 바른다.

다 모델의 피부톤에 맞춰 결점을 커버하고 파운데이션으로 깨끗하게 피부 표현을 하시오.

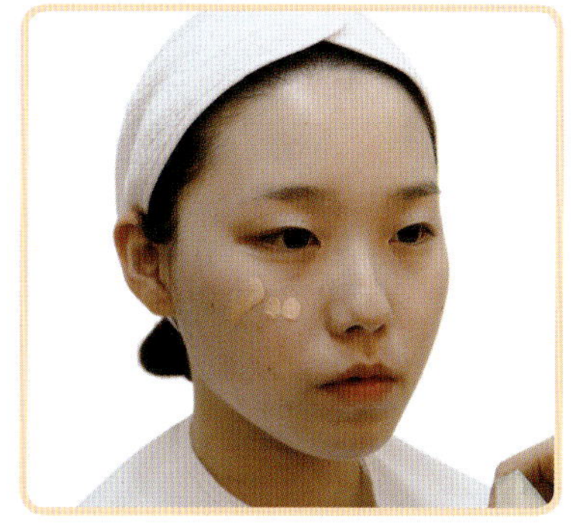

⑤ 모델의 피부 타입과 피부 색에 맞춰 결점을 커버하고 파운데이션으로 깨끗하게 피부를 표현한다.

⑥ 모델에 알맞은 제형의 컨실러를 선 택하여 다크서클, 잡티 등을 브러시 로 커버한다.

 셰딩과 하이라이트로 윤곽 수정 후 파우더로 매트하게 마무리하시오.

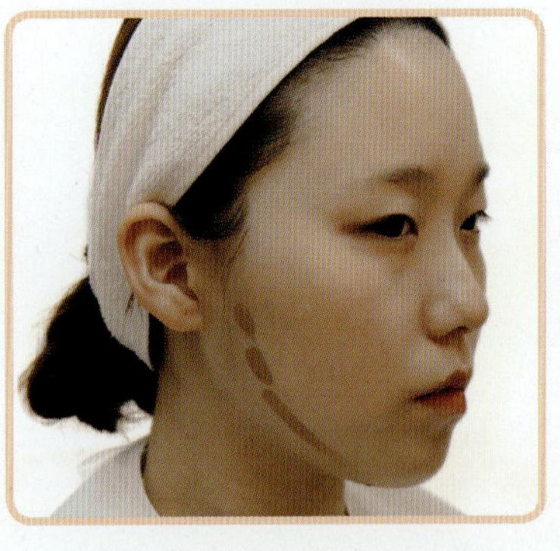

⑦ 모델의 얼굴형에 알맞게 필요한 곳에 셰딩하고 경계가 지지 않도록 그라데이션을 해준다.

⑧ T존 및 눈 밑, 인중, 턱을 수정한다.

⑨ 퍼프를 사용하여 핑크 파우더로 얼굴 전체에 매트하게 마무리한다.

 눈썹은 브라운색으로 시작하여 검정색으로 자연스럽게 연결되도록 표현하며, 모델의 얼굴형을 고려하여 도면과 같이 부드러운 곡선의 동양적인 눈썹으로 표현하시오.

⑩ 눈썹은 브라운색으로 시작하여 검정색으로 자연스럽게 연결되도록 표현하며, 모델의 얼굴형을 고려하여 도면과 같이 부드러운 상승형의 곡선으로 동양적인 눈썹으로 그려 준다.

 눈썹뼈에 흰색으로 하이라이트를 주어 입체감 있는 눈매를 연출하시오.

⑪ 눈썹뼈에 흰색 아이섀도로 하이라이트를 적용하여 입체감을 연출한다.

사 연분홍색 아이섀도를 이용하여 눈두덩이를 그라데이션하시오.

⑫ 연한 브라운 컬러 아이섀도와 파우더형 섀딩 제품을 사용하여 노즈 섀딩을 한 후 연분홍 색상 아이섀도를 사용하여 눈두덩이를 자연스럽게 그라데이션한다.

아 눈꼬리 부분과 언더라인을 마젠타 컬러로 포인트를 주고 도면과 같이 상승형으로 표현하시오.

⑬ 눈꼬리 부분과 언더라인에 마젠타 색상으로 포인트를 주고 도면과 같이 상승형으로 표현한다.

⑭ 언더라인을 마젠타 컬러로 포인트를 주어 눈꼬리가 올라간 상승형으로 표현한다.

자 아이라인은 검정색 아이라이너를 사용하여 도면과 같이 그리고 언더라인은 펜슬 또는 아이섀도로
마무리하시오.

 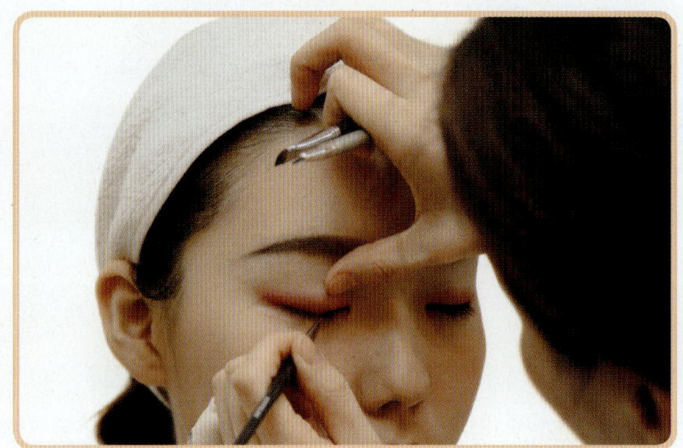

⑮ 아이라인은 검정색 아이라이너를 이용하여 도면과 같이 균일한 두께로 그려 준다.

⑯ 언더라인은 펜슬 또는 아이섀도로 점막을 채워 마무리한다.

차 뷰러를 이용하여 자연 속눈썹을 컬링하시오.

⑰ 소독한 뷰러를 이용하여 자연 속눈썹을 컬링하시오.

카 마스카라 후 검정색의 짙은 인조 속눈썹을 사용하여 끝 부분이 처지지 않도록 상승형으로 붙이
시오.

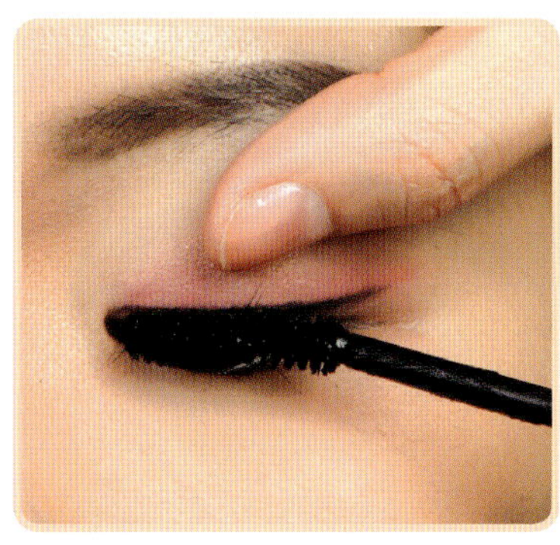

⑱ 모델의 자연 속눈썹에 마스카라를
바른다.

⑲ 검정색의 짙은 인조 속눈썹을 이용
하여 끝부분이 처지지 않도록 상승
형으로 붙여준다. 뒷부분이 처지지
않도록 주의하여 마무리한다.

⑳ 아이 메이크업을 마무리한다.

타 치크는 핑크색으로 광대뼈를 감싸듯 화사하게 표현하시오.

㉑ 치크는 핑크색으로 광대뼈를 감싸듯 화사하게 표현한다.

파 레드 컬러의 립 라이너를 이용하여 립 안쪽으로 그라데이션하고 핑크가 가미된 레드색의 립 컬러
로 블렌딩하시오.

㉒ 레드 색상 립 라이너를 이용하여 입술 형태를 그린다.

㉓ 레드 색상의 립 라이너를 이용하여 립 안쪽으로 그라데
이션하고 핑크가 가미된 레드 색상의 립 컬러로 블렌딩
한다.

 블랙 펜슬 또는 블랙 아이라이너를 이용하여 귀밑머리를 자연스럽게 그리시오.

㉔ 모델의 잔머리 부분부터 시작하여, 끝으로 갈수록 얇게 블랙 펜슬 또는 블랙 아이라이너를 이용하여 귀밑머리를 자연스럽게 그린다.

 잔머리 부분에서 입꼬리 쪽으로 자연스럽게 표현하되 모델의 검은 눈동자 시작부분까지 그린다.

한국무용 캐릭터 메이크업 마무리

제 3 과제 캐릭터 메이크업

발레

피부 표현

- 피부톤에 맞춰 얇고 고른 메이크업 베이스
- 결점을 커버 후 파운데이션으로 깨끗한 피부 표현
- 섀딩과 하이라이트로 윤곽 수정
- 핑크 파우더로 매트하게 마무리

눈썹

다크 브라운(시작) 블랙(끝) : 자연스러운 갈매기 형태

아이섀도

- 핑크, 퍼블 : 아이홀
- 화이트 : 홀 안쪽
- 아쿠아 블루 : 속눈썹 라인, 언더라인
- 화이트 : 눈썹뼈를 하이라이트로 입체감 나게 표현

아이라이너

- 블랙 아이라이너 : 아이라인과 언더라인을 길게
- 뷰러로 자연 속눈썹 컬링 후 마스카라
- 인조 속눈썹은 블랙 (상승형으로)

치크

핑크 : 광대뼈를 감싸듯 화사하게 표현

립

- 로즈 : 립 라이너로 립 안쪽 블렌딩
- 핑크색 립 컬러로 블렌딩

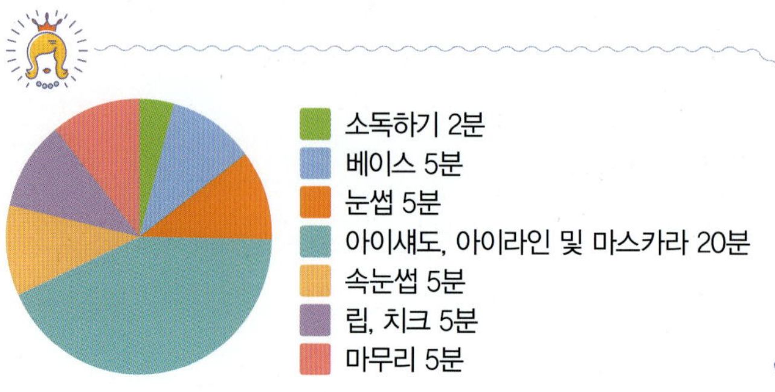

국가기술자격 실기시험 문제

자격종목	미용사(메이크업)	과 제 명	캐릭터 메이크업 (발레)

비번호 :

※시험시간 : 50분

1. 요구사항 (3과제)

※ 지참재료 및 도구를 사용하여 아래의 요구사항에 따라 캐릭터 메이크업(발레)을 시험시간 내에 완성하시오.

가. 과제를 수행하기 전 수험자의 손 및 도구류를 소독한 후 제시된 도면을 참고하여 캐릭터 메이크업(발레) 스타일을 연출하시오.

나. 모델의 피부톤에 적합한 메이크업 베이스를 선택하여 얇고 고르게 펴 바르시오.

다. 모델의 피부톤에 맞춰 결점을 커버하고 파운데이션으로 깨끗하게 피부 표현을 하시오.

라. 섀딩과 하이라이트로 윤곽 수정 후 핑크 파우더로 매트하게 마무리하시오.

마. 눈썹은 다크 브라운색으로 시작하여 블랙으로 자연스럽게 연결되도록 표현하며, 모델의 얼굴형을 고려하여 갈매기 형태로 그리시오.

바. 눈썹뼈에 흰색으로 하이라이트를 주어 입체감 있는 눈매를 연출하시오.

사. 아이홀은 핑크와 퍼플 컬러를 이용하여 그라데이션하고 홀의 안쪽은 흰색으로 채워 표현하시오.

아. 속눈썹 라인을 따라서 아쿠아 블루색으로 포인트를 주고 언더라인도 같은 색으로 눈과 일정한 간격을 두고 그린 후 흰색을 넣어 눈이 커 보이도록 표현하시오.

자. 검정색 아이라이너를 사용하여 도면과 같이 아이라인과 언더라인을 길게 그리시오.

차. 뷰러를 이용하여 자연 속눈썹을 컬링하시오.

카. 마스카라 후 검정색의 짙은 인조 속눈썹을 사용하여 끝부분이 처지지 않도록 상승형으로 붙이시오.

타. 치크는 핑크색으로 광대뼈를 감싸듯 화사하게 표현하시오.

파. 로즈 컬러의 립 라이너를 이용하여 립 안쪽으로 그라데이션하고 핑크색 립 컬러로 블렌딩하시오.

2. 수험자 유의사항

1) 모델은 문신(눈썹, 아이라인, 입술 등), 속눈썹 연장 및 메이크업이 되어 있지 않은 상태이어야 합니다.

2) 스파츌라, 속눈썹 가위, 족집게, 눈썹 칼 등의 도구류를 사용 전 소독제로 소독해야 합니다.

3) 메이크업 베이스, 파운데이션을 펴 바를 때 스펀지 퍼프 또는 브러시를 사용하시오.

4) 아이섀도, 치크, 립 등의 표현 시 브러시 등 적합한 도구를 사용하시오.

5) 화장품은 요구사항에 지정된 제형 외에는 타입에 상관없이 자유롭게 사용하시오.

발레 메이크업 완성

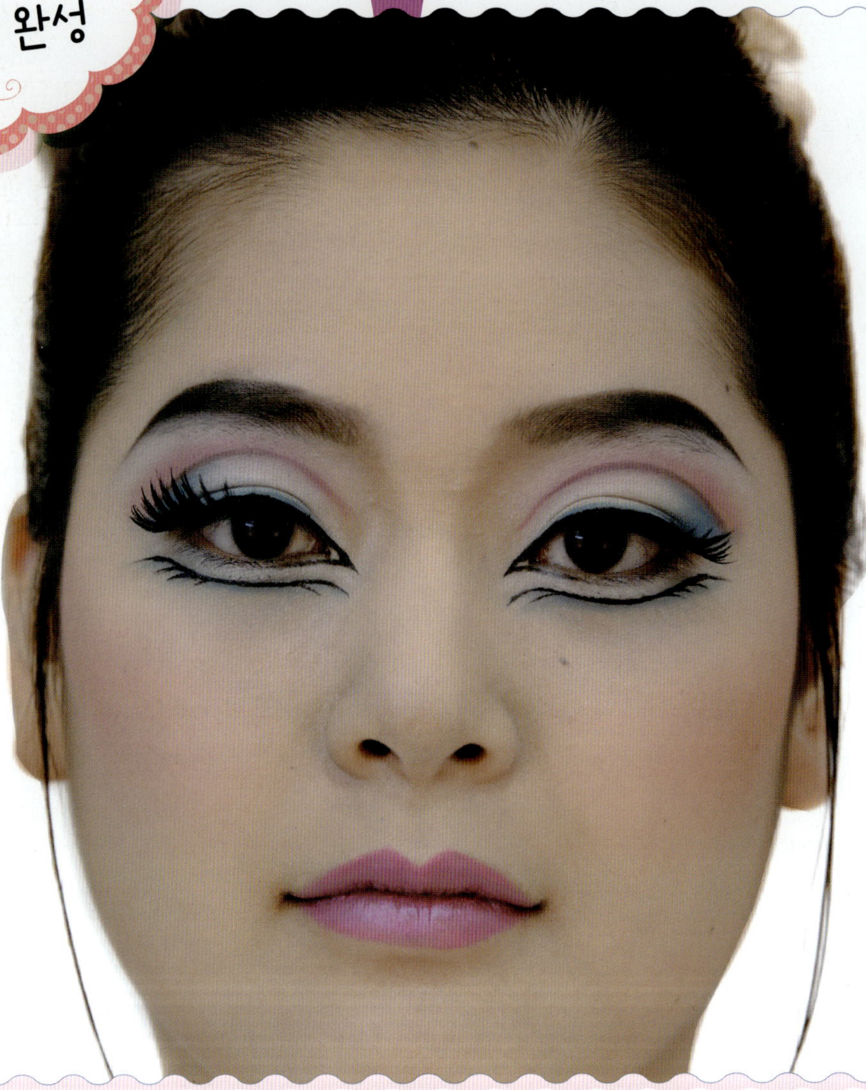

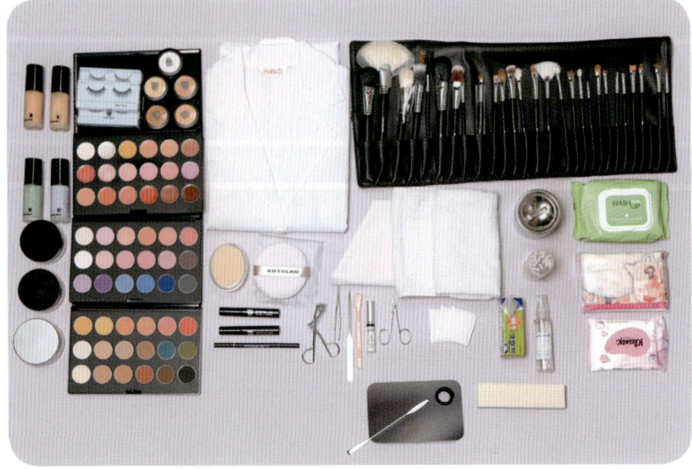

3과제 공통 재료

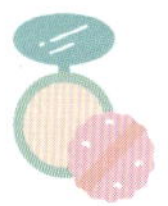

소독 및 위생	위생 가운, 어깨 보, 헤어터번, 타월, 소독제, 탈지면 용기, 탈지면, 위생 봉투 등
메이크업 재료	메이크업 파운데이션, 페이스 파우더 등, 아이섀도 팔레트, 립 팔레트, 아이라이너, 마스카라, 아이브로우 펜슬, 인조 속눈썹, 속눈썹 접착제 등
기타	눈썹 칼, 눈썹 가위, 브러시 세트, 스펀지 퍼프, 분첩, 뷰러, 타월, 미용 티슈, 물티슈, 면봉, 트위저, 클렌징 제품 및 도구 등

가 과제를 수행하기 전 수험자의 손 및 도구류를 소독한 후 제시된 도면을 참고하여 캐릭터 메이크업(발레) 스타일을 연출하시오.

① 수험자는 과제를 수행하기 전에 반드시 본인의 손을 소독한다.

② 수험자는 과제를 수행하기 전에 반드시 도구류를 소독한다.

③ 제시된 도면을 참고하여 발레 메이크업 스타일을 연출한다.

 **TIP** 소독도구 눈썹칼, 트위저, 팔레트, 속눈썹가위, 스파츌라

나 모델의 피부톤에 적합한 메이크업 베이스를 선택하여 얇고 고르게 펴 바르시오.

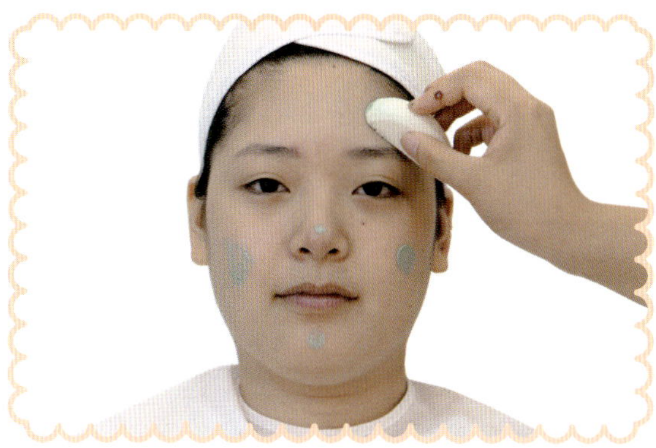

④ 모델의 피부톤에 적합한 메이크업 베이스를 선택한 후 라텍스 스펀지 또는 파운데이션 브러시를 이용하여 두껍지 않게 피부 결 방향으로 고르게 펴 바른다.

다 모델의 피부톤에 맞춰 결점을 커버하고 파운데이션으로 깨끗하게 피부 표현하시오.

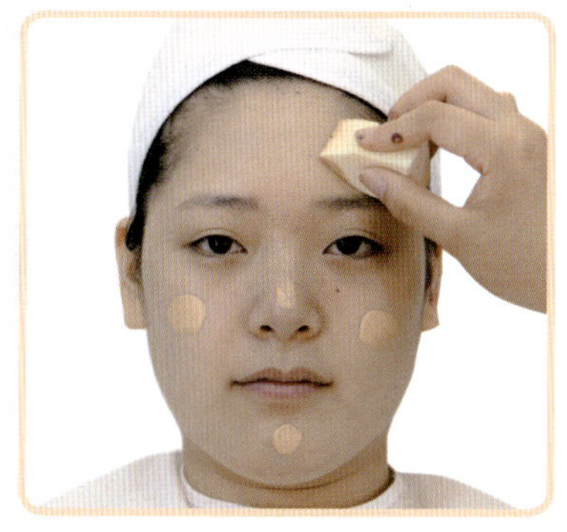

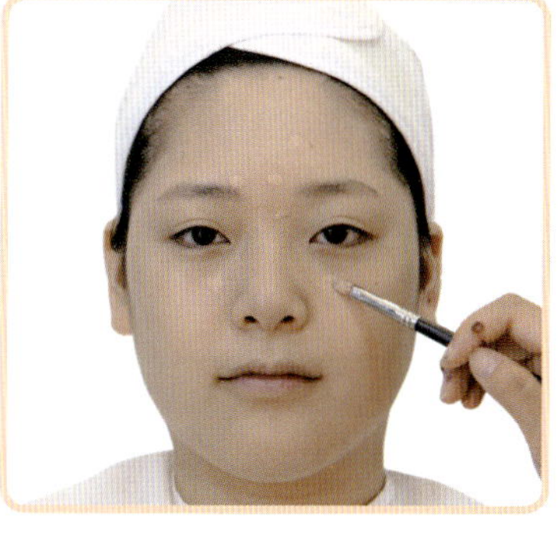

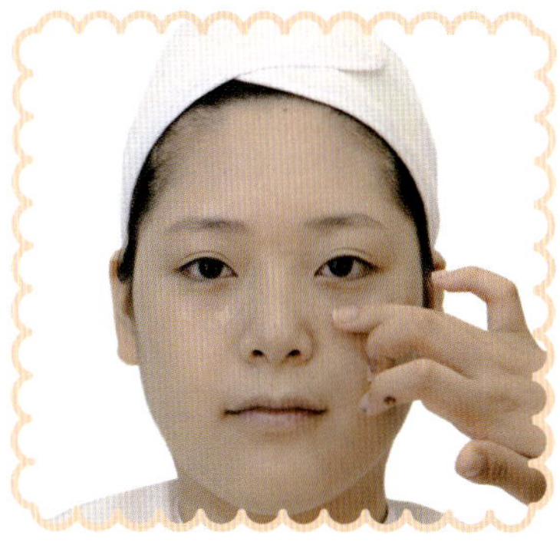

⑤ 모델의 피부 타입과 피부 색상에 알맞은 크림이나 스틱 파운데이션을 이용하여 피부를 깨끗하게 표현한다.

⑥ 모델에 알맞은 제형의 컨실러를 선택하여 T존, 눈 밑 등 하이라이트가 필요한 곳에 밝은 크림 파운데이션 등을 바르고, 자연스럽게 그라데이션되도록 하이라이트로 윤곽 수정을 한다.

라 섀딩과 하이라이트로 윤곽 수정 후 핑크 파우더로 매트하게 마무리하시오.

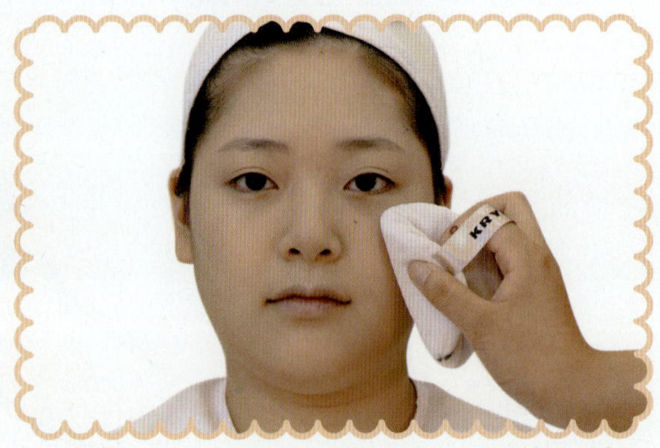

⑦ 모델의 얼굴형에 알맞게 광대뼈 부분과 턱, 얼굴 외곽, 콧대 등 섀딩이 필요한 곳에 어두운 베이스를 바르고, 자연스럽게 섀딩을 넣어 윤곽 수정을 한다.

⑧ 퍼프를 사용하여 얼굴 전체에 핑크 파우더로 매트하게 마무리한다.

마 눈썹은 다크 브라운색으로 시작하여 블랙으로 자연스럽게 연결되도록 표현하며, 모델의 얼굴형을 고려하여 갈매기 형태로 그리시오.

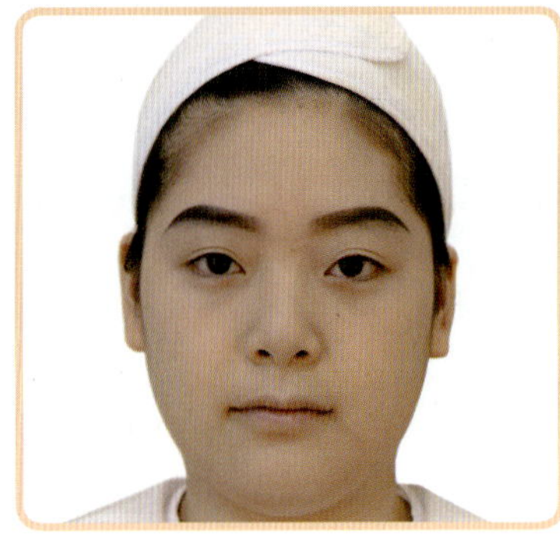

⑨ 모델의 얼굴형을 고려하여 다크 브라운색상으로 시작하여 블랙으로 자연스럽게 연결되도록 표현하며, 눈썹앞머리는 옅고, 눈썹꼬리로 갈수록 얇고 진하게 갈매기 형태로 그려 준다.

바 눈썹뼈에 흰색으로 하이라이트를 주어 입체감 있는 눈매를 연출하시오.

⑩ 눈썹뼈에 입체감을 적용하여 흰색으로 하이라이트를 준다.

⑪ 아이홀은 핑크 색상의 아이섀도를 사용하여 눈꼬리 부분이 닫힌 형태의 아이홀을 그라데이션하여 그려 준다.

⑫ 퍼플 색상의 아이섀도를 사용하여 포인트 컬러를 표현하고 아이홀 라인과 눈꼬리 부분에 덧발라 도면과 같이 강조하고 경계
 가 생기지 않게 그라데이션 처리한다.

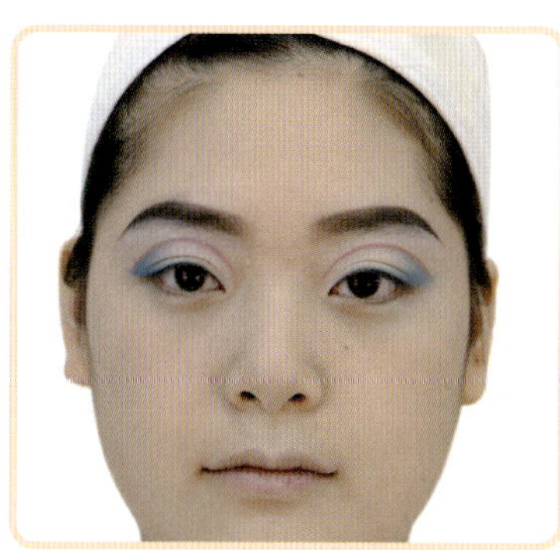 

⑬ 눈썹뼈에도 흰색 아이섀도로 하이라이트를 해주고 아이홀의 안쪽 눈두덩이 전반에 화이트 컬러의 아이섀도로 채워 입체감
 을 표현한다.

 속눈썹 라인을 따라서 아쿠아 블루색으로 포인트를 주고 언더라인도 같은 색으로 눈과 일정한 간격을 두고 그린 후 흰색을 넣어 눈이 커 보이도록 표현하시오.

⑭ 속눈썹 라인을 따라 아이라인을 두껍게 그릴 것을 고려하여 아쿠아 블루 색상 부위를 속눈썹 라인과 눈 밑 언더라인, 아이라인을 그려 주고 눈 앞머리와 눈꼬리 부분을 길게 그려 시원한 눈매를 표현하여 포인트를 준다.

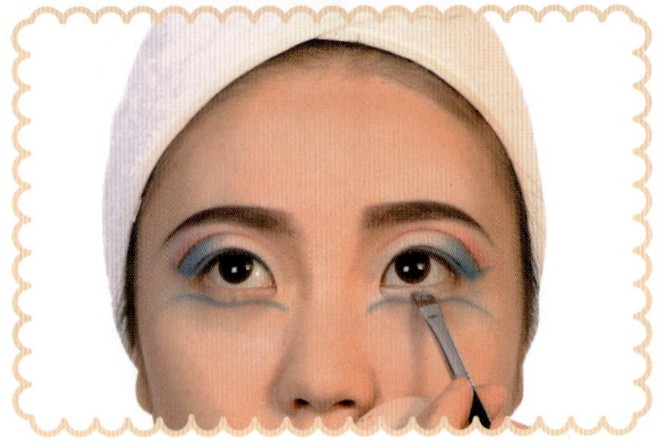

⑮ 언더라인도 같은 컬러로 눈과 일정한 간격을 두고 그린 후 아쿠아 블루 색상 라인 위쪽에 흰색을 넣어 눈이 커 보이도록 표현한다.

 언더라인에 흰색은 펜슬 또는 아이섀도로 표현한다.

 검정색 아이라이너를 사용하여 도면과 같이 아이라인과 언더라인을 길게 그리시오.

⑯ 검정색 아이라이너를 사용하여 도면과 같이 아이라인과 언더라인을 길게 그려 준다.

⑰ 눈 앞머리와 눈꼬리는 상승형이 되도록 그려 준다.

⑱ 도면과 같이 언더라인에 검정색 아이라인을 그려 주고 언더 속눈썹을 4～5가닥 정도 자연스럽게 그린다.

차 뷰러를 이용하여 자연 속눈썹을 컬링하시오.

⑲ 소독한 뷰러를 이용하여 자연 속눈썹을 컬링한다.

카 마스카라 후 검정색의 짙은 인조 속눈썹을 사용하여 끝부분이 처지지 않도록 상승형으로 붙이시오.

⑳ 모델의 자연 속눈썹에 마스카라를 바른다.

㉑ 검정색의 짙은 인조 속눈썹을 사용하여 끝부분이 처지지 않도록 상승형으로 붙여 완성한다.

 치크는 핑크색으로 광대뼈를 감싸듯 화사하게 표현하시오.

㉒ 치크는 핑크색으로 광대뼈를 감싸듯 화사하고 자연스럽게 발라준다.

파 로즈 컬러의 립 라이너를 이용하여 립 안쪽으로 그라데이션하고 핑크색 립 컬러로 블렌딩하시오.

㉓ 로즈 컬러의 립 라이너로 입술 형태를 그린다.

㉔ 그려진 립 라이너를 입술 안쪽부터 로즈 색상으로 그라데이션하여 채운다.

㉕ 핑크색 립 컬러로 전체적인 조화가 되도록 자연스럽게 립 라이너를 그린 안쪽을 블렌딩하듯 발라준다.

발레 캐릭터 메이크업 마무리

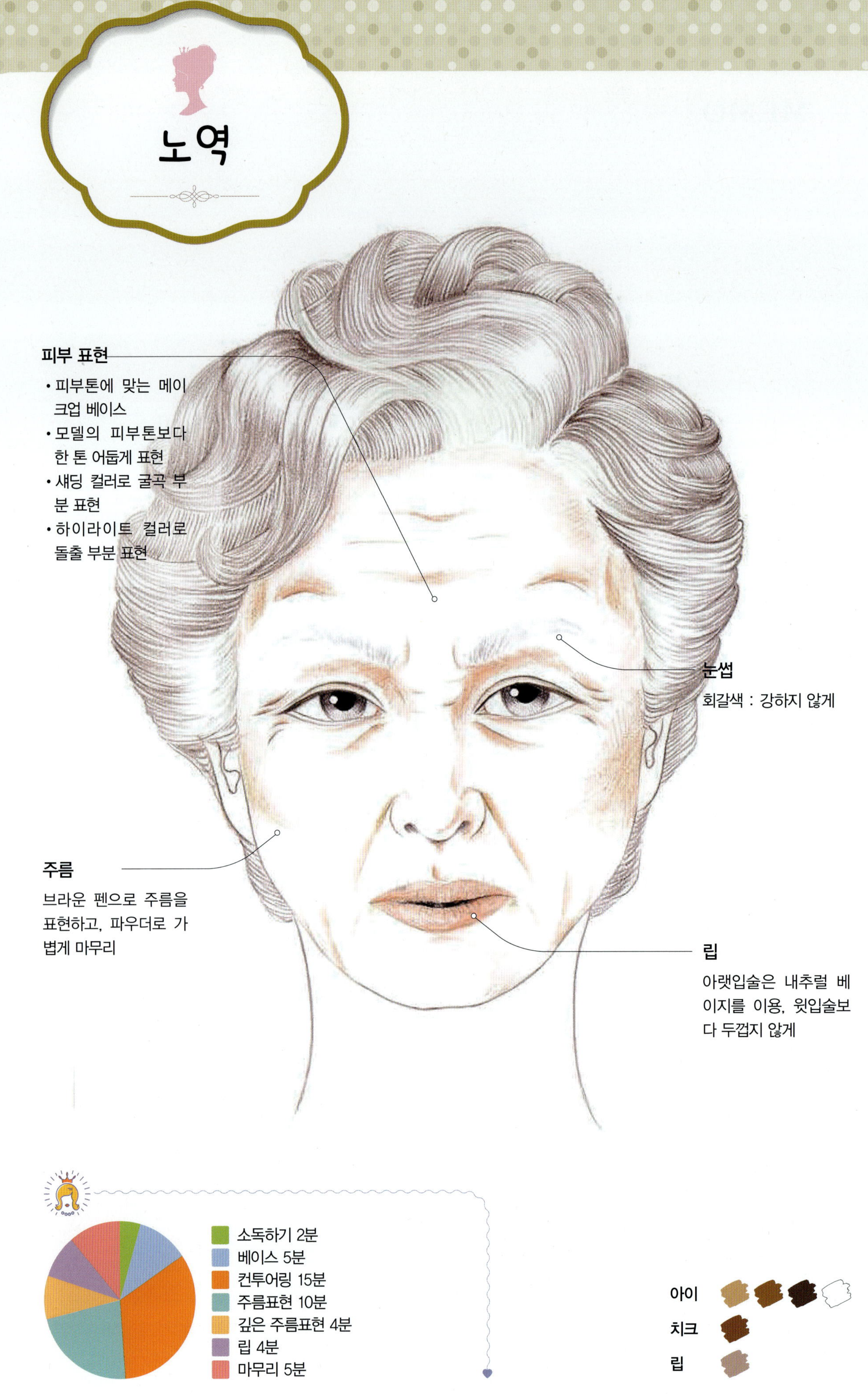

피부 표현
• 피부톤에 맞는 메이크업 베이스
• 모델의 피부톤보다 한 톤 어둡게 표현
• 섀딩 컬러로 굴곡 부분 표현
• 하이라이트 컬러로 돌출 부분 표현
눈썹
회갈색 : 강하지 않게
주름
브라운 펜으로 주름을 표현하고, 파우더로 가볍게 마무리
립
아랫입술은 내추럴 베이지를 이용, 윗입술보다 두껍지 않게
소독하기 2분
베이스 5분
컨투어링 15분
주름표현 10분
깊은 주름표현 4분
립 4분
마무리 5분
아이
치크
립

국가기술자격 실기시험 문제

자격종목	미용사(메이크업)	과 제 명	캐릭터 메이크업 (노역)

비번호 :

※시험시간 : 50분

1. 요구사항 (3과제)

※ 지참재료 및 도구를 사용하여 아래의 요구사항에 따라 캐릭터 메이크업(노역)을 시험시간 내에 완성하시오.

가. 과제를 수행하기 전 수험자의 손 및 도구류를 소독한 후 제시된 도면을 참고하여 캐릭터 메이크업(노역) 스타일을 연출하시오.

나. 모델의 피부 타입에 맞는 메이크업 베이스를 바르시오.

다. 파운데이션을 가볍게 바르고 모델 피부톤보다 한 톤 어둡게 피부 표현하시오.

라. 섀딩 컬러로 얼굴의 굴곡 부분을 자연스럽게 표현하시오.

마. 하이라이트 컬러를 이용하여 돌출 부분을 도면과 같이 표현하시오.

바. 갈색 펜슬을 이용하여 얼굴의 주름을 표현하고 파우더로 가볍게 마무리하시오.

사. 눈썹은 강하지 않게 회갈색을 이용하여 표현하시오.

아. 립 컬러는 내추럴 베이지를 이용하여 아랫입술이 윗입술보다 두껍지 않게 표현하시오.

2. 수험자 유의사항

1) 모델은 문신(눈썹, 아이라인, 입술 등), 속눈썹 연장 및 메이크업이 되어 있지 않은 상태이어야 합니다.

2) 스파츌라, 속눈썹 가위, 족집게, 눈썹 칼 등의 도구류를 사용 전 소독제로 소독해야 합니다.

3) 메이크업 베이스, 파운데이션을 펴 바를 때 스펀지 퍼프 또는 브러시를 사용하시오.

4) 아이섀도, 치크, 립 등의 표현 시 브러시 등 적합한 도구를 사용하시오.

5) 화장품은 요구사항에 지정된 제형 외에는 타입에 상관없이 자유롭게 사용하시오.

노역 메이크업 완성

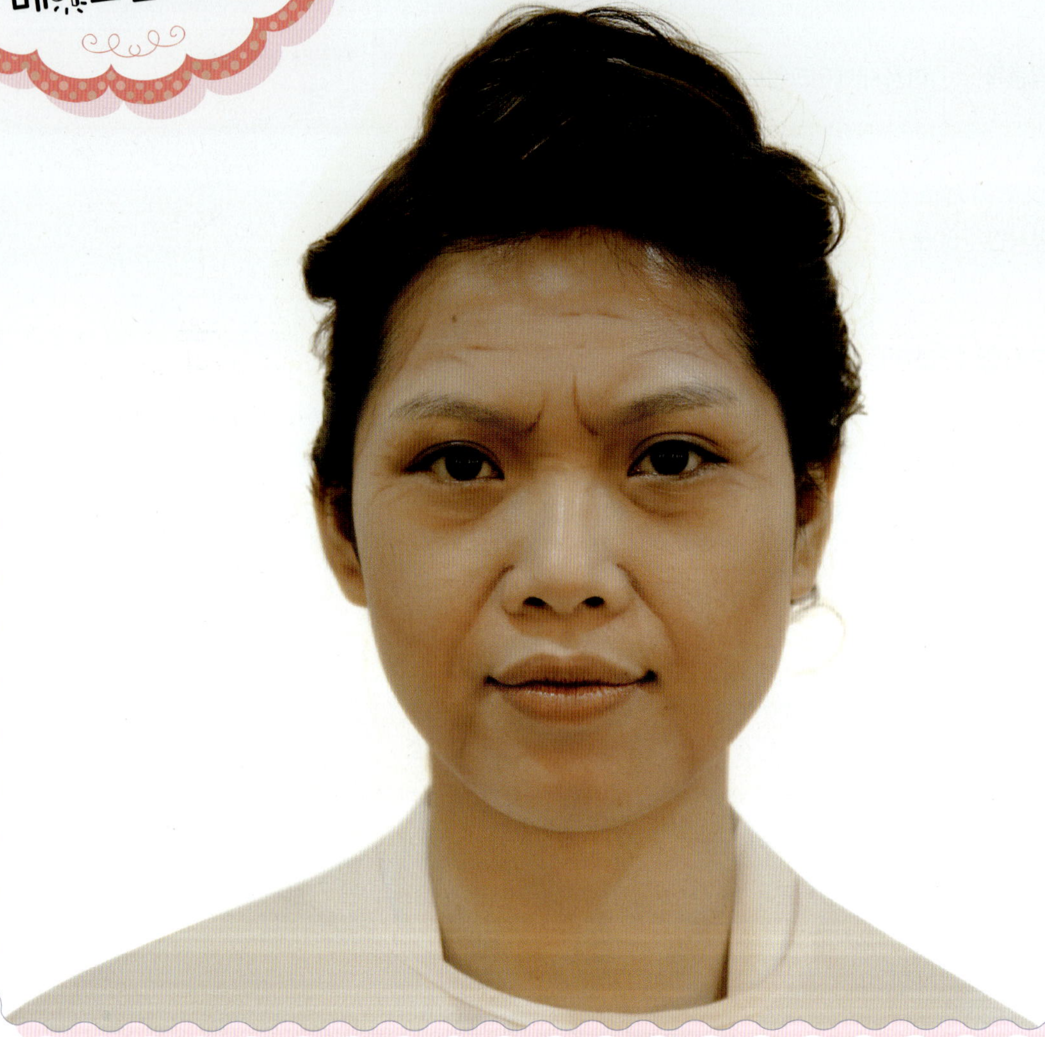

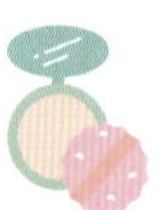

3과제 공통 재료

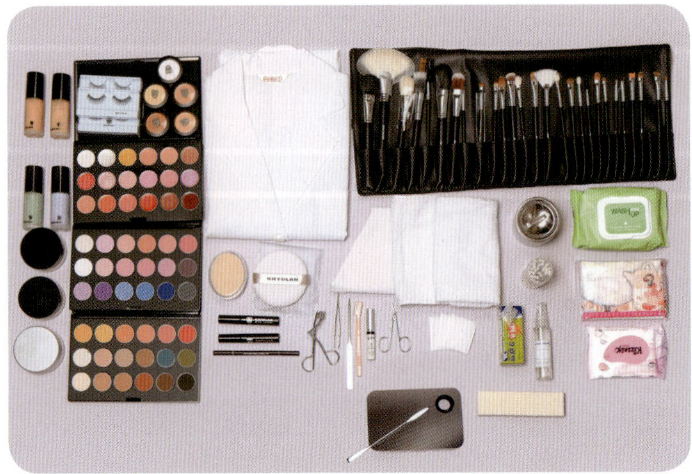

소독 및 위생	위생 가운, 어깨 보, 헤어터번, 타월, 소독제, 탈지면 용기, 탈지면, 위생 봉투 등
메이크업 재료	메이크업 파운데이션, 페이스 파우더 등, 아이섀도 팔레트, 립 팔레트, 아이라이너, 마스카라, 아이브로우 펜슬, 인조 속눈썹, 속눈썹 접착제 등
기타	눈썹 칼, 눈썹 가위, 브러시 세트, 스펀지 퍼프, 분첩, 뷰러, 타월, 미용 티슈, 물티슈, 면봉, 트위저, 클렌징 제품 및 도구 등

가 과제를 수행하기 전 수험자의 손 및 도구류를 소독한 후 제시된 도면을 참고하여 캐릭터 메이크업(노역) 스타일을 연출하시오.

① 수험자는 과제를 수행하기 전에 반드시 본인의 손을 소독한다.

② 수험자는 과제를 수행하기 전에 반드시 도구류를 소독한다.

③ 제시된 도면을 참고하여 노역 메이크업 스타일을 연출한다.

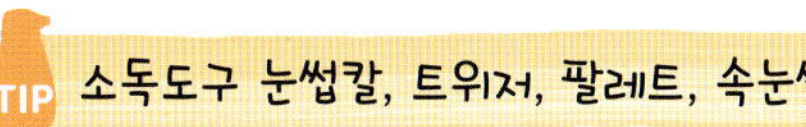

나 모델의 피부 타입에 맞는 메이크업 베이스를 바르시오.

④ 모델의 피부톤에 적합한 메이크업 베이스를 선택한 후 라텍스 스펀지를 이용하여 두껍지 않게 피부 결 방향으로 고르게 펴 바른다.

다 파운데이션을 가볍게 바르고 모델 피부톤보다 한 톤 어둡게 피부 표현을 하시오.

⑤ 어두운 색의 피부는 노화를 표현하는데 효과적이므로 모델의 피부톤보다 한 톤 어둡게 파운데이션을 가볍게 발라 피부 표현을 해준다.

라 섀딩 컬러로 얼굴의 굴곡 부분을 자연스럽게 표현하시오.

⑥ 아이홀, 관자놀이, 광대뼈 아래 등 튀어나온 뼈로 인해 굴곡이 지는 부위를 아이보리 컬러의 크림 파운데이션으로 하이라이트 부위에 표현한다.

⑦ 다크 베이지 컬러의 크림 파운데이션을 섀딩 부위에 적용하고 음영을 표현한다.

⑧ 섀딩 부분을 자연스럽게 그라데이션하여 노인의 윤곽을 표현한다.

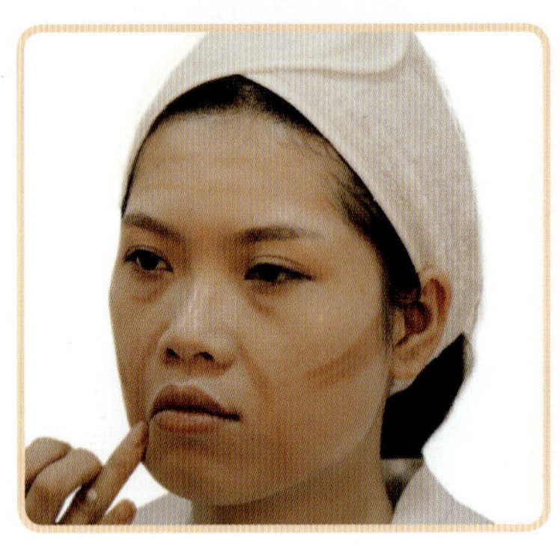

마 하이라이트 컬러를 이용하여 돌출 부분을 도면과 같이 표현하시오.

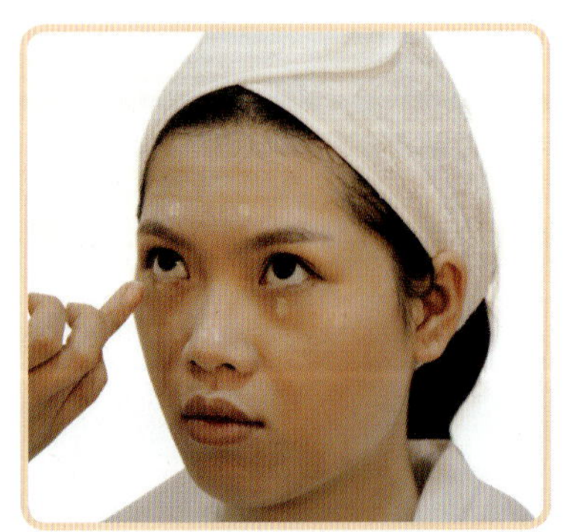

⑨ 얼굴의 굴곡부분을 자연스럽게 표현한다.

⑩ 섀딩과 하이라이트로 마무리한다.

> **TIP** 얼굴에 굴곡을 표현할 때에는 붓과 지문 부분을 사용하여 터치하는 것이 효과적이다.

바 갈색 펜슬을 이용하여 얼굴의 주름을 표현하고 파우더로 가볍게 마무리하시오.

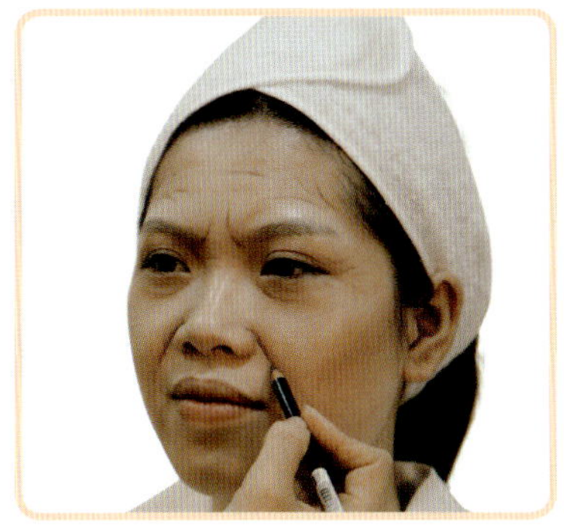 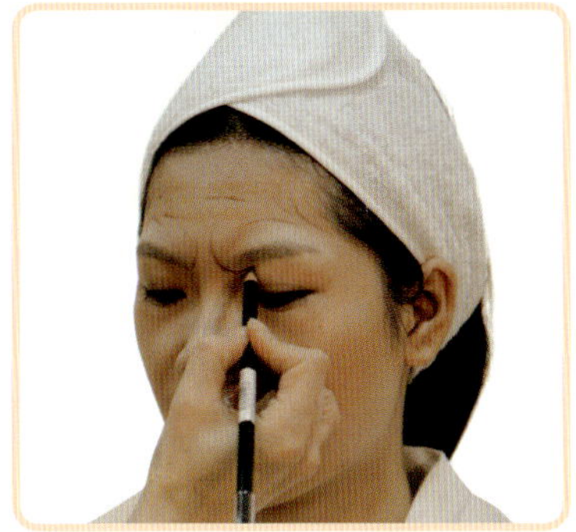 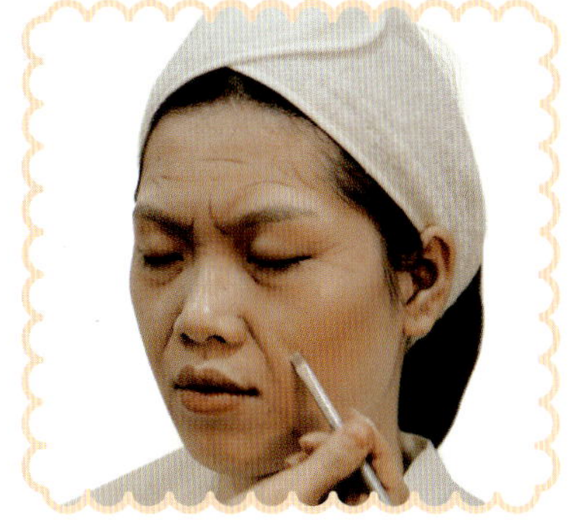

⑪ 갈색 펜슬을 이용하여 주름의 큰 주름부터 작은 주름 순으로 표현한다.

⑫ 주름은 작은 브러시를 이용하여 자연스럽게 그라데이션해준다.

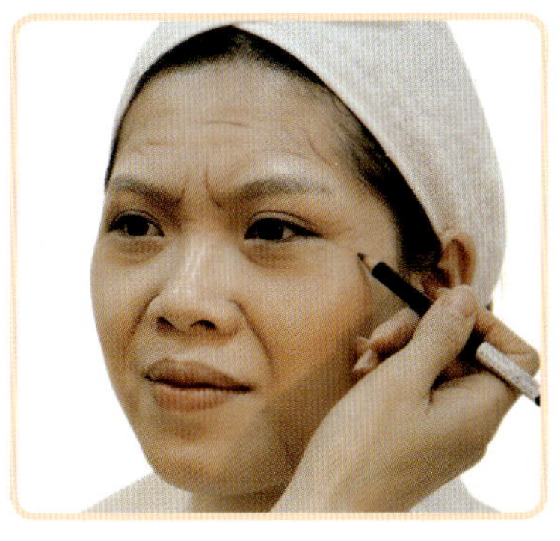 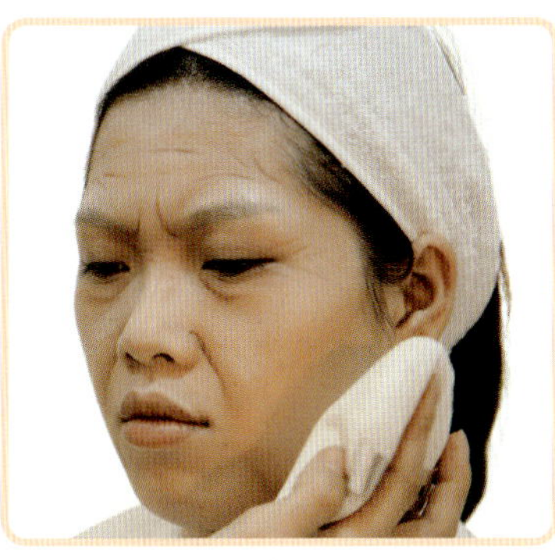 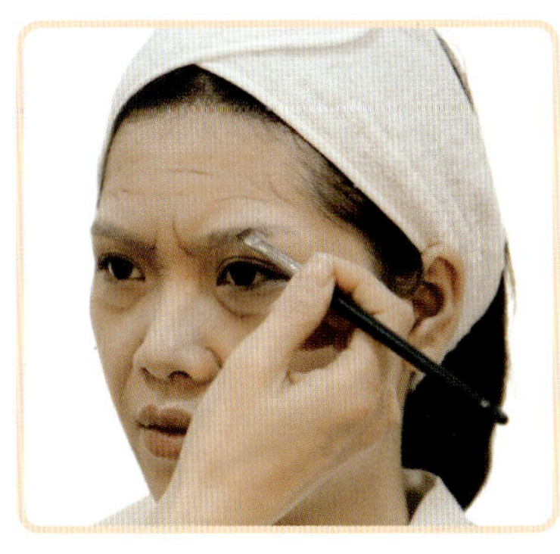

⑬ 노인의 자연스러운 주름의 형태를 위해 눈가 등의 작은 주름은 세밀하게 그려 준다.

⑭ 퍼프를 이용하여 파우더를 가볍게 마무리하고 주름의 음영이 지워지거나 뭉개지지 않도록 주의하여야 한다.

사 눈썹은 강하지 않게 회갈색을 이용하여 표현하시오.

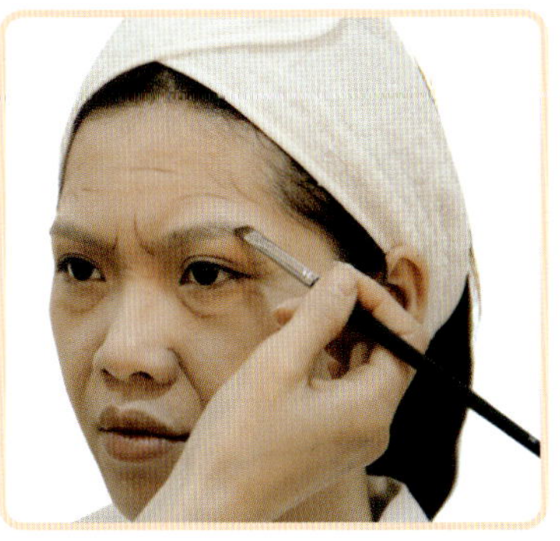 

⑯ 스크루 브러시로 회갈색 눈썹을 표현한다.

⑰ 모델의 눈썹 형태에 따라 강하지 않게 자연스러운 회갈색의 눈썹 색상으로 표현한다.

 립 컬러는 내추럴 베이지를 이용하여 아랫입술이 윗입술보다 두껍지 않게 표현하시오.

⑱ 컨실러나 파운데이션으로 입술 라인을 살짝 커버하여
내추럴 베이지 색상으로 아랫입술이 윗입술보다 두껍지
않게 표현하고 모델의 입술을 오무리게하여 자연스러운
주름을 표현한다.

⑲ 입술 주름이 과하게 표현되지 않도록 주의하여 펜슬로
입술 주름을 표현한다.

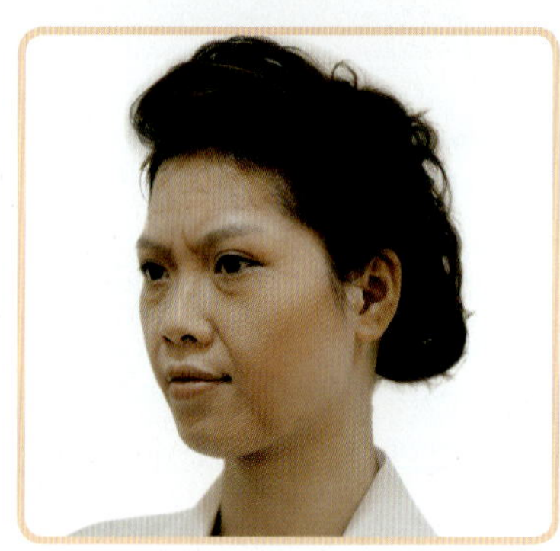

노역 캐릭터 메이크업 마무리

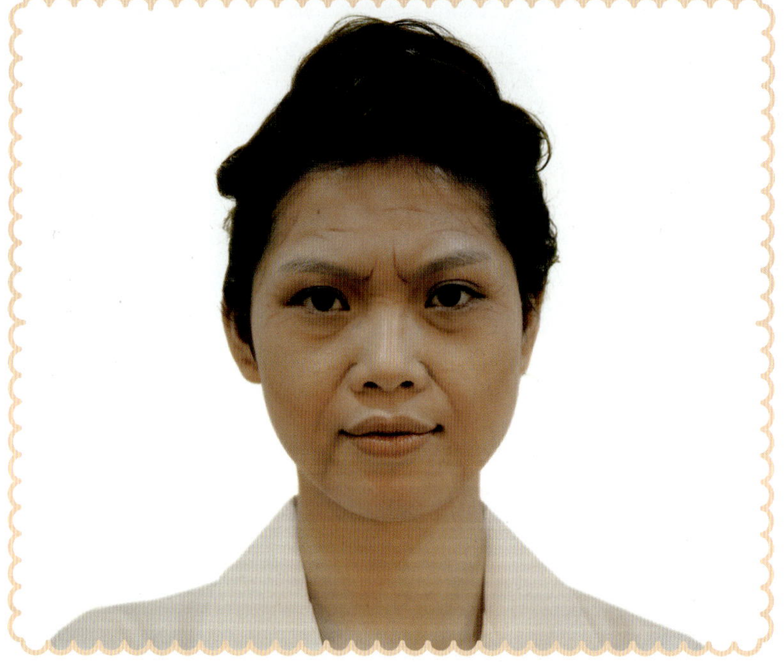

속눈썹 익스텐션 및 미디어 수염

1. 속눈썹(왼쪽) 익스텐션

2. 속눈썹(오른쪽) 익스텐션

3. 미디어 수염

속눈썹 익스텐션 및 미디어 수염

1 속눈썹 익스텐션(왼쪽)

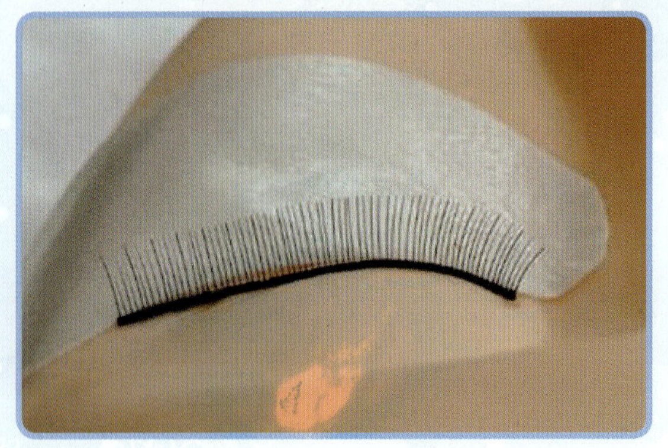

속눈썹 연장 전 마네킹 준비 상태

완성 상태(왼쪽)

2 속눈썹 익스텐션(오른쪽)

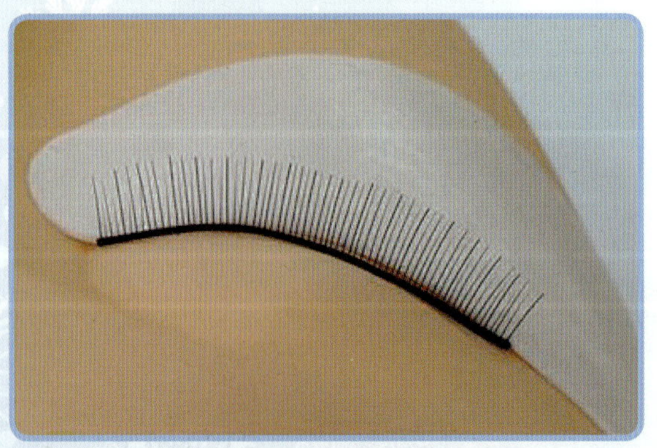

속눈썹 연장 전 마네킹 준비 상태

완성 상태(오른쪽)

③ 미디어 수염

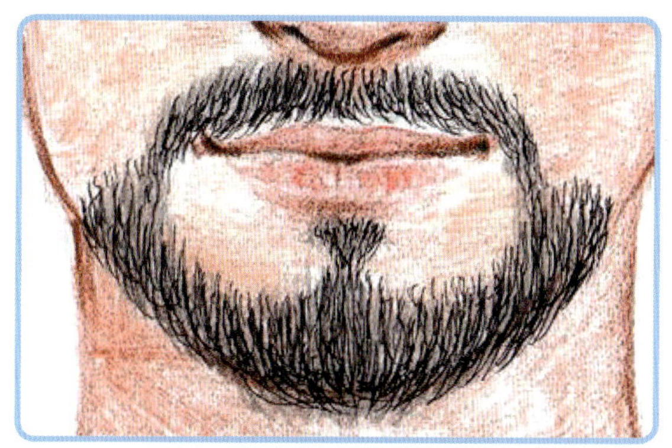

완성 상태

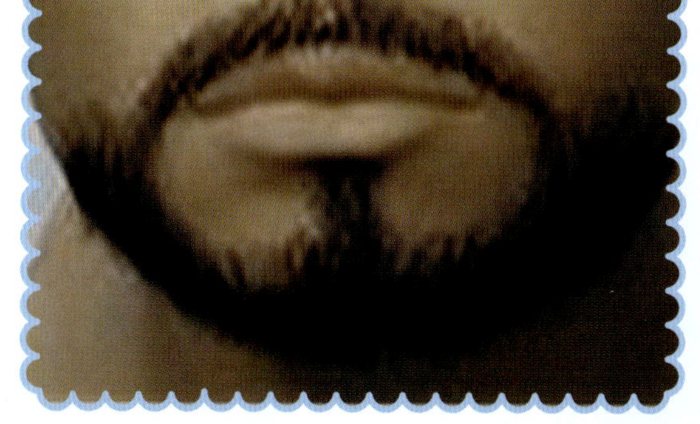

제4과제	25분		
과제유형	속눈썹 익스텐션 및 미디어 수염		
배점	총 100점 중 15점		
과제 포인트	속눈썹 익스텐션 (왼쪽)	사전에 마네킹(5~6mm 인조 속눈썹이 50가닥 이상 부착된 상태)에 붙여온 J컬의 인조 속눈썹을 연장하여 40개 이상이 되도록 작업한다.	
	속눈썹 익스텐션 (오른쪽)	모근에서 0.5~1.0mm를 반드시 떨어뜨려 부착하고 눈 앞머리 부분의 속눈썹 2~3가닥은 연장하지 않는다.	
	미디어 수염	사전에 가공된 1~2cm 정도의 수염을 도면과 같이 부착한다. 마네킹의 좌우 균형 위치 형태를 고려하여 붙이고 고정 스프레이와 라텍스 등을 이용하여 스타일링을 완성한다.	

눈썹과 속눈썹은 얼굴의 인상을 좌우한다.

여성이라면 누구나 한 번쯤은 인형 같은 눈썹을 갖고 싶어 했을 것이다. 짙고 풍성하고 또렷한 속눈썹은 눈을 아름다워 보이게 할 뿐만 아니라 여성의 자신감까지 이끌어 내는 역할을 하고 있다.

속눈썹 익스텐션에 사용하는 인조 속눈썹은 두께, 종류, 컬의 형태, 길이 등에 따라 다양하게 연출이 가능하다.

속눈썹 익스텐션을 위한 기본 테크닉에 대하여 알아보자.

핀셋 잡기

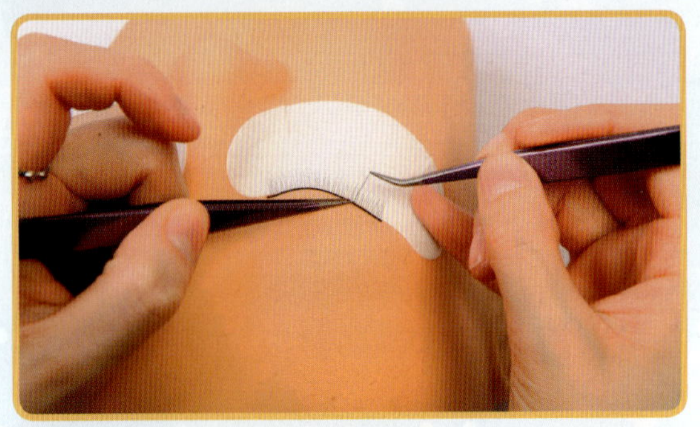

핀셋을 양손으로 잡고 일자 핀셋을 세워 속눈썹을 가른다. 곡자 핀셋은 가모를 잡고 시술한다.

핀셋의 각도

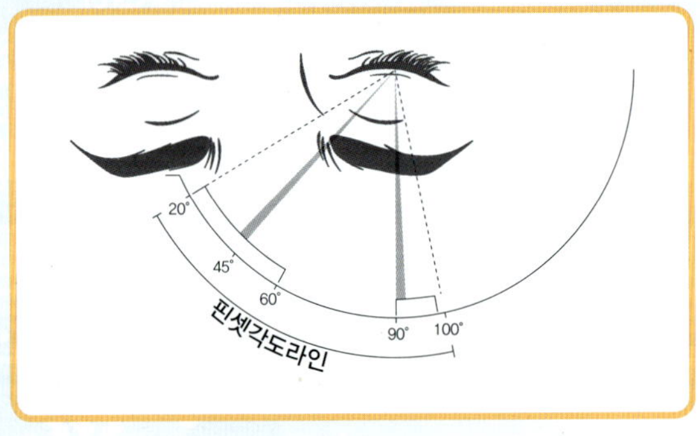

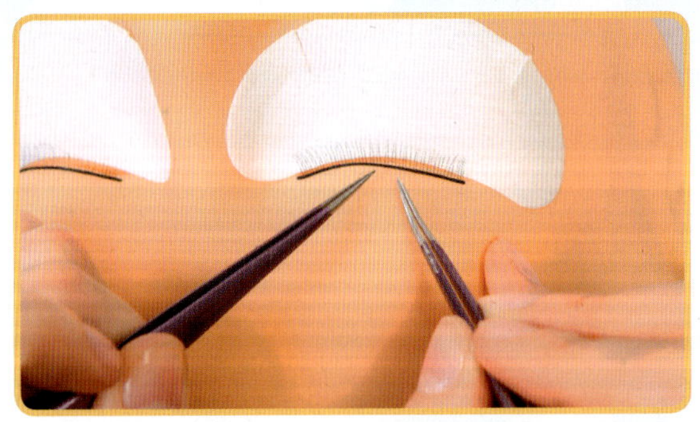

가모 잡는 방법

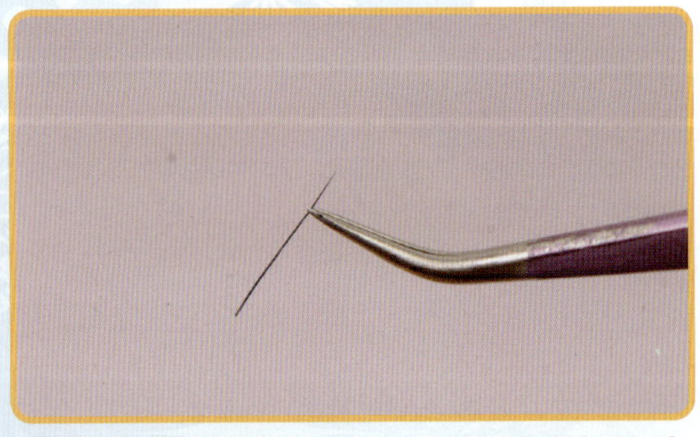

핀셋은 부드럽게 잡아 가모가 꺾이지 않도록 사선으로 잡는다.

② 미디어 수염

　수염 분장은 무대, 미디어, 영상 등의 다양한 매체에 극중 인물을 표현하는 수단으로 전통사극, 현대극 등의 등장 인물의 신분, 성격, 환경, 계급, 연령 등을 표현하기 위해 분장 시 연출한다.

　현대적인 남성 스타일은 역할에 맞게 사실적으로 표현하는 것이 중요하며, 수염 분장은 짧게 정리한 수염을 이용하여 한 올 한 올 뭉친 부분이 없도록 심듯이 붙여 연출한다.

　미디어 수염을 만드는 과정에 대하여 알아보자.

생사 준비

생사 치기

완성

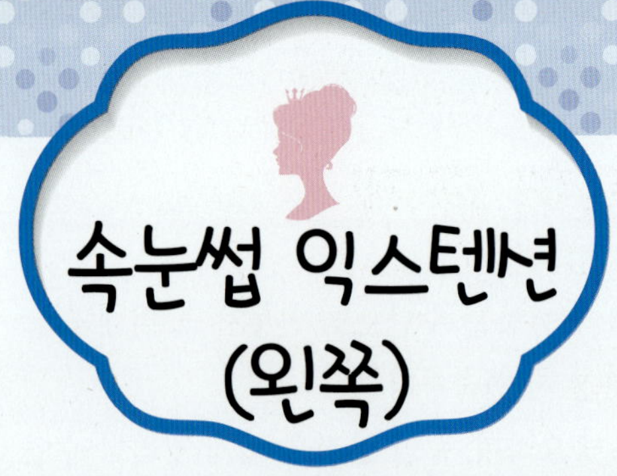

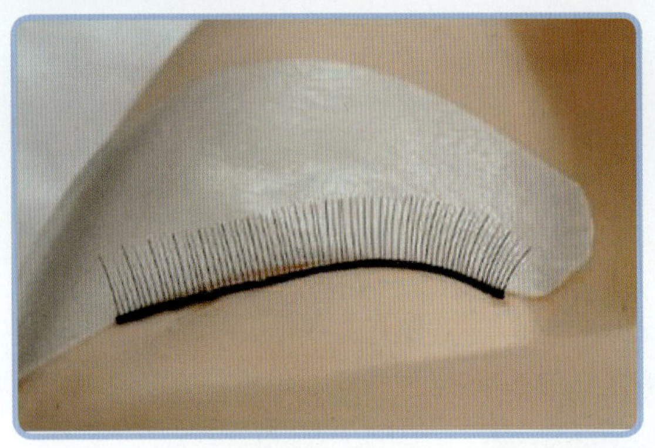

속눈썹 연장 전 마네킹 준비 상태

완성 상태(왼쪽)

포인트

- 작업 부위를 소독한 후 아이패치 부착

- 전처리제 균일 도포

- J컬 타입 8, 9, 10, 11, 12mm 두께 0.15~0.2mm의 싱글모 사용

- 중앙이 길어 보이는 하운드형(부채꼴 디자인)의 속눈썹 익스텐션 완성

- 속눈썹 한 개당 하나의 속눈썹만 연장

- 5가지 길이의 속눈썹(8, 9, 10, 11, 12mm)을 모두 사용하되, 모근에서 1~1.5mm를 반드시 뛰어서 부착

- 완성 속눈썹은 최소 40가닥 이상의 J컬로 연장하되 단, 눈 앞머리 부분의 2~3가닥은 연장하지 않는다.

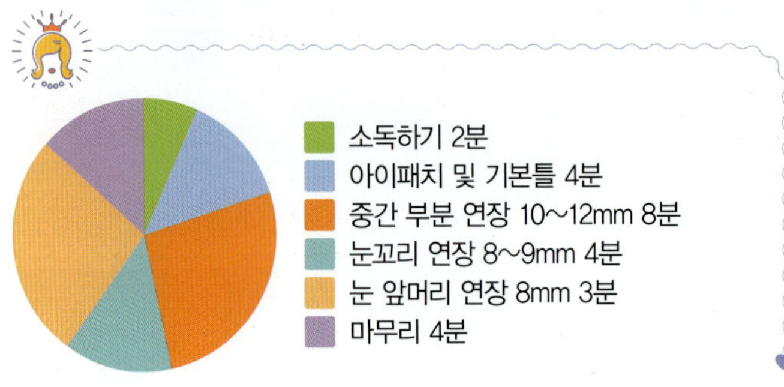

국가기술자격 실기시험 문제

자격종목	미용사(메이크업)	과 제 명	속눈썹 익스텐션 (왼쪽)

비번호 :

※시험시간 : 25분

1. 요구사항 (4과제)

※ 지참재료 및 도구를 사용하여 아래의 요구사항에 따라 속눈썹 연장술을 시험시간 내에 완성하시오.

가. 5~6mm의 인조 속눈썹이 부착된 마네킹을 준비하시오.

나. 과제를 수행하기 전 수험자의 손 및 도구류와 마네킹의 작업 부위를 소독한 후 적절한 위치에 아이패치를 부착하시오.

다. 일회용 도구를 사용하여 전처리제를 균일하게 도포하시오.

라. 연장하는 속눈썹은 J컬 타입으로 길이 8, 9, 10, 11, 12mm, 두께 0.15~0.2mm의 싱글모를 사용하시오.

마. 제시된 도면과 같이 전체적으로 중앙이 길어 보이는 라운드형(부채꼴 디자인)의 속눈썹 익스텐션(왼쪽)을 완성하시오.

바. 마네킹에 부착된 속눈썹 한 개당 하나의 속눈썹(J컬)만 연장하시오.

사. 5가지 길이(8, 9, 10, 11, 12mm)의 속눈썹(J컬)을 모두 사용하여 자연스러운 디자인이 되도록 완성하시오.

아. 모근에서 1~1.5mm를 반드시 떨어뜨려 부착하시오.

자. 왼쪽 인조 속눈썹에 최소 40가닥 이상의 속눈썹(J컬)을 연장하시오(단, 눈 앞머리 부분의 속눈썹 2~3가닥은 연장하지 마시오).

2. 수험자 유의사항

1) 마네킹은 속눈썹 연장이 되어 있지 않은 인조 속눈썹만 부착되어 있는 상태이어야 합니다.

2) 핀셋 등의 도구류를 사용 전 소독제로 소독해야 합니다.

3) 전처리제가 눈에 들어가지 않도록 나무 스파출라를 속눈썹 아래에 받쳐서 작업하시오.

4) 속눈썹 연장용 아이패치 이외의 테이프류 및 인증이 되지 않은 글루는 사용할 수 없습니다.

5) 마네킹의 왼쪽 인조 속눈썹에만 작업하시오.

6) 작업 시 연장하는 속눈썹(J컬)을 신체부위(손등, 이마 등)에 올려놓고 사용할 수 없습니다.

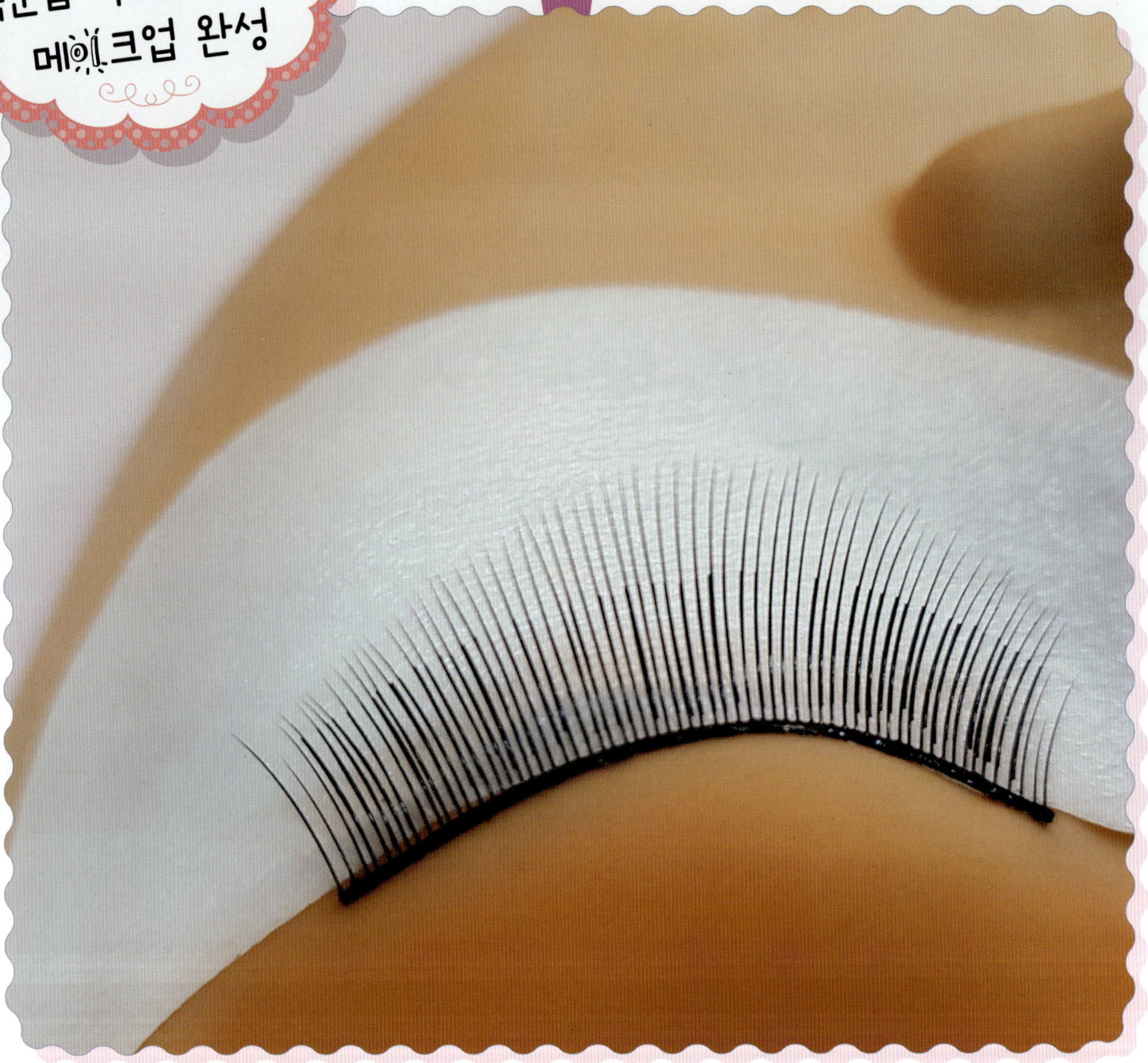

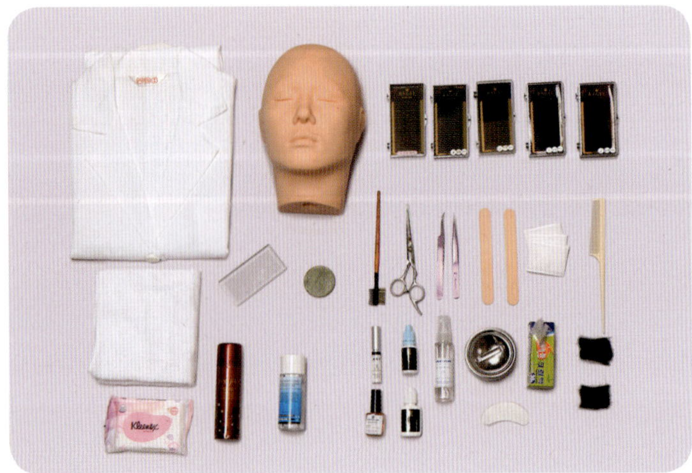

4과제 공통 재료

소독 및 위생	위생 가운, 어깨 보, 헤어터번, 타월, 소독제, 탈지면 용기, 탈지면, 위생 봉투 등 속눈썹 익스텐션
속눈썹 익스텐션 (왼쪽)	마네킹(5~6mm) 인조 속눈썹이 부착된 상태. 속눈썹(J컬 8, 9, 10, 11, 12mm), 핀셋, 아이패치, 우드 스파출라, 전처리체, 속눈썹 빗, 글루(공인인증 제품), 글루 판, 속눈썹 판

가 5~6mm의 인조 속눈썹이 부착된 마네킹을 준비하시오.

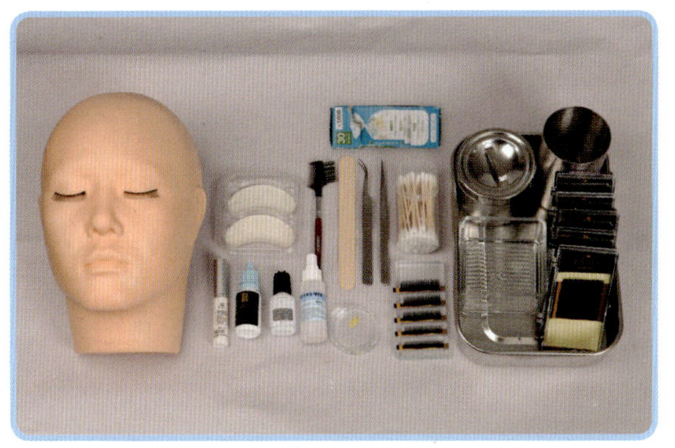 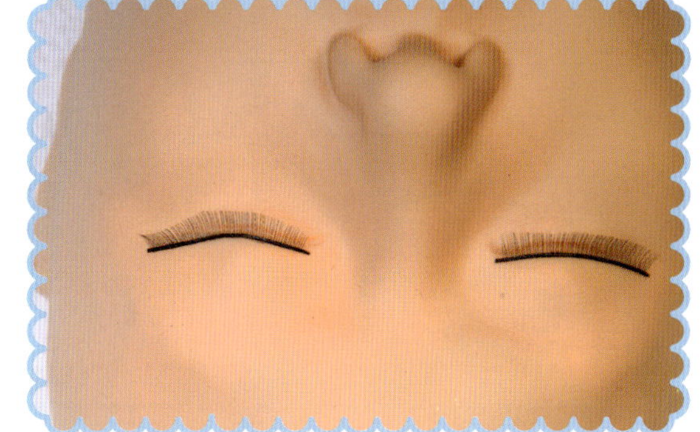

① 5~6mm의 인조 속눈썹이 부착된 마네킹을 준비한다.

나 과제를 수행하기 전 수험자의 손 및 도구류와 마네킹의 작업 부위를 소독한 후 적절한 위치에 아이패치를 부착하시오.

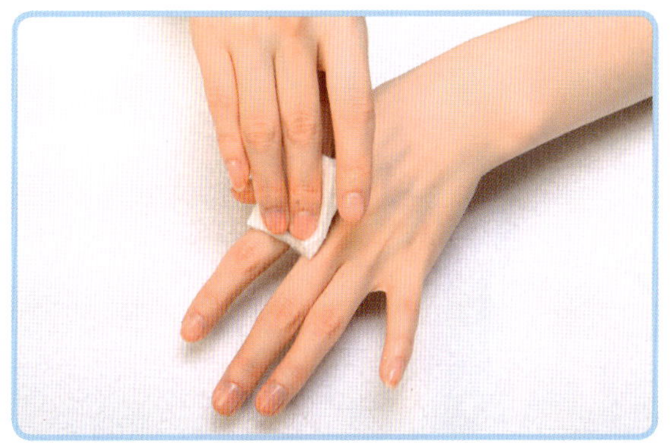 

② 수험자는 과제를 수행하기 전에 반드시 본인의 손을 소독한다.

③ 수험자는 과제를 수행하기 전에 반드시 도구류를 소독한다.

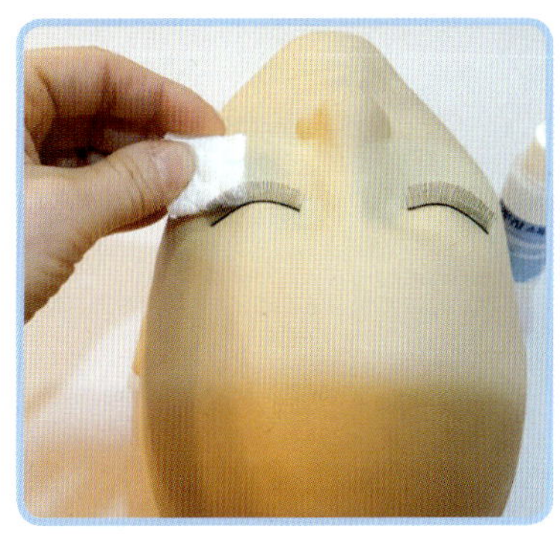 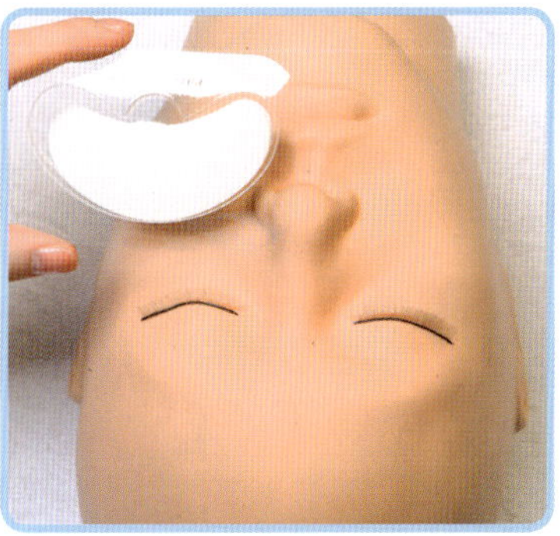

④ 시술부위에 소독을 한다.

⑤ 왼쪽 속눈썹 익스텐션의 적절한 위치에 아이패치를 부착한다.

> **TIP** 아이패치는 반드시 시험 시작 후 작업부위를 소독한 뒤에 붙여야 한다.

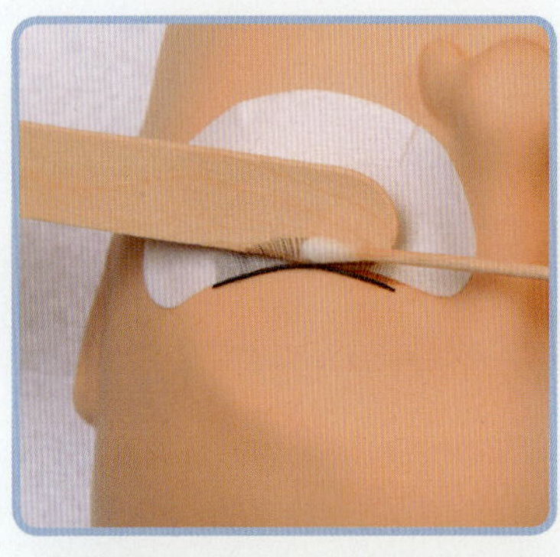

⑥ 밀착력을 높이기 위해 전처리제가 눈에 들어가지 않도록 일회용 나무 스파출라를 속눈썹 아래에 받치고 균일하게 도포한다.

⑦ 속눈썹 글루를 흔들어 글루 판에 적당한 양을 덜어준다.

⑧ 가모를 사선으로 잡고 글루가 맺히지 않도록 천천히 글루량을 조절하여 붙인다.

라 연장하는 속눈썹은 J컬 타입으로 길이 8, 9, 10, 11, 12mm와 두께 0.15~0.2mm의 싱글모를 사용하시오.

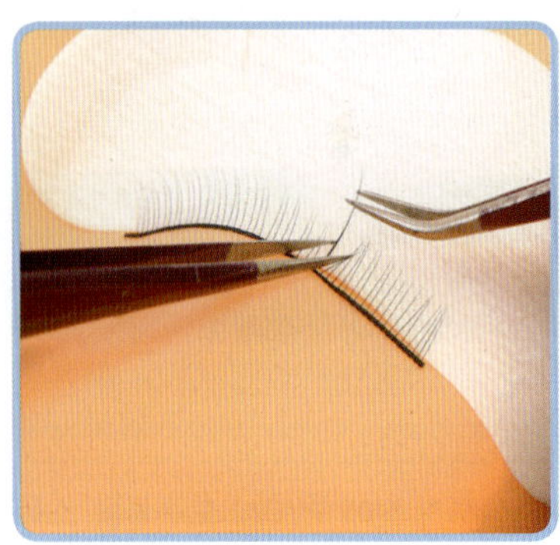
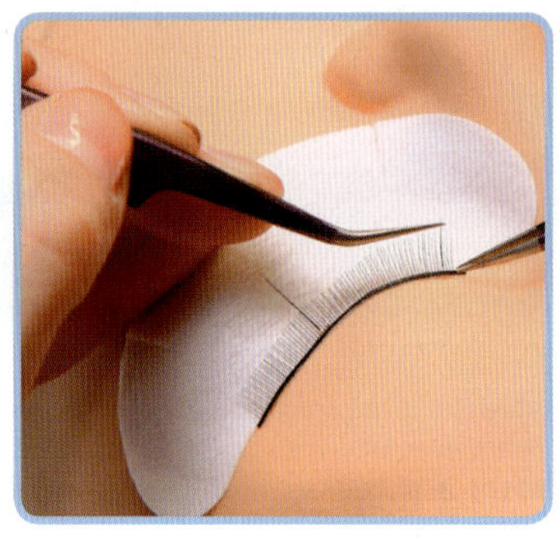
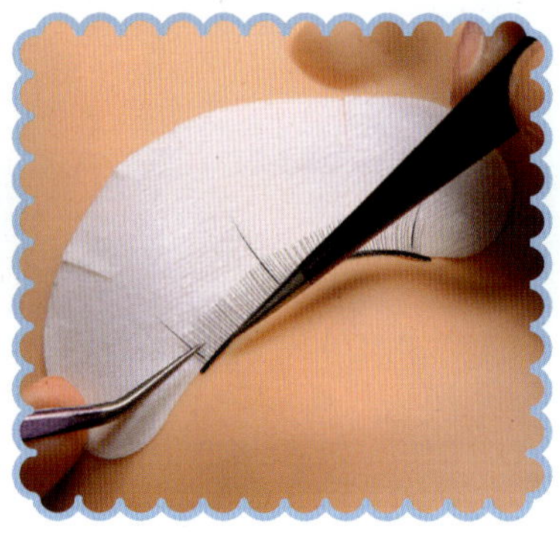

⑨ 인조 속눈썹의 중앙에 위치한 일자 핀셋을 이용하여 가른다.

⑩ 8mm 가모를 눈 앞머리 부분의 속눈썹 2~3가닥은 연장하지 않으므로 ⑩번과 같이 시술한다.

⑪ 8mm 가모를 인조 속눈썹 뒷부분에 ⑪번과 같이 시술한다.

마 제시된 도면과 같이 전체적으로 중앙이 길어 보이는 라운드형(부채꼴 디자인)의 속눈썹 익스텐션(왼쪽)을 완성하시오.

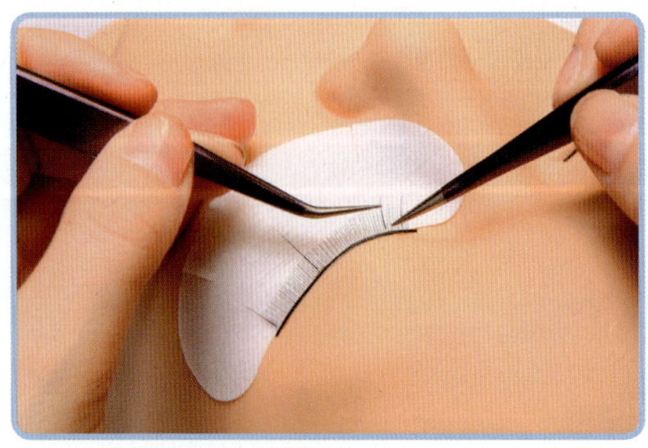
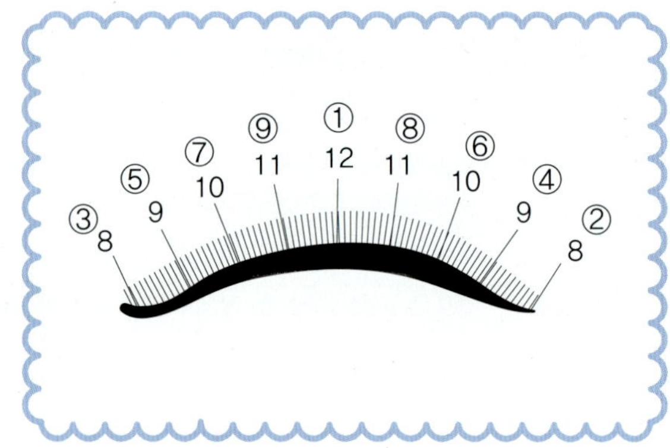

⑫ 중심에서 왼쪽으로 5가닥씩 좌·우로 옆으로 이동하며 12mm, 11mm, 10mm, 9mm 기본축을 연장한다.

 **바** 마네킹에 부착된 속눈썹 한 개당 하나의 속눈썹(J컬)만 연장하시오.

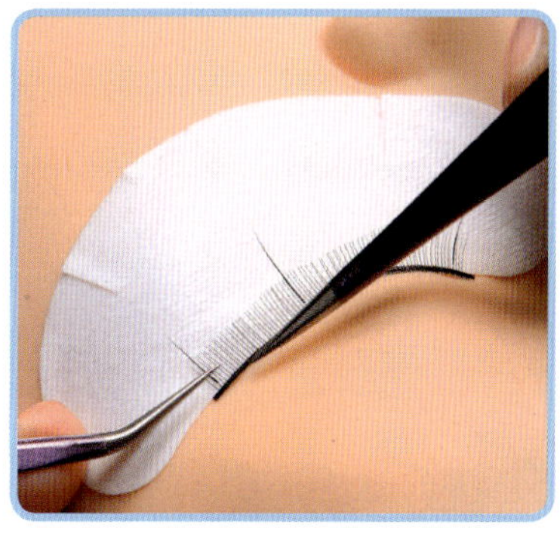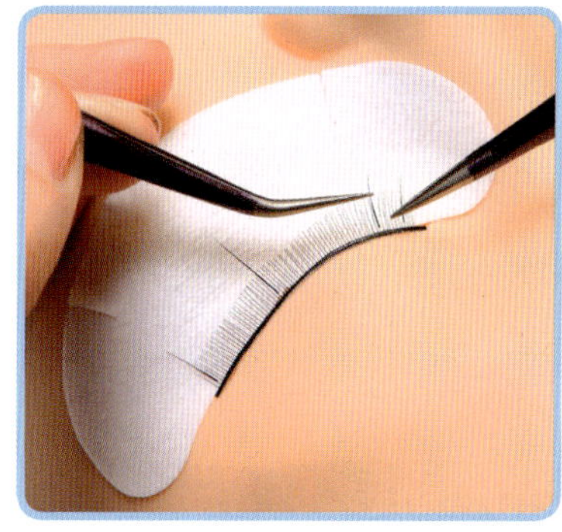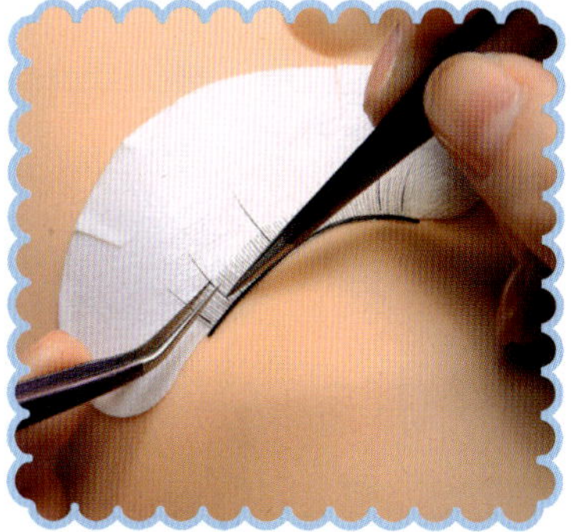

⑬ 중심에서 왼쪽으로 5가닥씩 옆으로 이동하며 연장하되 앞머리에서는 2가닥 건너뛰고 8mm 기본축을 연장한다.

사 5가지 길이(8, 9, 10, 11, 12mm)의 속눈썹(J컬)을 모두 사용하여 자연스러운 디자인이 되도록 완성하시오.

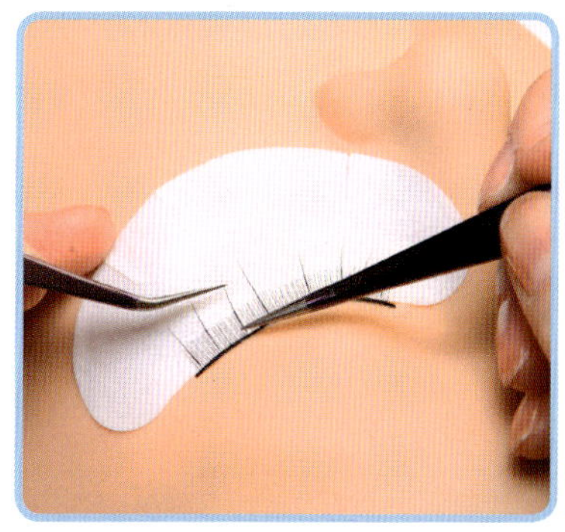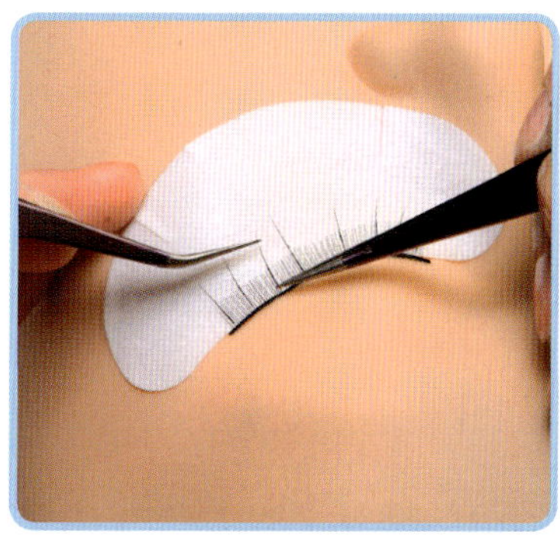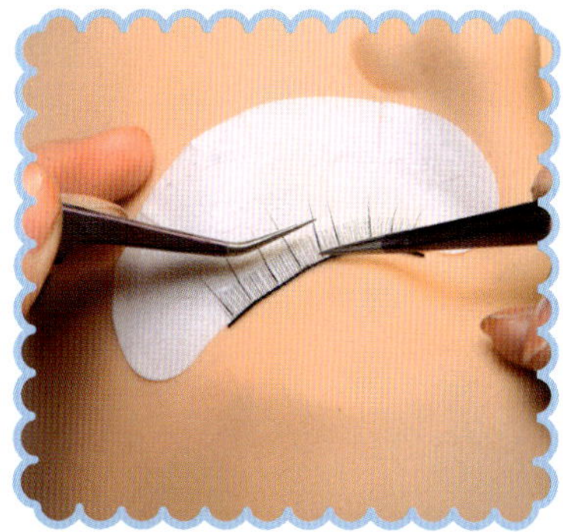

⑭ 가모방향이 자연스러운 사선각도가 될 때 라운드 부채꼴 디자인 속눈썹 익스텐션을 완성할 수 있다.

아 모근에서 1~1.5mm를 반드시 떨어뜨려 부착하시오.

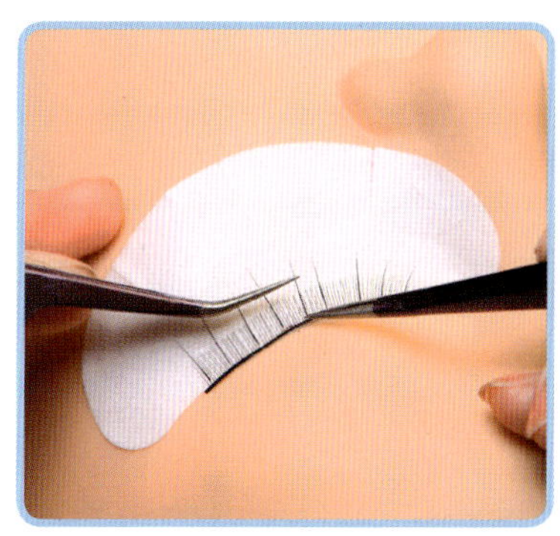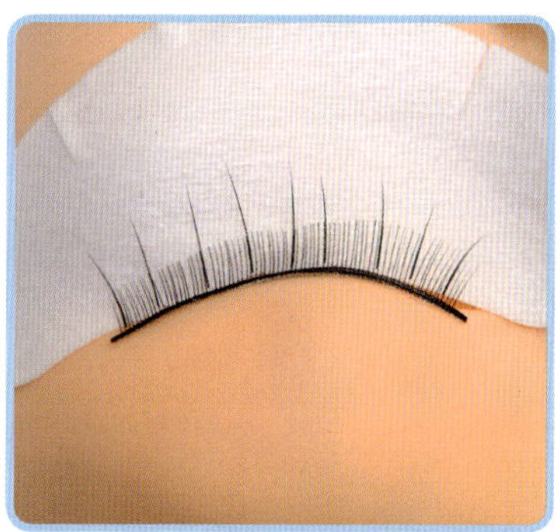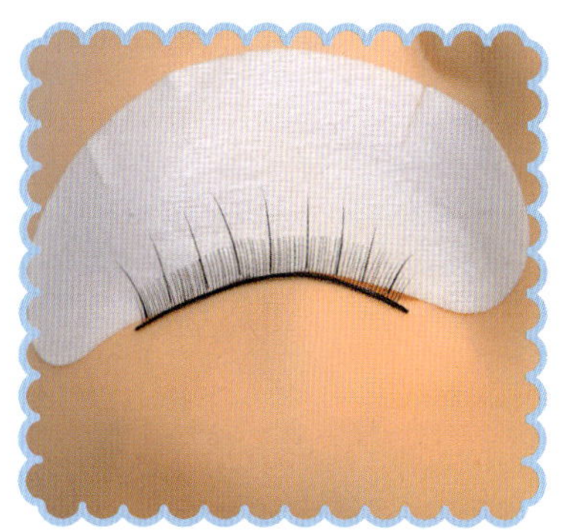

⑮ 고정시키는 지점에서 2~43초 정도 글루가 고정될 수 있게 시간을 둔다.

> **TIP** 속눈썹 익스텐션을 시술하였을 때 모근에서 1~1.5mm를 떨어뜨리지 않으면 자연 속눈썹까지 떨어지므로 반드시 1~1.5mm 떨어뜨려 부착하여야 한다.

 왼쪽 인조 속눈썹에 최소 40가닥 이상의 속눈썹(J컬)을 연장하시오(단, 눈 앞머리 부분의 속눈썹 2~3가닥은 연장하지 마시오).

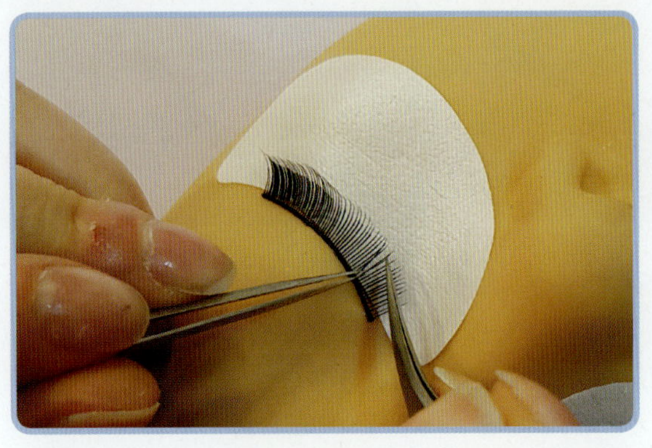 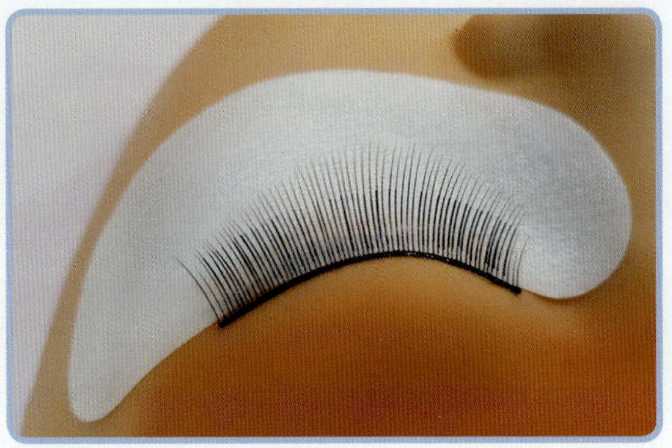

⑪ 가모방향이 자연스러운 사선각도가 될 때 라운드 부채꼴 디자인 속눈썹 익스텐션을 완성할 수 있다.

속눈썹 익스텐션(오른쪽) 마무리

TIP 가모 방향이 사선 각도가 될 때 라운드 부채꼴 디자인 속눈썹 익스텐션을 완성할 수 있다.

MEMO

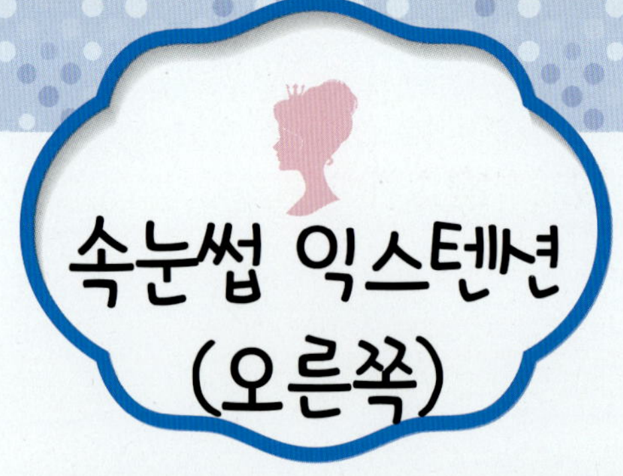

속눈썹 연장 전 마네킹 준비 상태

완성 상태(오른쪽)

포인트

- 작업 부위를 소독한 후 아이패치 부착

- 전처리제 균일 도포

- J컬 타입 8, 9, 10, 11, 12mm 두께 0.15~0.2mm의 싱글모 사용

- 중앙이 길어 보이는 하운드형(부채꼴 디자인)의 속눈썹 익스텐션 완성

- 속눈썹 한 개당 하나의 속눈썹만 연장

- 5가지 길이의 속눈썹(8, 9, 10, 11, 12mm)을 모두 사용하되, 모근에서 1~1.5mm를 반드시 떨어뜨려 부착

- 완성 속눈썹은 최소 40가닥 이상의 J컬로 연장하되 단, 눈 앞머리 부분의 2~3가닥은 연장하지 않는다.

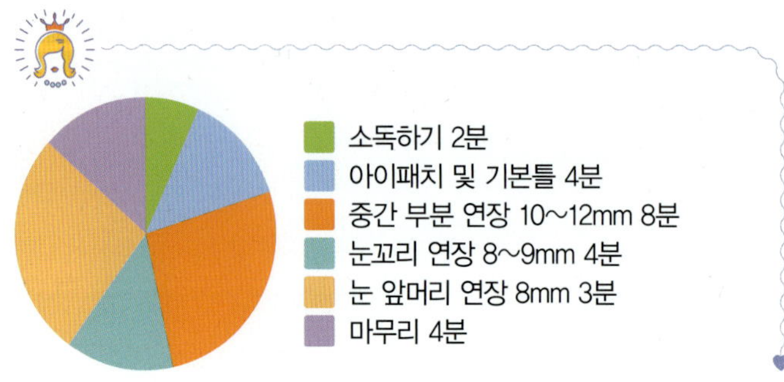

국가기술자격 실기시험 문제

자격종목	미용사(메이크업)	과 제 명	속눈썹 익스텐션 (오른쪽)

비번호 :

※시험시간 : 25분

1. 요구사항 (4과제)

※ 지참재료 및 도구를 사용하여 아래의 요구사항에 따라 속눈썹 연장술을 시험시간 내에 완성하시오.

가. 5~6mm의 인조 속눈썹이 부착된 마네킹을 준비하시오.

나. 과제를 수행하기 전 수험자의 손 및 도구류와 마네킹의 작업 부위를 소독한 후 적절한 위치에 아이패치를 부착하시오.

다. 일회용 도구를 사용하여 전처리제를 균일하게 도포하시오.

라. 연장하는 속눈썹은 J컬 타입으로 길이 8, 9, 10, 11, 12mm, 두께 0.15~0.2mm의 싱글모를 사용하시오.

마. 제시된 도면과 같이 전체적으로 중앙이 길어 보이는 라운드형(부채꼴 디자인)의 속눈썹 익스텐션(왼쪽)을 완성하시오.

바. 마네킹에 부착된 속눈썹 한 개당 하나의 속눈썹(J컬)만 연장하시오.

사. 5가지 길이(8, 9, 10, 11, 12mm)의 속눈썹(J컬)을 모두 사용하여 자연스러운 디자인이 되도록 완성하시오.

아. 모근에서 1~1.5mm를 반드시 떨어뜨려 부착하시오.

자. 왼쪽 인조 속눈썹에 최소 40가닥 이상의 속눈썹(J컬)을 연장하시오(단, 눈 앞머리 부분의 속눈썹 2~3가닥은 연장하지 마시오).

2. 수험자 유의사항

1) 마네킹은 속눈썹 연장이 되어 있지 않은 인조 속눈썹만 부착되어 있는 상태이어야 합니다.

2) 핀셋 등의 도구류를 사용 전 소독제로 소독해야 합니다.

3) 전처리제가 눈에 들어가지 않도록 나무 스파츌라를 속눈썹 아래에 받쳐서 작업하시오.

4) 속눈썹 연장용 아이패치 이외의 테이프류 및 인증이 되지 않은 글루는 사용할 수 없습니다.

5) 마네킹의 왼쪽 인조 속눈썹에만 작업하시오.

6) 작업 시 연장하는 속눈썹(J컬)을 신체부위(손등, 이마 등)에 올려놓고 사용할 수 없습니다.

속눈썹 익스텐션(오른쪽) 메이크업 완성

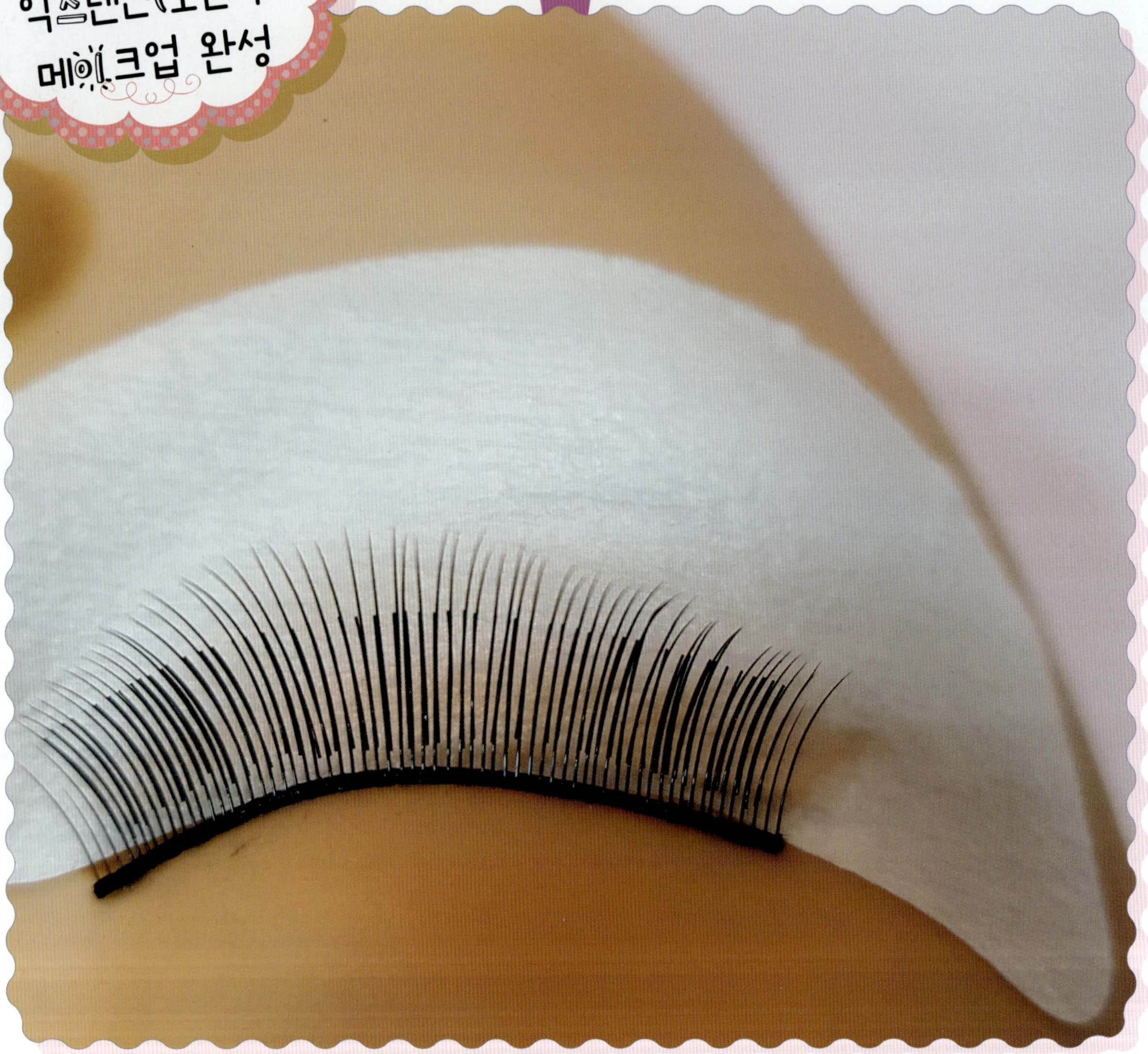

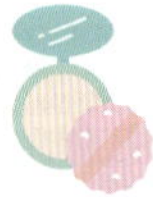

4과제 공통 재료

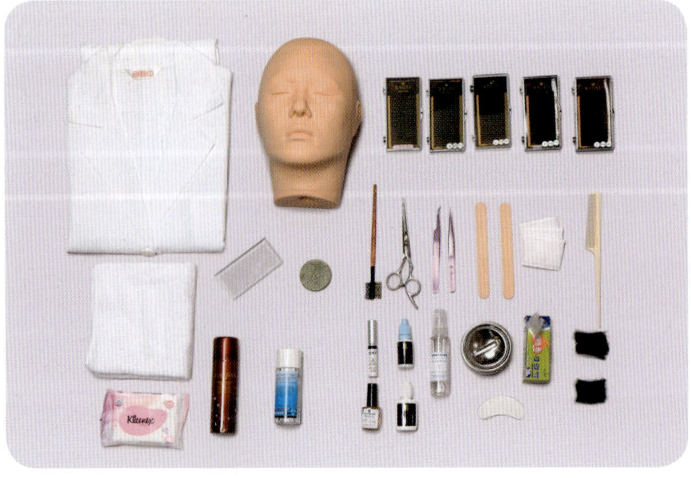

소독 및 위생	위생 가운, 어깨 보, 헤어터번, 타월, 소독제, 탈지면 용기, 탈지면, 위생 봉투 등 속눈썹 익스텐션
속눈썹 익스텐션 (오른쪽)	마네킹(5~6mm) 인조 속눈썹이 부착된 상태. 속눈썹(J컬 8, 9, 10, 11, 12mm), 핀셋, 아이패치, 우드 스파출라, 전처리체, 속눈썹 빗, 글루(공인인증 제품), 글루 판, 속눈썹 판

가 5∼6mm의 인조 속눈썹이 부착된 마네킹을 준비하시오.

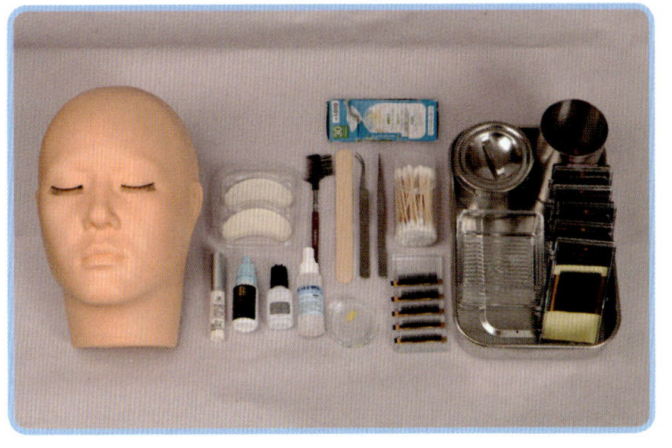

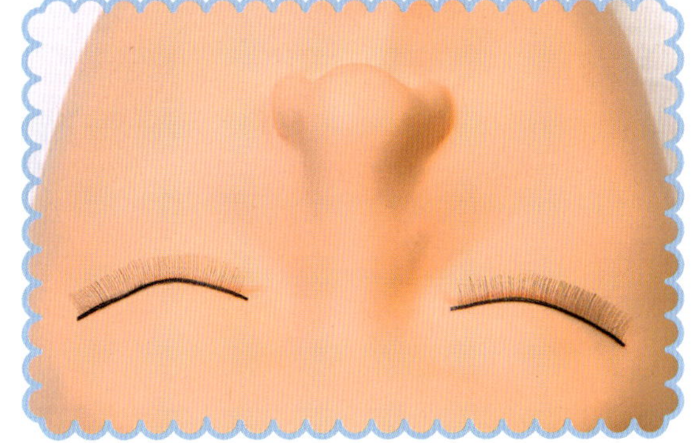

① 5∼6mm의 인조 속눈썹이 부착된 마네킹을 준비한다.

나 과제를 수행하기 전 수험자의 손 및 도구류와 마네킹의 작업 부위를 소독한 후 적절한 위치에 아이패치를 부착하시오.

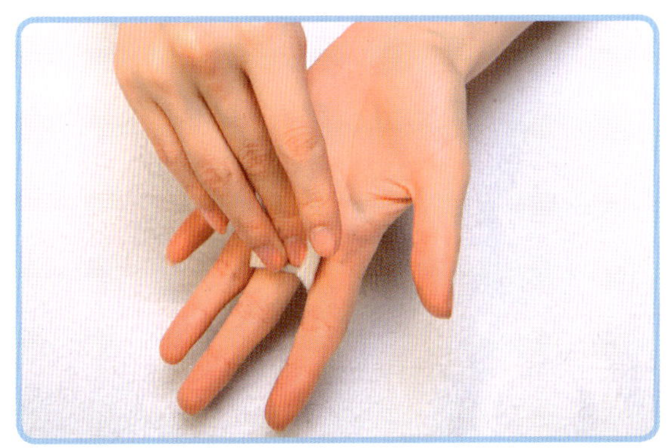

② 수험자는 과제를 수행하기 전에 반드시 본인의 손을 소독한다.

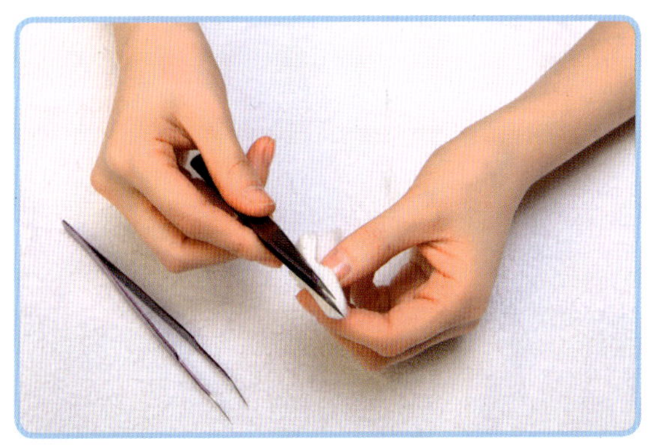

③ 수험자는 과제를 수행하기 전에 반드시 도구류를 소독한다.

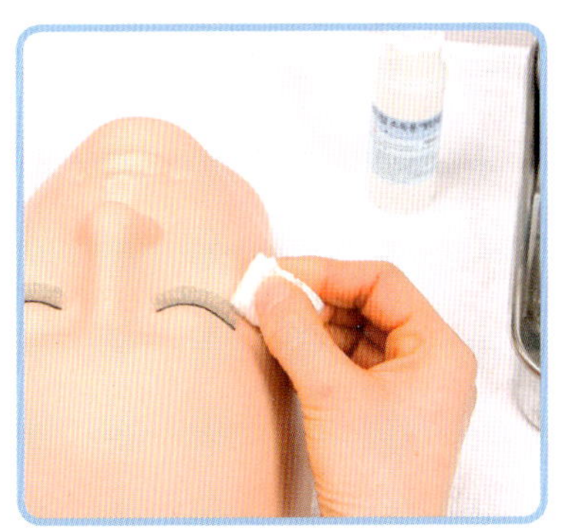

④ 시술부위에 소독을 한다.

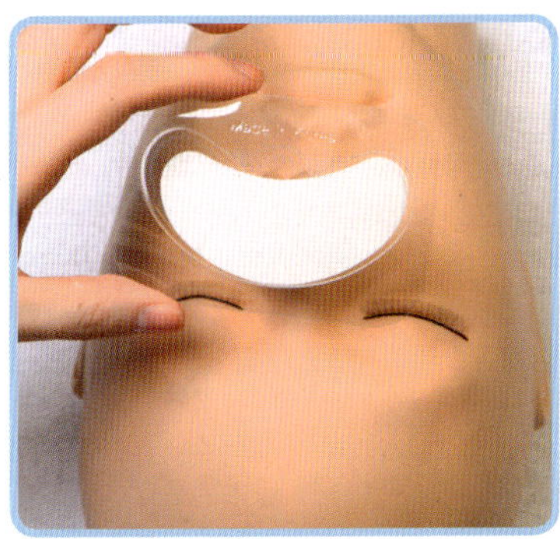

⑤ 오른쪽 속눈썹 익스텐션의 적절한 위치에 아이패치를 부착한다.

TIP 아이패치는 반드시 시험 시작 후에 작업 부위를 소독한 뒤에 붙여야 한다.

다 일회용 도구를 사용하여 전처리제를 균일하게 도포하시오.

⑥ 밀착력을 높이기 위해 전처리제를 눈에 들어가지 않도록 일회용 나무 스파출라를 속눈썹 아래에 받치고 전처리제를 균일하게 도포한다.

⑦ 속눈썹 글루를 흔들어 글루 판에 적당한 양을 덜어준다.

⑧ 가모를 사선으로 잡고 글루가 맺히지 않도록 천천히 글루량을 조절하여 붙인다.

라 연장하는 속눈썹은 J컬 타입으로 길이 8, 9, 10, 11, 12mm와 두께 0.15～0.2mm의 싱글모를 사용하시오.

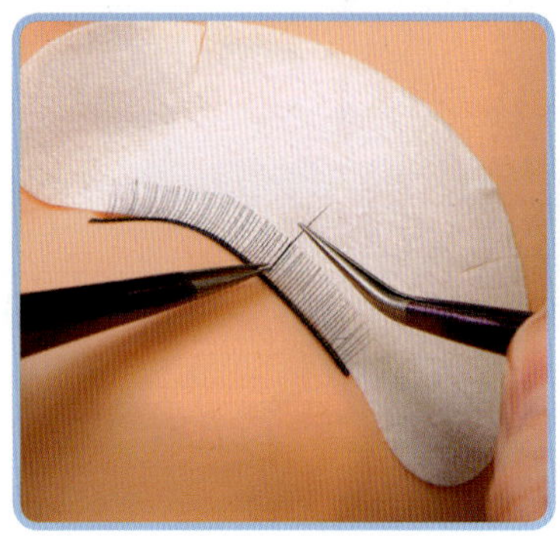

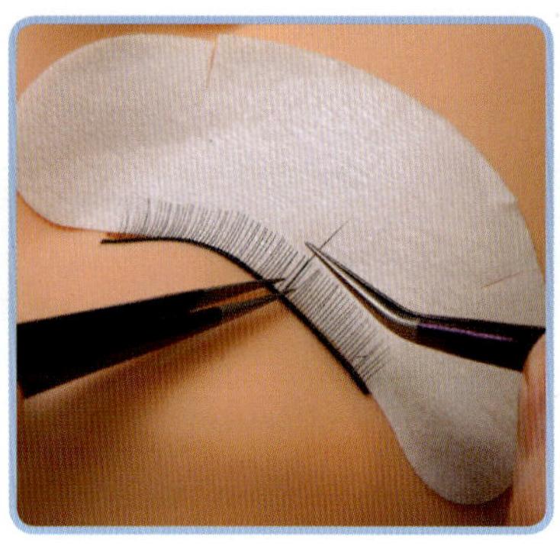

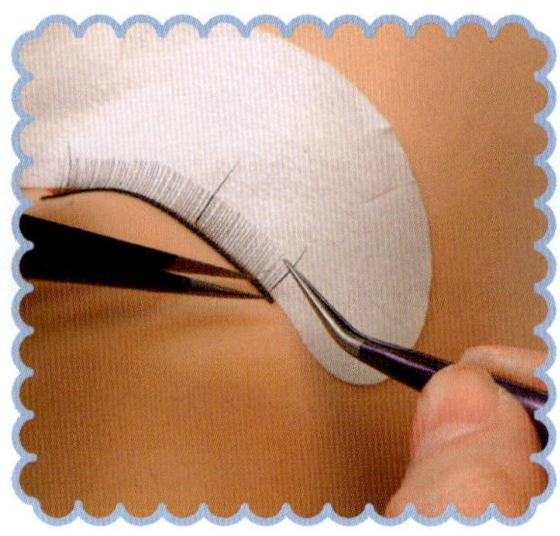

⑨ 인조 속눈썹의 중앙에 위치한 일자 핀셋을 이용하여 가른다.

⑩ 8mm 가모를 앞머리 부분의 속눈썹 2～3가닥은 연장하지 않으므로 ⑩번과 같이 시술한다.

⑪ 8mm 가모를 인조 속눈썹 뒷부분에 ⑪번과 같이 시술한다.

마 제시된 도면과 같이 전체적으로 중앙이 길어 보이는 라운드형(부채꼴 디자인)의 속눈썹 익스텐션(오른쪽)을 완성하시오.

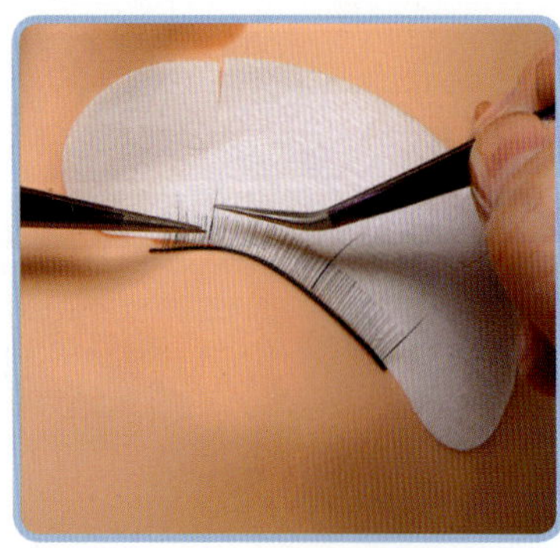

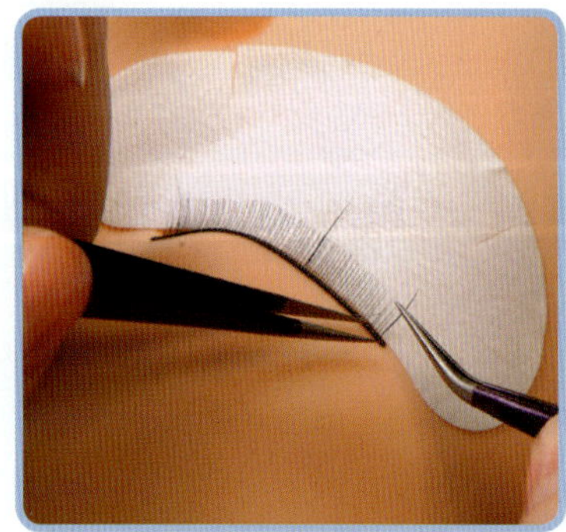

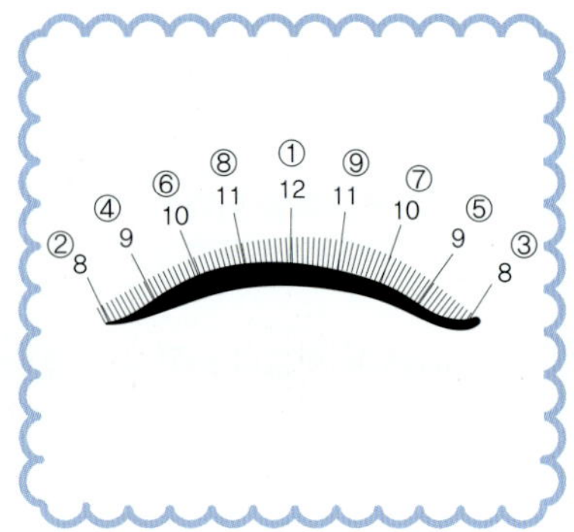

⑫ 중심에서 오른쪽으로 5가닥씩 좌·우 옆으로 이동하며 12mm, 11mm, 10mm, 9mmm 기본축을 연장한다.

바 마네킹에 부착된 속눈썹 한 개당 하나의 속눈썹(J컬)만 연장하시오.

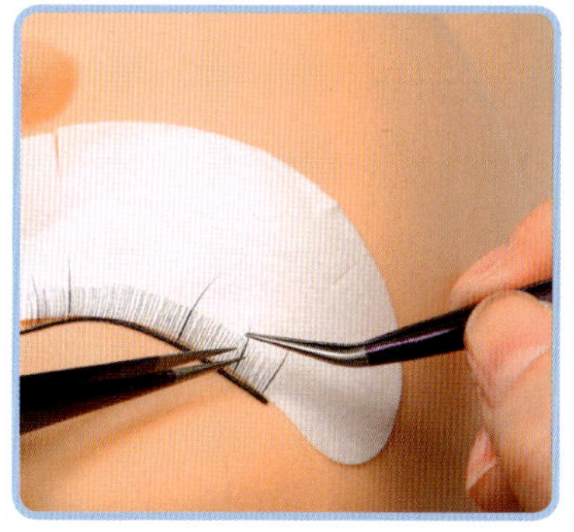 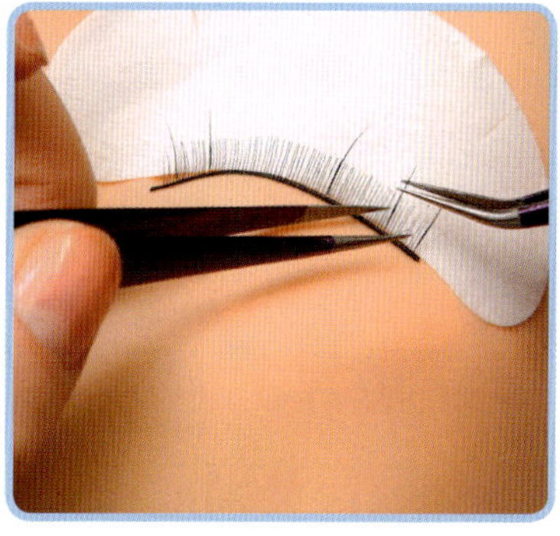 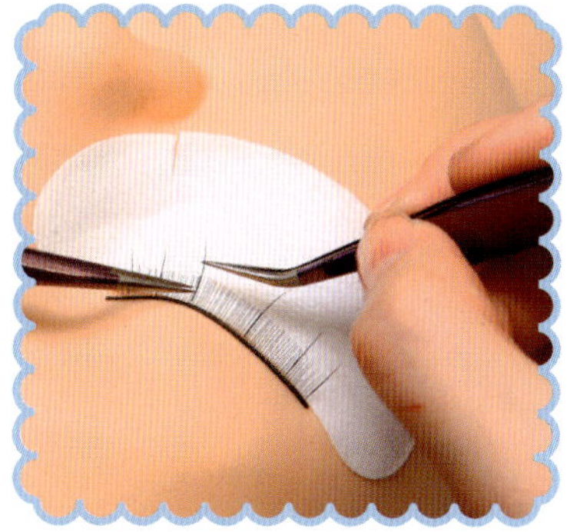

⑬ 중심에서 오른쪽으로 5가닥씩 옆으로 이동하며 연장하되 앞머리에서는 2가닥 건너뛰고 8mm 기본축을 연장한다.

사 5가지 길이(8, 9, 10, 11, 12mm)의 속눈썹(J컬)을 모두 사용하여 자연스러운 디자인이 되도록 완성하시오.

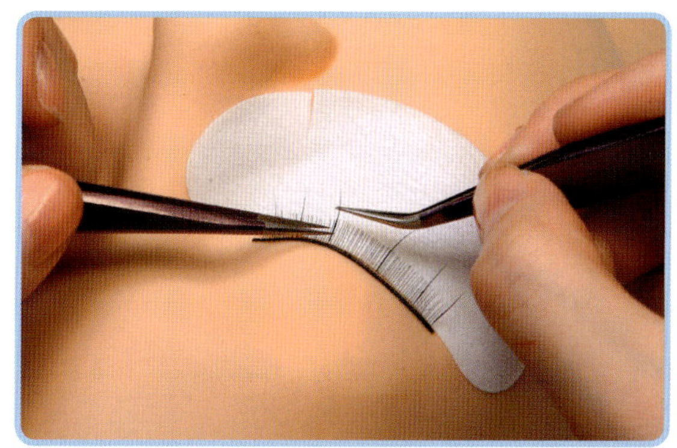 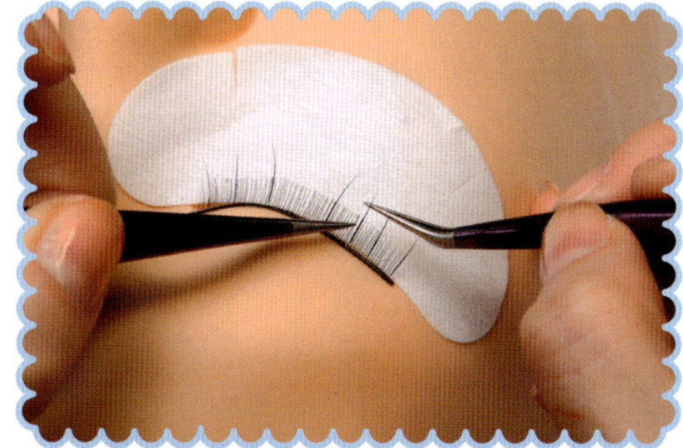

⑭ 가모방향이 자연스러운 사선각도가 될 때 라운드 부채꼴 디자인 속눈썹 익스텐션을 완성할 수 있다.

아 모근에서 1~1.5mm를 반드시 떨어뜨려 부착하시오.

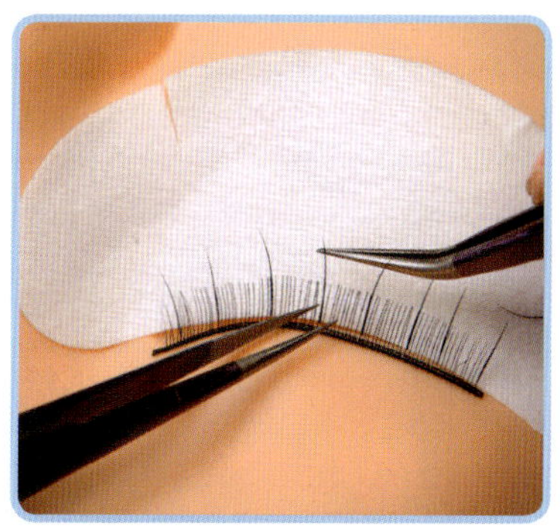 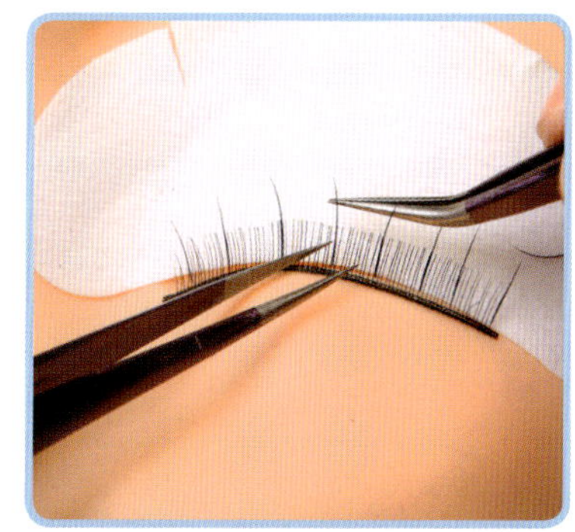 

⑮ 고정시키는 지점에서 2~43초 정도 글루가 고정될 수 있게 시간을 둔다.

TIP 속눈썹 익스텐션을 시술하였을 때 모근에서 1~1.5mm를 떨어뜨리지 않으면 자연 속눈썹까지 떨어지므로 반드시 1~1.5mm 떨어뜨려 부착하여야 한다.

자 오른쪽 인조 속눈썹에 최소 40가닥 이상의 속눈썹(J컬)을 연장하시오(단, 눈 앞머리 부분의 속눈썹 2～3가닥은 연장하지 마시오).

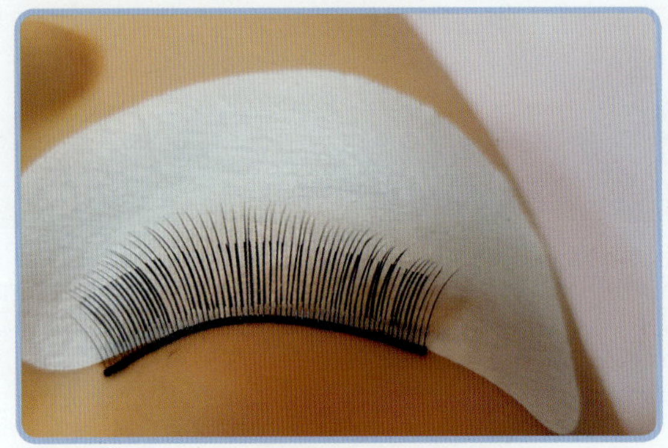

⑪ 가모방향이 자연스러운 사선각도가 될 때 라운드 부채꼴 디자인 속눈썹 익스텐션을 완성할 수 있다.

속눈썹 익스텐션(오른쪽) 마무리

제4과제 속눈썹 익스텐션 및 미디어 수염

미디어 수염

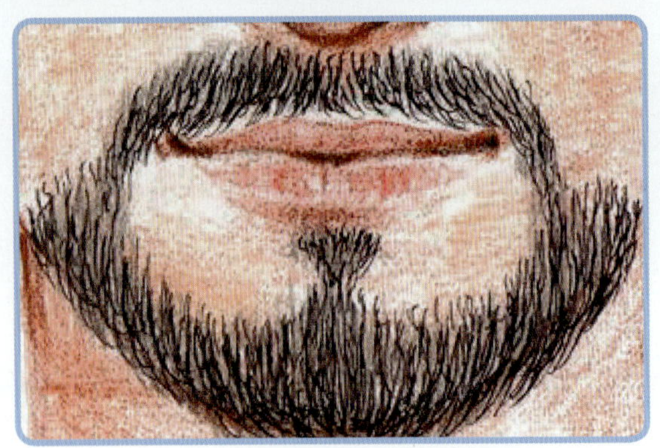

완성 상태

포인트

- 마네킹의 작업 부위 소독
- 수염 접착제를 균일하게 도포(좌우 균형 위치, 형태에 주의)
- 스프리트 검을 얇고 고르게 펴 바르고 가제 수건 또는 물티슈로 지그시 눌러 번들거림을 제거, 5~6초 정도 경과 후 턱수염 순서대로 수염을 부착
- 동일한 방법으로 코밑 부분을 시술
- 빗과 핀셋으로 부착한 수염을 고정 스프레이와 라텍스 등을 이용하여 스타일링

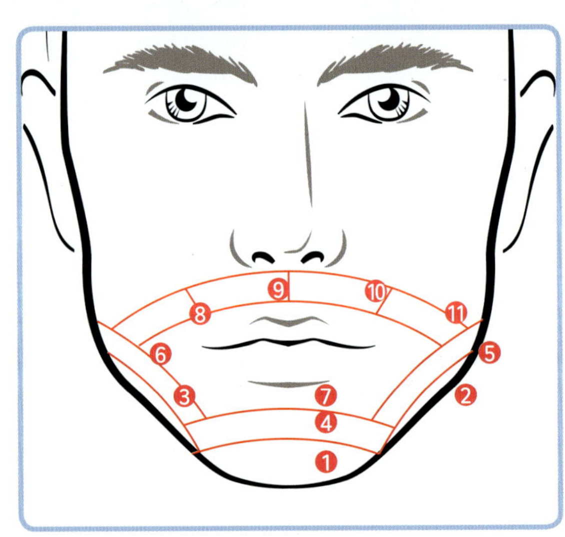

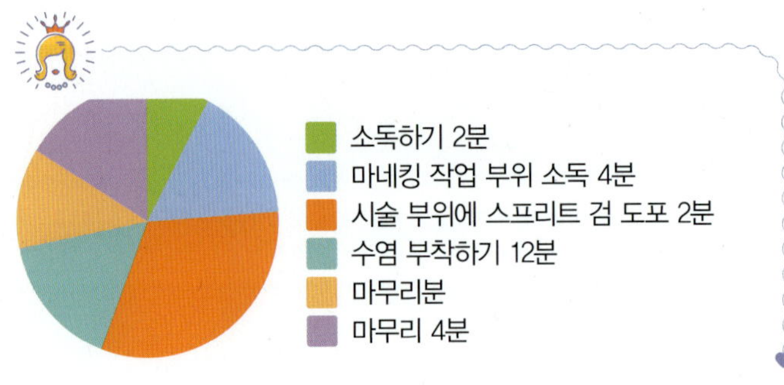

자격종목	미용사(메이크업)	과 제 명	미디어 수염

비번호 :

※시험시간 : 25분

1. 요구사항 (4과제)

※ 지참재료 및 도구를 사용하여 아래의 요구사항에 따라 미디어 수염을 시험시간 내에 완성하시오.

가. 제시된 도면을 참고하여 현대적인 남성 스타일을 연출하시오(단, 완성된 수염의 길이는 마네킹의 턱 밑 1~2cm 정도로 작업한다).

나. 과제를 수행하기 전 수험자의 손 및 도구류와 마네킹의 작업 부위를 소독하시오.

다. 수염 접착제(스프리트 검)를 균일하게 도포하여 마네킹의 좌우 균형, 위치, 형태를 주의하면서 사전에 가공된 상태의 수염을 붙이시오.

라. 수염의 양과 길이 및 형태는 도면과 같이 콧수염과 턱수염을 모두 완성하시오.

마. 빗과 핀셋으로 붙인 수염을 다듬은 후 고정 스프레이와 라텍스 등을 이용하여 스타일링하시오.

2. 수험자 유의사항

1) 마네킹에는 지정된 재료 및 도구 이외에는 사용할 수 없습니다.

2) 수염은 사전에 가공된 상태로 준비해야 합니다.

3) 핀셋, 가위 등의 도구류를 사용 전 소독제로 소독해야 합니다.

미디어 수염 메이크업 완성

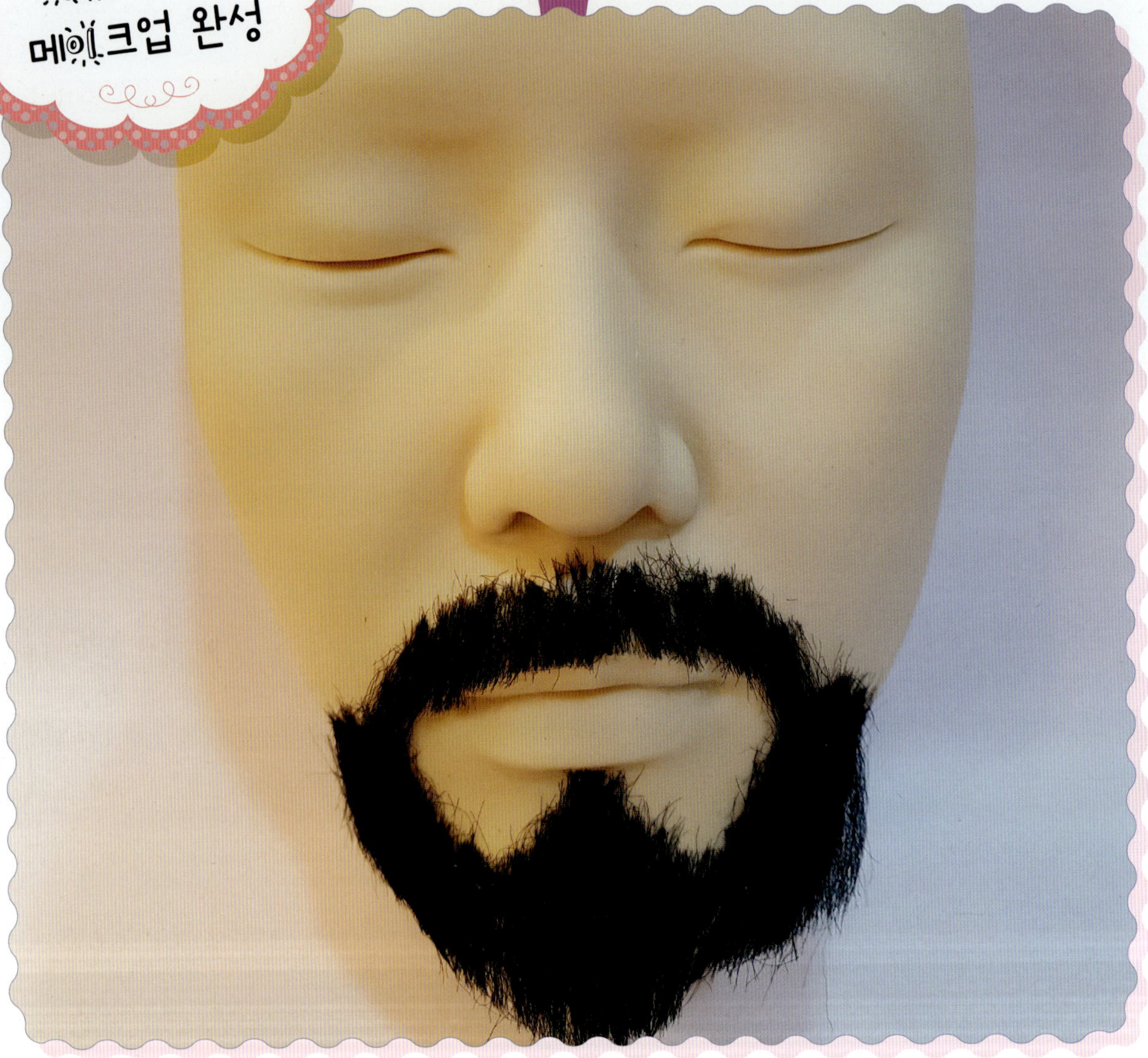

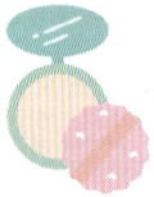

4과제 공통 재료

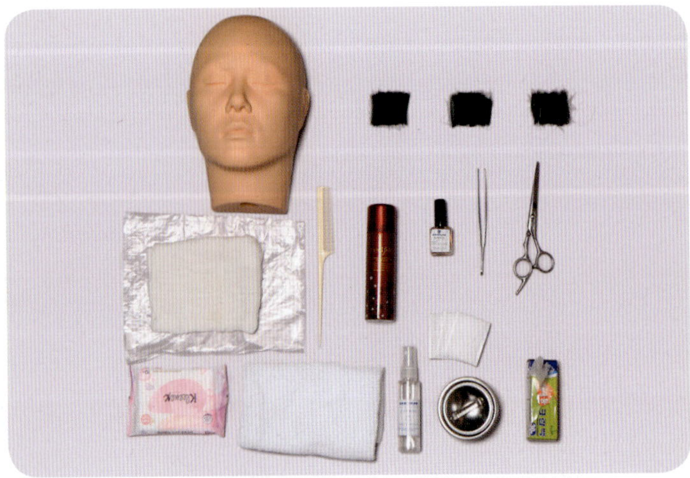

소독 및 위생	위생 가운, 어깨 보, 헤어터번, 타월, 소독제, 탈지면 용기, 탈지면, 위생 봉투 등
미디어 수염	마네킹, 생사 또는 인조사(검정색), 수염 접착제(스프리트 검 또는 프로세이드), 가위, 핀셋, 빗, 고정 스프레이, 가제 수건(거즈, 물티슈 대용 가능)

가 제시된 도면을 참고하여 현대적인 남성 스타일을 연출하시오(단, 완성된 수염의 길이는 마네킹의 턱 밑 1~2cm 정도로 작업한다).

① 제시된 도면을 참고하여 남성 스타일 미디어 수염을 연출한다.

나 과제를 수행하기 전 수험자의 손 및 도구류와 마네킹의 작업 부위를 소독하시오.

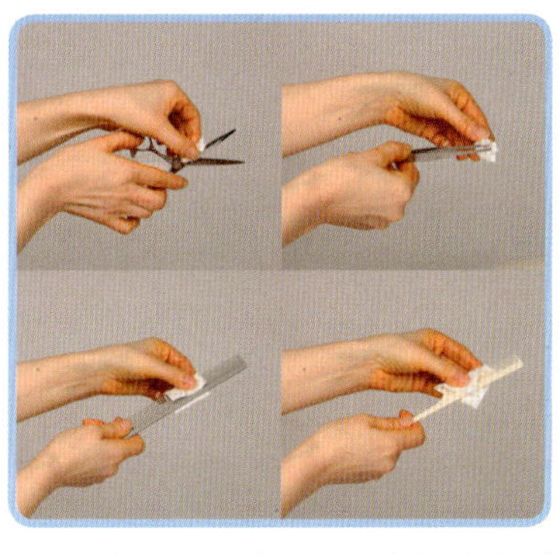

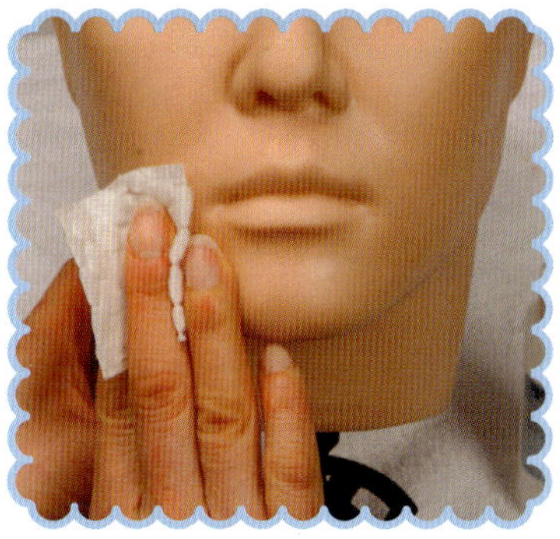

① 수험자는 과제를 수행하기 전에 반드시 본인의 손을 소독한다.

② 수험자는 과제를 수행하기 전에 반드시 도구류를 소독한다.

③ 마네킹의 작업 부위를 소독한다.

다 수염 접착제(스프리트 검)를 균일하게 도포하여 마네킹의 좌우 균형, 위치, 형태를 주의하면서 사전에 가공된 상태의 수염을 붙이시오.

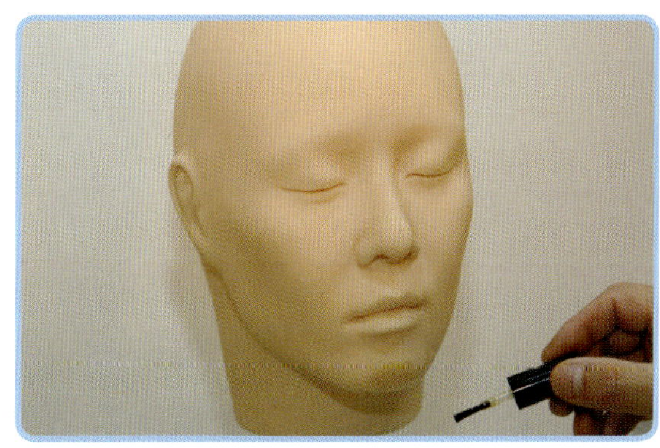

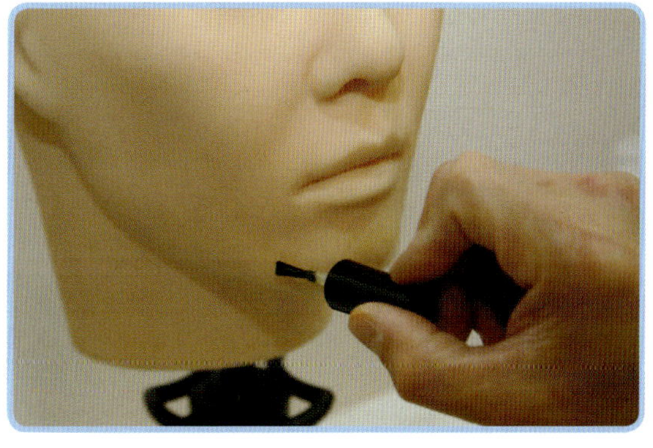

⑤ 수염을 붙일 부위에 스프리트 검을 여러 번 덧칠하게 되면 빨리 굳거나 두껍게 도포되어 핀셋으로 정리할 때 자국이 남기 때문에 주의해야 한다.

⑥ 도면상의 형태를 고려하여 시술 부위를 꼼꼼하게 스프리트 검을 펴 바른다.

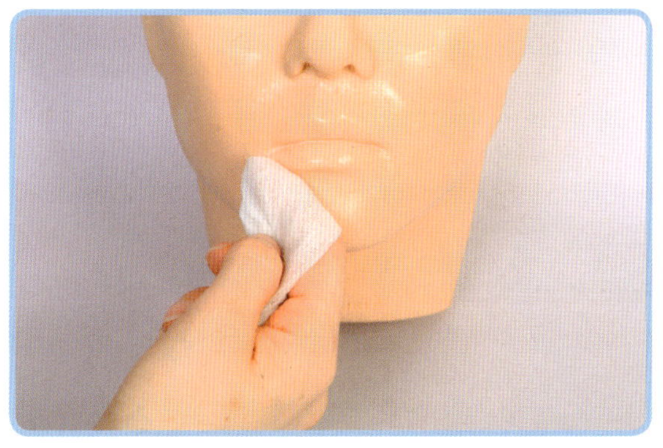

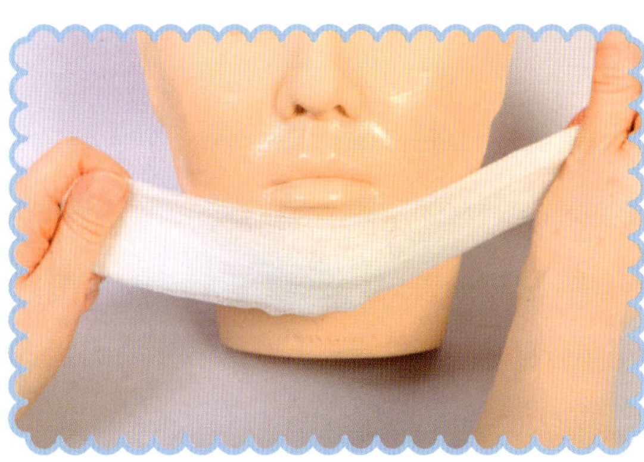

⑦ 접착력과 번들거림을 없애주기 위해 젖은 가제 수건 또는 물티슈로 눌러준다.

라 수염의 양과 길이 및 형태는 도면과 같이 콧수염과 턱수염을 모두 완성하시오.

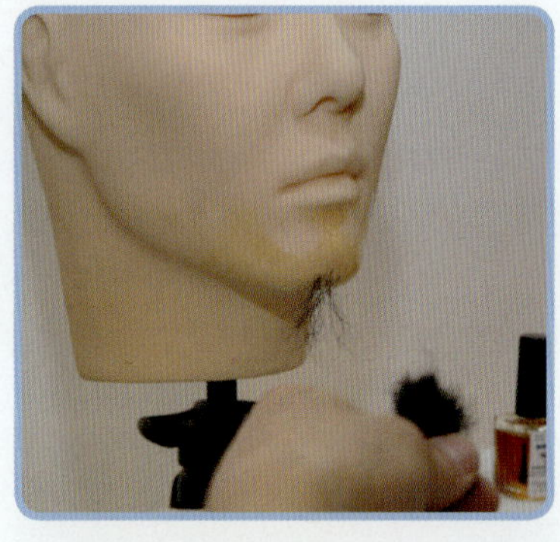 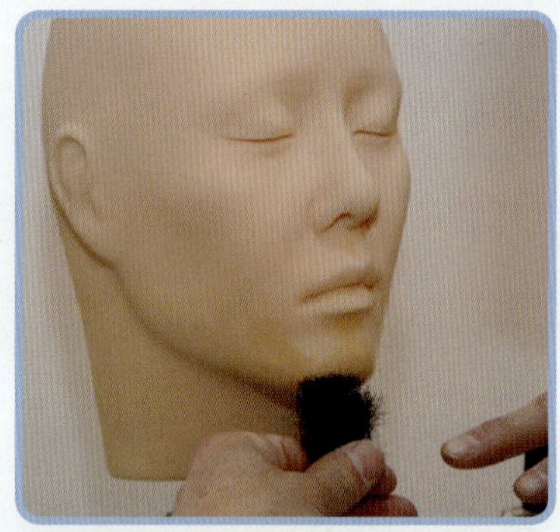 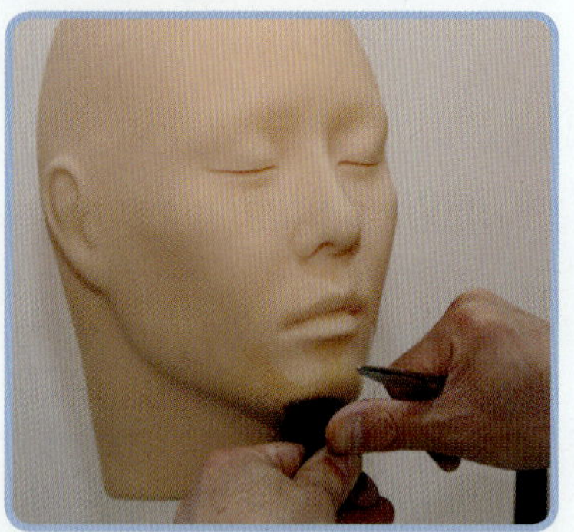

⑧ 접착제를 적당히 건조시킨 후 접착력이 생겼을 때 수염을 턱 중앙을 시작으로 좌우 방향을 고려하여 심듯이 붙여준다.

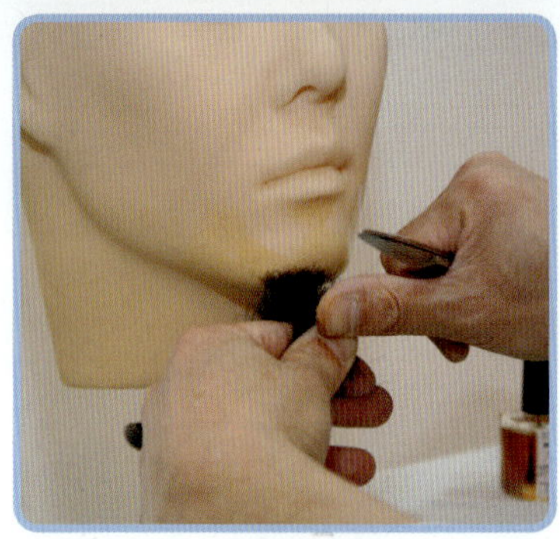 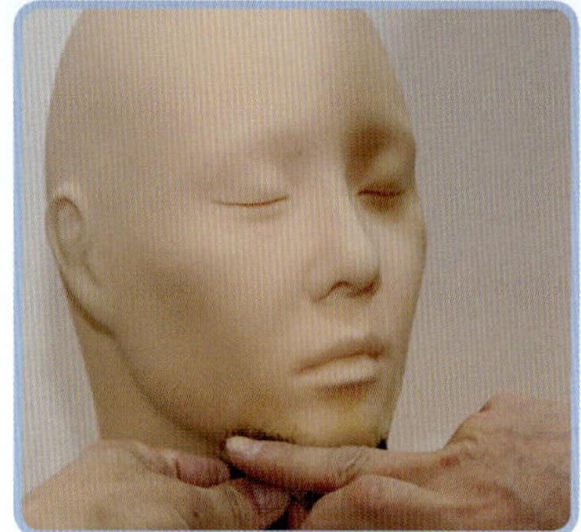 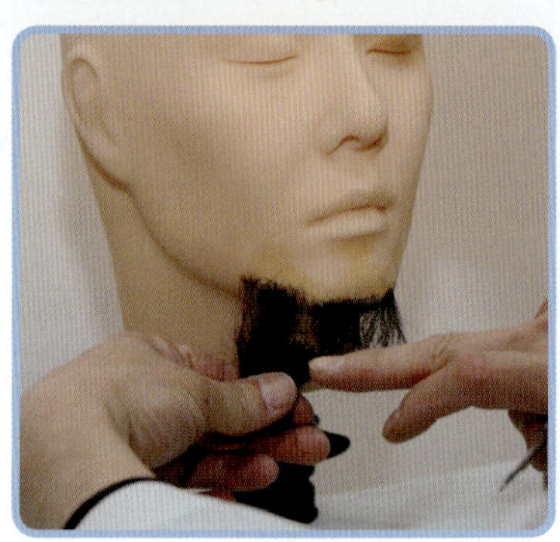

⑨ 형태와 좌우 균형을 맞추어가며 붙인다.

 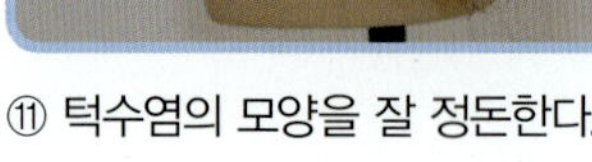 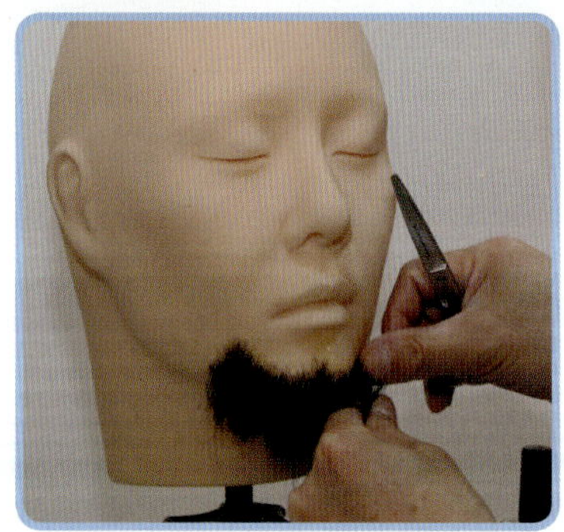

⑩ 수염을 지그시 눌러주며 아래로 빼는 동작을 반복하여 붙여준다.

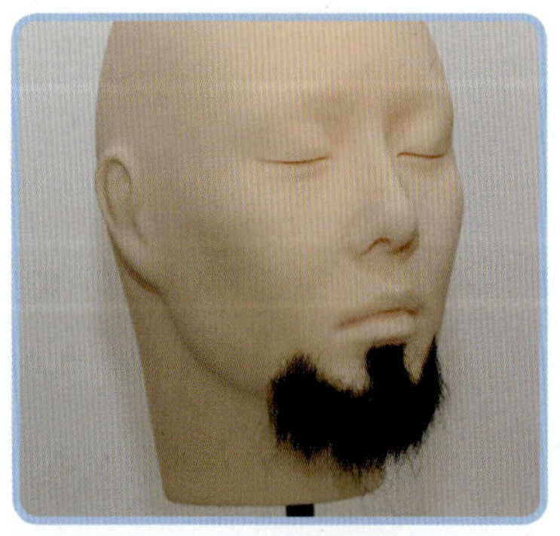  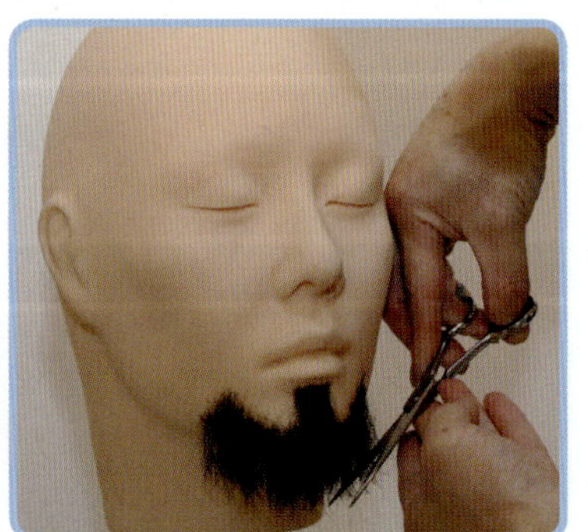

⑪ 턱수염의 모양을 잘 정돈한다.

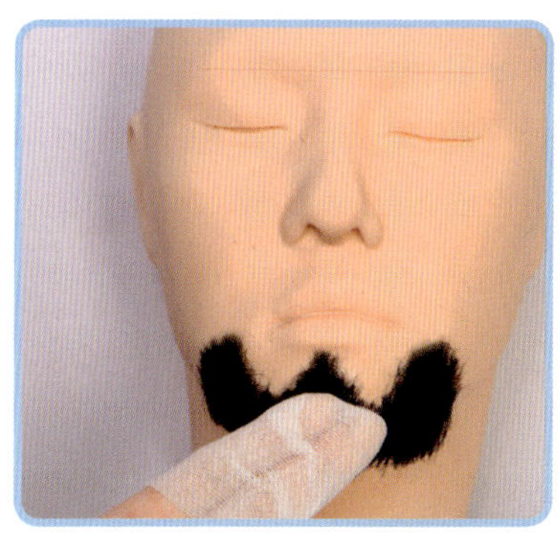 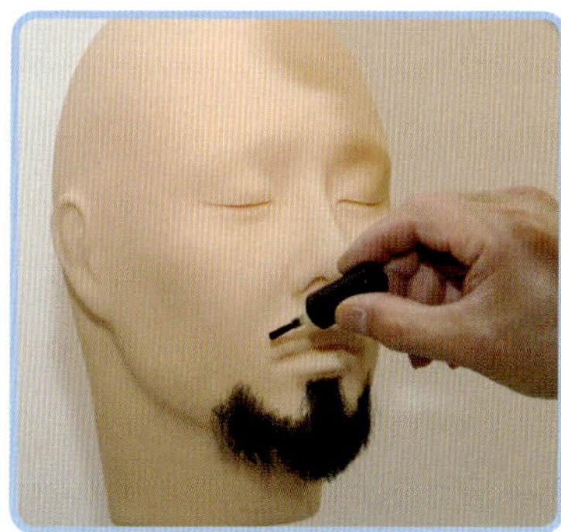 

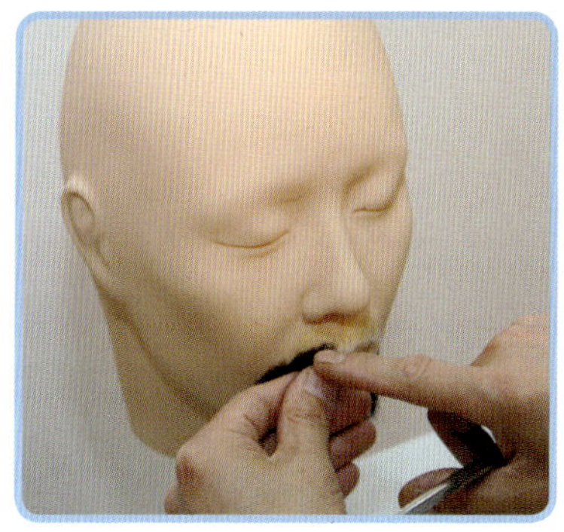 

⑫ 젖은 거즈 또는 물티슈로 부착된 수염을 지그시 눌러 밀착력을 높인다.

마 빗과 핀셋으로 붙인 수염을 다듬은 후 고정 스프레이와 라텍스 등을 이용하여 스타일링하시오.

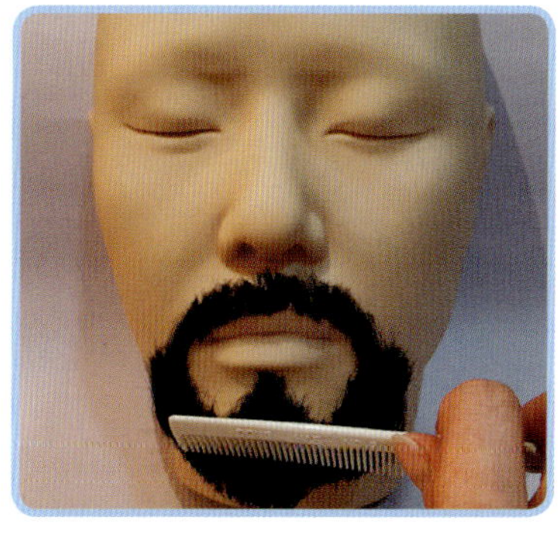 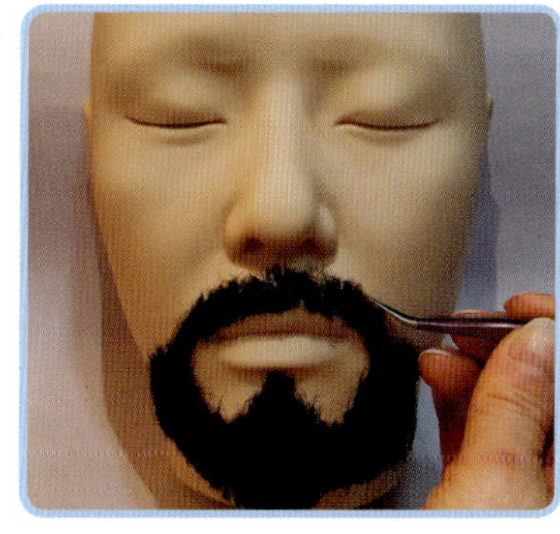 

⑬ 콧수염의 방향을 고려하여 빗어준다음 뭉친 부분, 잘못 붙인 부분을 핀셋으로 정돈하며 균형을 살펴 그라데이션 처리를 한다.

⑭ 검지 또는 중지를 이용하여 가위를 받쳐주어 윗입술 라인이 살짝 보이게 커트한다.

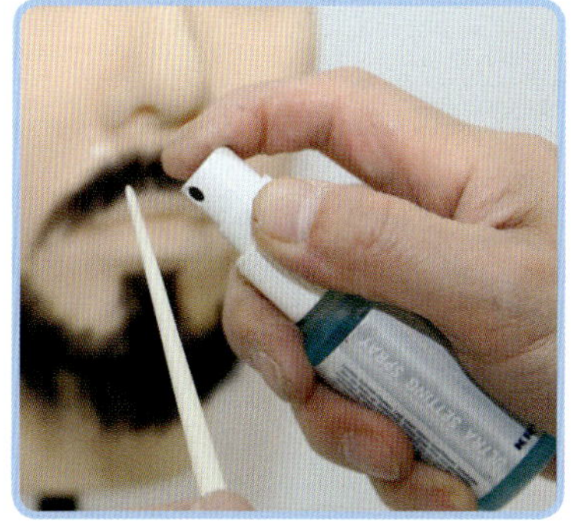 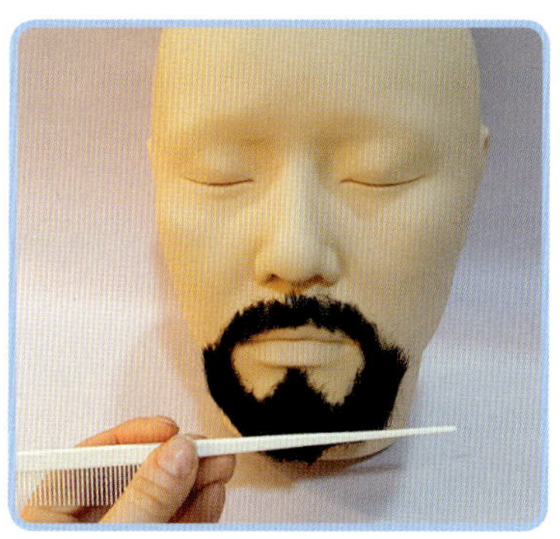

⑮ 고정 스프레이나 라텍스 등을 이용하여 턱수염과 콧수염의 모양을 변화 없도록 정돈하고 스타일링한다.

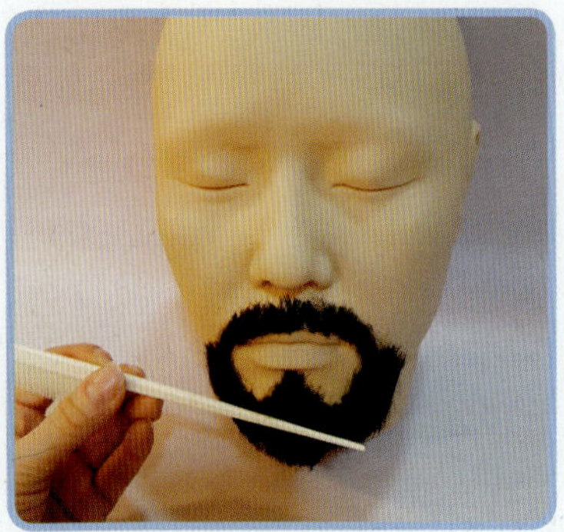

미디어 수염 마무리

아틀라스
메이크업
미용사 실기 
요점정리
핸드북

메이크업 미용사 실기

아틀라스

씨마스

자격종목	미용사(메이크업)	과 제 명	뷰티 메이크업 웨딩(로맨틱)

※ 과제 수행 전 수험자의 손 및 도구류를 소독한 후 제시된 도면을 참고하여 스타일을 연출한다.

요점 정리

① 피부톤에 적합한 메이크업 베이스

② 베이스 : 모델의 피부보다 한톤 밝게

③ 섀딩과 하이라이트

④ 파우더로 가볍게 마무리

⑤ 아이브로우 : 눈썹 산이 각지지 않게 흑갈색으로 표현

⑥ 아이섀도 : 베이스는 펄 연핑크 컬러로 눈 두덩이와 언더라인 전체 표현, 포인트는 연보라색

⑦ 아이라인 : 속눈썹 사이를 메꾸어 눈매를 또렷하게 교정

⑧ 자연 속눈썹 컬링 → 인조 속눈썹 부착 → 마스카라 바르기

⑨ 치크 : 애플 존 위치에 둥근 느낌

⑩ 립 : 핑크 컬러로 입술 안쪽 짙게 바깥쪽으로 그라데이션 립 글로스로 마무리

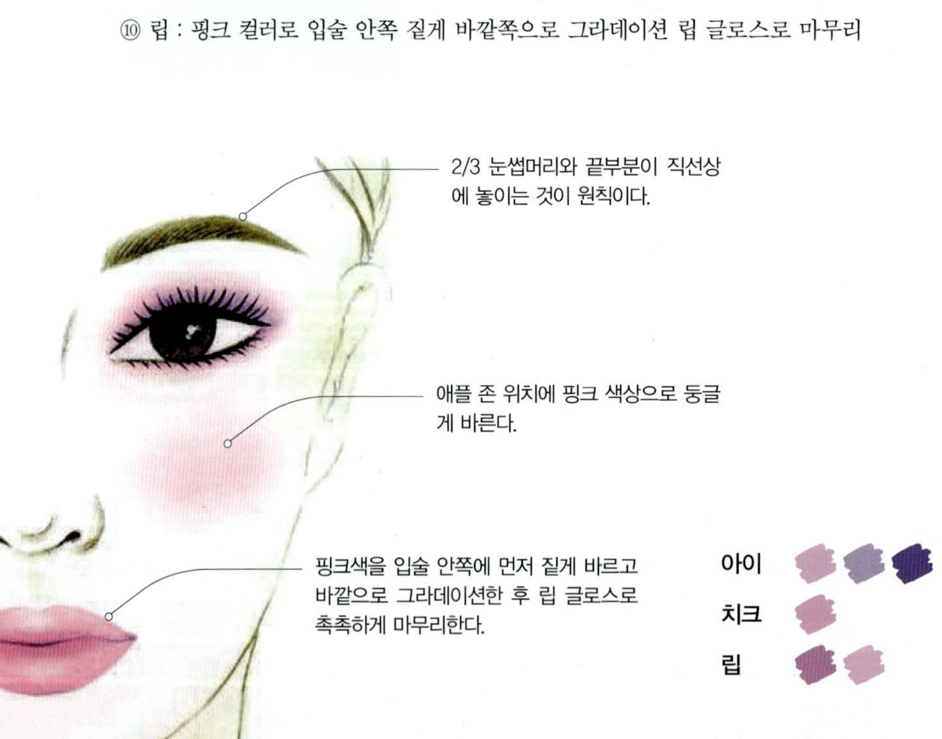

자격종목	미용사(메이크업)	과 제 명	뷰티 메이크업 웨딩(로맨틱)	척도	NS

자격종목	미용사(메이크업)	과 제 명	뷰티 메이크업 웨딩(클래식)

※ 과제 수행 전 수험자의 손 및 도구류를 소독한 후 제시된 도면을 참고하여 스타일을
연출한다.

요점 정리

① 피부톤에 적합한 메이크업 베이스

② 결점 커버를 깨끗하게 피부표현

③ 섀딩과 하이라이트로 윤곽 수정

④ 파우더로 매트하게 마무리

⑤ 눈썹 : 흑갈색으로 눈썹 산이 약간 각진 모양

⑥ 아이섀도 : 베이스는 피치색, 포인트는 브라운색

⑦ 눈 앞머리 위, 아래 골드 펄을 발라 화려하게 연출

⑧ 아이라인 : 속눈썹 사이를 메꾸어 눈매를 또렷하게 교정

⑨ 인조 속눈썹 : 뒤쪽이 긴 스타일로 부착 → 마스카라 바르기

⑩ 치크 : 피치색을 사용하여 광대뼈 바깥에서 안쪽으로 블렌딩

⑪ 립 : 베이지 핑크 컬러로 입술 라인을 선명하게 표현

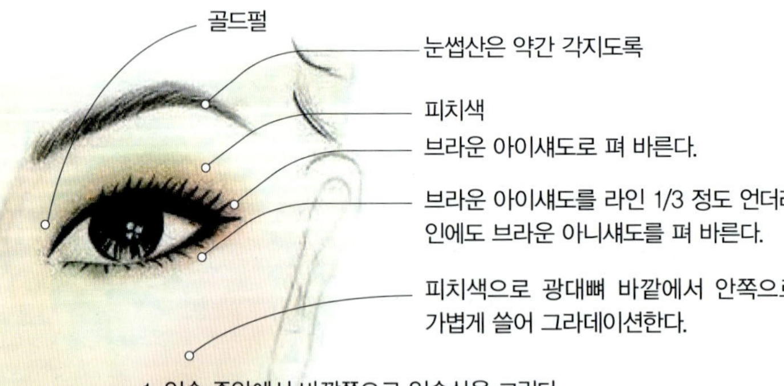

자격종목	미용사(메이크업)	과 제 명	뷰티 메이크업 웨딩(클래식)	척도	NS

자격종목	미용사(메이크업)	과 제 명	뷰티 메이크업 웨딩(한복)

※ 과제 수행 전 수험자의 손 및 도구류를 소독한 후 제시된 도면을 참고하여 스타일을 연출한다.

요점 정리

① 피부톤에 적합한 베이스 메이크업

② 결점 커버하여 깨끗하게 피부표현

③ 섀딩과 하이라이트

④ 파우더로 가볍게 마무리

⑤ 눈썹 : 모델의 눈썹 모양에 맞춰 자연스러운 브라운 컬러로 표현

⑥ 아이섀도 : 베이스는 펄 피치색을 눈두덩이와 언더라인 전체 표현, 포인트는 펄 없는 베이지 브라운

⑦ 언더라인 : 밝은 크림색 섀도로 애교살 강조

⑧ 아이라인 : 속눈썹 사이를 메꾸어 눈매를 또렷하게 교정

⑨ 자연 속눈썹 컬링 → 인조 속눈썹 부착 → 마스카라 바르기

⑩ 치크 : 오렌지 계열을 사용해서 광대뼈 위쪽에 안에서 바깥으로 블렌딩

⑪ 립 : 오렌지 레드 컬러로 바르고 입술 라인을 선명하게 표현

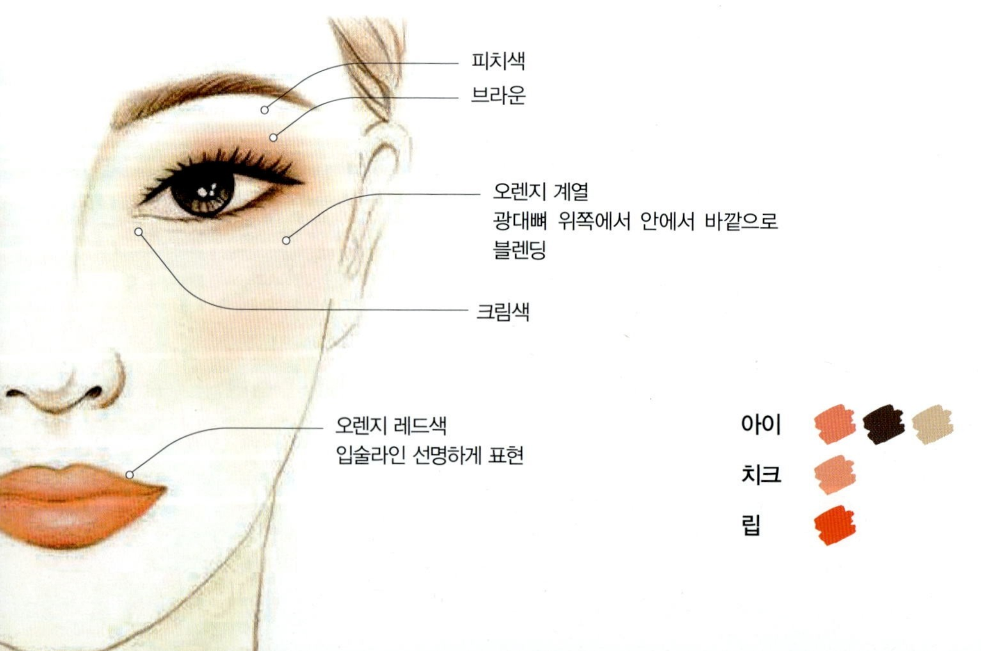

자격종목	미용사(메이크업)	과 제 명	뷰티 메이크업 웨딩(한복)	척도	NS

자격종목	미용사(메이크업)	과 제 명	뷰티 메이크업 (내츄럴)

※ 과제 수행 전 수험자의 손 및 도구류를 소독한 후 제시된 도면을 참고하여 스타일을
연출한다.

요점 정리

① 피부톤에 적합한 메이크업 베이스

② 베이스 메이크업 : 모델의 피부톤에 맞춰 리퀴드 파운데이션 사용

③ 결점 커버 파운데이션은 두껍지 않게 투명 파우더를 사용

④ 눈썹 : 모델의 눈썹의 결을 최대한 살려 자연스럽게 표현

⑤ 아이섀도 : 베이스는 무펄 베이지색 눈두덩이와 언더라인 전체, 포인트는 브라운 밝은
크림 컬러

⑥ 아이라인 : 브라운 컬러의 섀도우 타입 또는 펜슬 타입 사용해서 점막을 채우듯 속눈
썹 사이를 메꾸어 자연스럽게 교정

⑦ 뷰러 이용하여 자연 속눈썹 컬링 → 마스카라를 이용하여 자연스럽게 표현

⑧ 치크 : 피치 컬러로 광대뼈 안쪽에서 바깥쪽으로 블렌딩

⑨ 립 : 베이지 핑크 컬러로 자연스럽게 표현

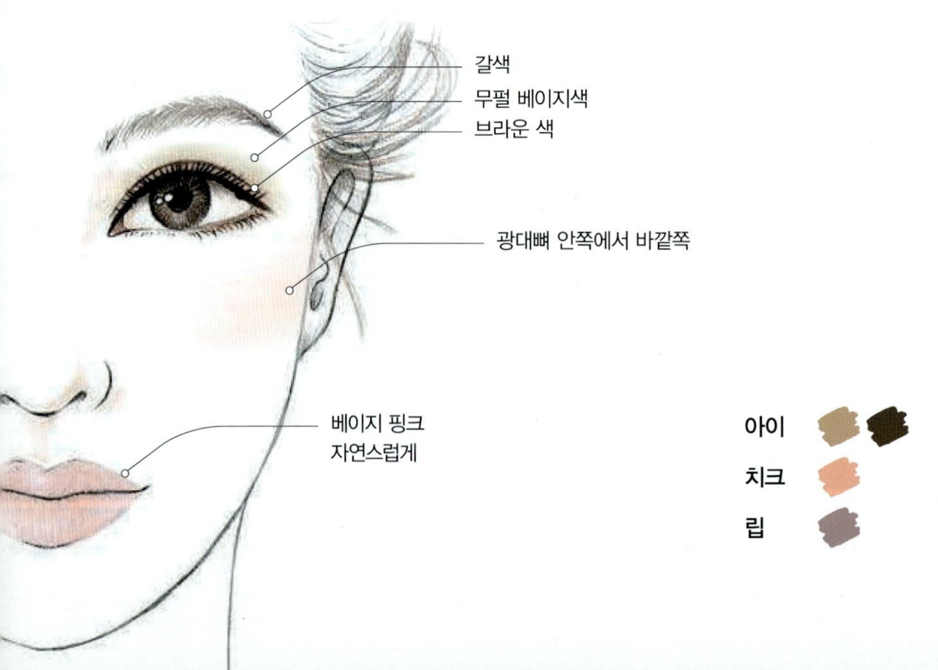

자격종목	미용사(메이크업)	과 제 명	뷰티 메이크업 (내츄럴)	척도	NS

자격종목	미용사(메이크업)	과 제 명	시대 메이크업 (그레타 가르보)

※ 과제 수행 전 수험자의 손 및 도구류를 소독한 후 제시된 도면을 참고하여 스타일을
  연출한다.

요점 정리

① 피부톤에 적합한 메이크업 베이스

② 왁스 및 실러를 사용해서 눈썹을 가리기

③ 결점 커버하여 깨끗하게 표현

④ 섀딩과 하이라이트 윤곽 수정

⑤ 파우더로 매트하게 표현

⑥ 눈썹 : 뒤는 가늘고 길게 갈색 컬러의 아치형

⑦ 아이라인 : 무펄 갈색 섀도로 아이홀을 잡아 노즈 쉐딩과 그라데이션 그리고 고동색
  섀도로 홀라인 깊게 연출

⑧ 아이라인 : 속눈썹 사이를 메꾸어 도톰하게 눈매 따라 교정

⑨ 속눈썹 : 자연 속눈썹 컬링 → 그윽한 눈매를 연출할 속눈썹 부착

⑩ 치크 : 광대뼈 아래쪽을 강하게 얼굴 전체를 핑크톤으로 가볍게 쓸어 표현

⑪ 립 : 인커브 형태인 광택 나는 레드브라운립 컬러

자격종목	미용사(메이크업)	과 제 명	시대 메이크업 (그레타 가르보)	척도	NS

자격종목	미용사(메이크업)	과 제 명	시대 메이크업 (마릴린 먼로)

※ 과제 수행 전 수험자의 손 및 도구류를 소독한 후 제시된 도면을 참고하여 스타일을
연출한다.

요점 정리

① 피부톤에 적합한 메이크업 베이스

② 피부톤보다 밝은 핑크 톤 파운데이션

③ 섀딩과 하이라이트로 윤곽 수정

④ 파우더로 매트하게 마무리

⑤ 눈썹 : 브라운 색의 양미간이 좁지 않은 각진 눈썹

⑥ 아이섀도 : 홀 안쪽은 무펄 화이트로 하고, 포인트는 홀 바깥 핑크(뒤쪽)

　아이홀 → 핑크와 베이지 계열의 컬러로 아이홀을 표현하고 그라데이션)

　섀도우 → 아이홀 안쪽 눈꺼풀에 화이트 색상으로 입체감을 주고 언더에는 베이지 계

　열의 섀도

⑦ 아이라인 : 속눈썹 사이를 메꾸고 앞에는 얇게, 뒤로 갈수록 도톰하고 꼬리는 상승형

⑧ 뷰러 이용하여 컬링 → 모델의 눈보다 길게 뒤로 빼서 부착

⑨ 치크 : 핑크톤으로 광대뼈보다 아래쪽에서 구각을 향해 사선

⑩ 립 : 적당한 유분기 있는 레드립 컬러로 아웃커브 형태

⑪ 점 : 왼쪽 얼굴 눈동자 아래, 입술과 코 끝 사이에 아리라이너로 점 찍기

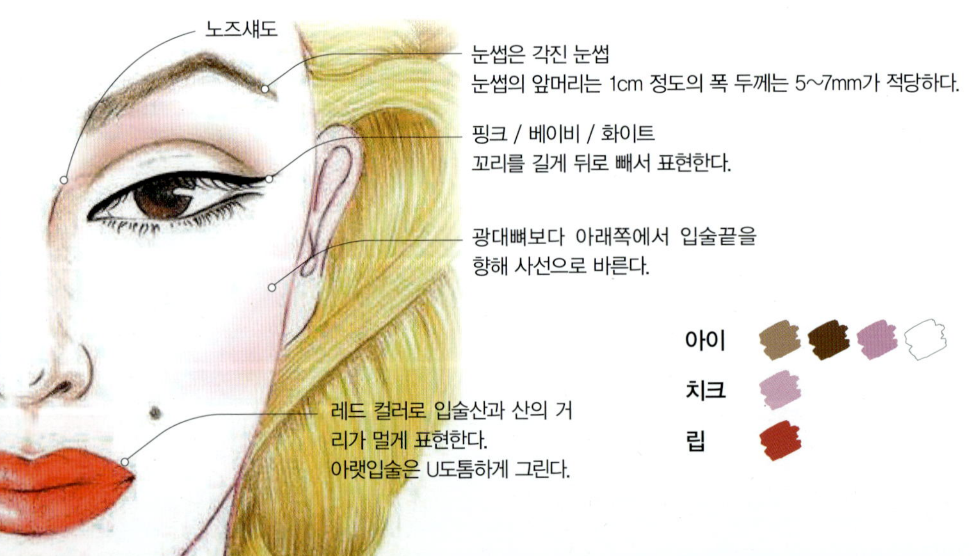

자격종목	미용사(메이크업)	과 제 명	시대 메이크업 (마릴린 먼로)	척도	NS

자격종목	미용사(메이크업)	과 제 명	시대 메이크업 (트위기)

※ 과제 수행 전 수험자의 손 및 도구류를 소독한 후 제시된 도면을 참고하여 스타일을 연출한다.

요점 정리

① 피부톤에 적합한 메이크업 베이스

② 베이스는 모델 피부톤에 맞춰 리퀴드 or 크림 파운데이션 사용

③ 파우더는 두껍지 않게

④ 눈썹 : 브라운 컬러, 눈썹만 강조

⑤ 아이섀도 : 베이스 화이트 컬러로 눈두덩이 전체를 바름

아이홀 핑크색 섀도로 아이홀을 동그랗게 네이비, 그레이 등을 사용해 홀의 길이를 잡

아줌 어두운 청색을 사용하여 한 번 더 진하게 표현하고 그라데이션 처리

⑥ 무펄 화이트 컬러를 언더라인에 하이라이트한다.

⑦ 아이라인은 선명하게 그려 또렷한 눈매로 교정

⑧ 자연 속눈썹 컬링 → 마스카라 바르기 → 인조 속눈썹 부착

⑨ 언더 속눈썹 → 마스카라 바르기 → 아이라이너 or 인조 속눈썹 부착

⑩ 치크 : 핑크 및 라이트브라운 컬러를 애플 존 위치에 둥근 느낌

⑪ 립 : 베이지 핑크색 립 컬러를 자연스럽게 표현

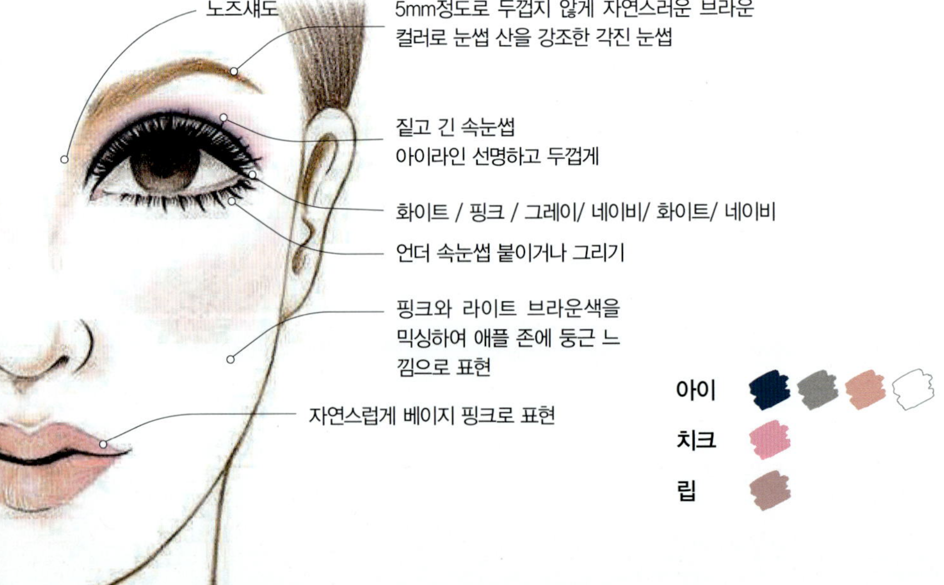

자격종목	미용사(메이크업)	과 제 명	시대 메이크업 (트위기)	척도	NS

자격종목	미용사(메이크업)	과 제 명	시대 메이크업 (펑크)

※ 과제 수행 전 수험자의 손 및 도구류를 소독한 후 제시된 도면을 참고하여 스타일을 연출한다.

요점 정리

① 피부톤에 적합한 메이크업 베이스

② 베이스 : 크림 파운데이션 창백한 피부표현

③ 컨실러 등을 사용 피부의 결점 커버

④ 파우더로 매트하게 마무리

⑤ 눈썹 : 눈썹 결을 강조, 짙고 강하게 표현

⑥ 아이섀도 : 홀 안쪽 화이트, 베이지, 그레이, 블랙 그라데이션

언더라인은 화이트, 그레이, 블랙 베이지 컬러로 상승형 눈꼬리 라인과 함께 그리기, 그레이 컬러로 홀 라인 확실하게 처리 후 블렌딩

블랙컬러로 홀 라인에 한 번 더 깊게, 홀 라인 같이 화이트 컬러로 비어 있는 아이홀 안쪽 채워 꼬리와 그라데이션, 젤라이너로 홀 라인 한 번 더 잡아주고 눈꼬리 1/3 정도 채운다.

⑦ 아이라인 : 상승형 하인의 아이홀 위로 솟은 3개 작은 라인

⑧ 언더라인 위쪽 라인까지 강하게 표현

⑨ 자연 속눈썹 컬링 → 마스카라 바르고 → 인조 속눈썹 부착

⑩ 치크 : 레드브라운 컬러로 얼굴 앞쪽을 향해 사선으로 강하게 표현

⑪ 립 : 검붉은 컬러를 펴 바르고 입술 라인 선명하게 표현

자격종목	미용사(메이크업)	과 제 명	시대 메이크업 (펑크)	척도	NS

자격종목	미용사(메이크업)	과 제 명	시대 메이크업 (펑크)	척도	NS

자격종목	미용사(메이크업)	과 제 명	캐릭터 메이크업 (레오파드)

※ 과제 수행 전 수험자의 손 및 도구류를 소독한 후 제시된 도면을 참고하여 스타일을 연출한다.

요점 정리

① 피부톤에 적합한 메이크업 베이스

② 모델의 피부톤보다 밝은 색 파운데이션

③ 파우더로 마무리

④ 아이섀도 : 아이홀 브라운, 홀 안쪽 흰 색, 언더라인 밑 흰 색, 언더홀 블랙
   옐로우, 오렌지, 브라운 색의 아쿠아 컬러 or 아이섀도를 사용하여 그라데이션

⑤ 아이홀 부위는 흰 색으로 뚜렷하게 표현하고, 검정색 아이라이너, 아쿠아 컬러 등으로
   눈 위와 눈 밑 언더라인의 트임 표현

⑥ 레오파드 무늬 : 아쿠아 컬러 or 아이라이너를 사용 선명하고 점진적 표현

⑦ 인조 속눈썹 부착 (길고 날카로운 눈매 표현)

⑧ 언더라인 : 아이라이너로 그리거나 인조 속눈썹 부착

⑨ 립 : 버건디 레드의 립 컬러로 구각을 강조한 인커브 형태

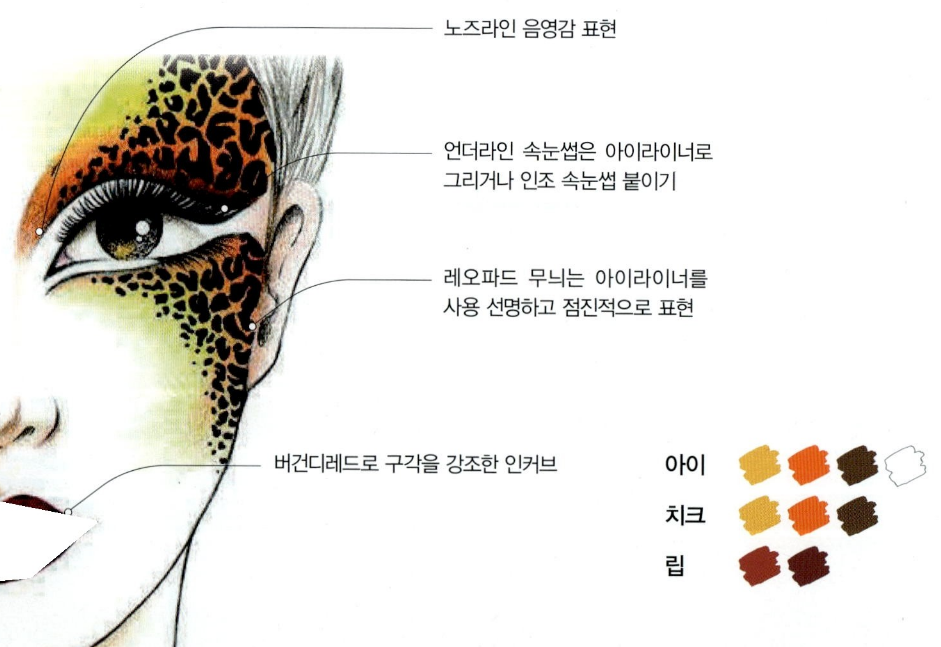

자격종목	미용사(메이크업)	과 제 명	캐릭터 메이크업 (레오파드)	척도	NS

자격종목	미용사(메이크업)	과 제 명	캐릭터 메이크업 (한국무용)

※ 과제 수행 전 수험자의 손 및 도구류를 소독한 후 제시된 도면을 참고하여 스타일을 연출한다.

요점 정리

① 피부톤에 적합한 메이크업 베이스

② 피부톤에 맞춰 결점 커버를 하고 파운데이션으로 깨끗하게 피부 표현

③ 섀딩과 하이라이트로 윤곽 수정

④ 핑크 파우더로 매트하게 마무리

⑤ 눈썹 : 앞쪽 브라운 → 뒤쪽 → 블랙 그라데이션 모델의 얼굴형을 고려하여, 동양적인 곡선의 아치형으로 표현

⑥ 눈썹 뼈에 흰 색으로 하이라이트

⑦ 아이섀도 : 베이스는 연분홍, 포인트는 마젠타

  연분홍 컬러를 이용하여 눈두덩이 전체에 그라데이션, 눈꼬리 부분과 언더라인을 마젠타 컬러로 포인트 주고 상승형으로 표현

⑧ 아이라인 : 검정색을 사용하여 그리고 언더라인은 펜슬 or 아이섀도로 마무리

⑨ 자연 속눈썹 컬링 → 마스카라 후 → 검정색 짙은 인조 속눈썹, 끝부분이 처지지 않도록 상승형으로 부착

⑩ 치크 : 핑크색을 사용, 광대뼈를 감싸듯 화사하게 표현

⑪ 립 : 레드 컬러 립라이너를 이용, 립 안쪽으로 그라데이션하고 핑크가 가미된 레드색 립 컬러로 블렌딩

⑫ 블랙 펜슬 or 블랙 아이라이너를 이용, 잔머리에서 입술 꼬리 방향으로 자연스럽게 그리다.

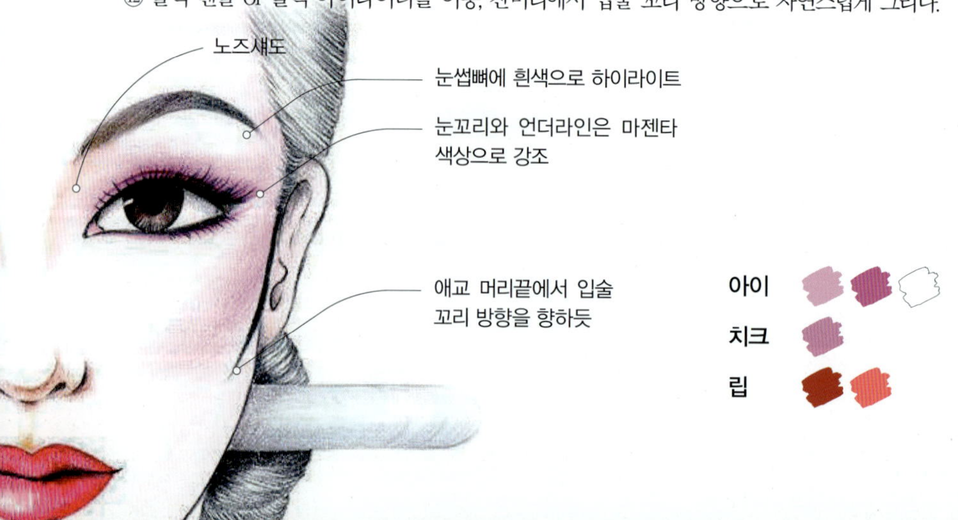

자격종목	미용사(메이크업)	과 제 명	캐릭터 메이크업 (한국무용)	척도	NS

자격종목	미용사(메이크업)	과 제 명	캐릭터 메이크업 (발레)

※ 과제 수행 전 수험자의 손 및 도구류를 소독한 후 제시된 도면을 참고하여 스타일을
연출한다.

요점 정리

① 피부톤에 적합한 메이크업 베이스

② 피부톤에 맞춰 결점을 커버 파운데이션으로 깨끗하게 피부 표현

③ 섀딩과 하이라이트로 윤곽 수정

④ 핑크 파우더로 매트하게 마무리

⑤ 눈썹 : 다크브라운색을 시작하여 블랙으로 자연스럽게 연결, 모델의 얼굴형 고려하여
갈매기 형태

⑥ 눈썹 뼈에 흰 색으로 하이라이트

⑦ 아이홀 : 핑크와 퍼플 컬러로 그라데이션하고 홀 안쪽은 흰 색으로 표현

⑧ 속눈썹 라인 : 아쿠아 블루색으로 포인트 언더라인도 같은 색으로 눈과 일정한 간격
을 두고 그린 후 흰 색을 넣어 눈이 커보이도록 표현

⑨ 속눈썹 라인 따라 아쿠아 컬러 윗부분 검정색 아이라이너를 사용하여 언더라인을 길
게 그린다.

⑩ 자연 속눈썹 컬링 → 마스카라 후 → 검정색의 짙은 인조 속눈썹, 상승형으로 부착

⑪ 치크 : 핑크색으로 광대뼈를 감싸듯 화사하게 표현

⑫ 립 : 로즈 컬러의 립라이너, 립 안쪽으로 그라데이션하고 핑크색 립 컬러로 블렌딩

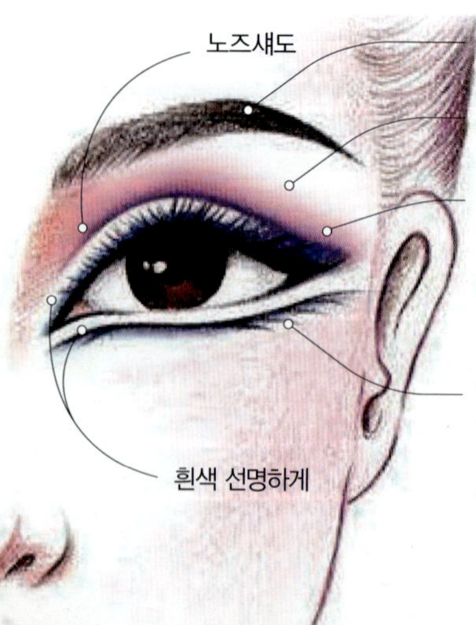

자격종목	미용사(메이크업)	과 제 명	캐릭터 메이크업 (발레)	척도	NS

자격종목	미용사(메이크업)	과 제 명	캐릭터 메이크업 (발레)	척도	NS

자격종목	미용사(메이크업)	과 제 명	캐릭터 메이크업 (노역)

※ 과제 수행 전 수험자의 손 및 도구류를 소독한 후 제시된 도면을 참고하여 스타일을
　연출한다.

요점 정리

① 피부톤에 적합한 메이크업 베이스

② 파운데이션을 가볍게 바르다.

③ 모델의 피부톤보다 한톤 어둡게 표현

④ 섀딩컬러로 얼굴의 굴곡 부분을 자연스럽게 표현

⑤ 하이라이트 컬러를 이용 돌출 부분에???

⑥ 갈색 펜슬 이용하여 헤어라인, 관자놀이, 광대 및 넓게, 턱, 코옆 얼굴음영 콤비브러쉬
　로 그린 뒤 베이스컬러 브러쉬로 쉐이딩

⑦ 파우더로 가볍게 마무리

⑧ 눈썹 : 회갈색으로 강하지 않게 꼬리가 처지게 표현

⑨ 포인트 브러쉬로 잔주름 표현

　이마 : 진하고 연하게

　눈썹뼈에서 관자놀이

　미간주름 한쪽이 짧게 한쪽은 길게

　눈썹홀 동그랗게 정교하게 2~3번 반복 코쪽 음영이 더 진하게

　눈가주름 한쪽은 3개 한쪽은 4개 코주름 코옆 팔짜 콧등 미관에도 동그랗게

　인중, 턱주름

눈썹산, 눈썹꼬리가 너무 선명하지 않게
콤브러시에 아이보리 파운데이션을 묻
혀 눈썹 결 반대방향으로 빗는다.

내츄럴 베이지 색상으로 얇게 칠하는 듯
아랫입술이 윗입술보다 두껍지 않게
입술주름은 브라운 펜슬로

아이

치크

립

자격종목	미용사(메이크업)	과 제 명	캐릭터 메이크업 (노역)	척도	NS

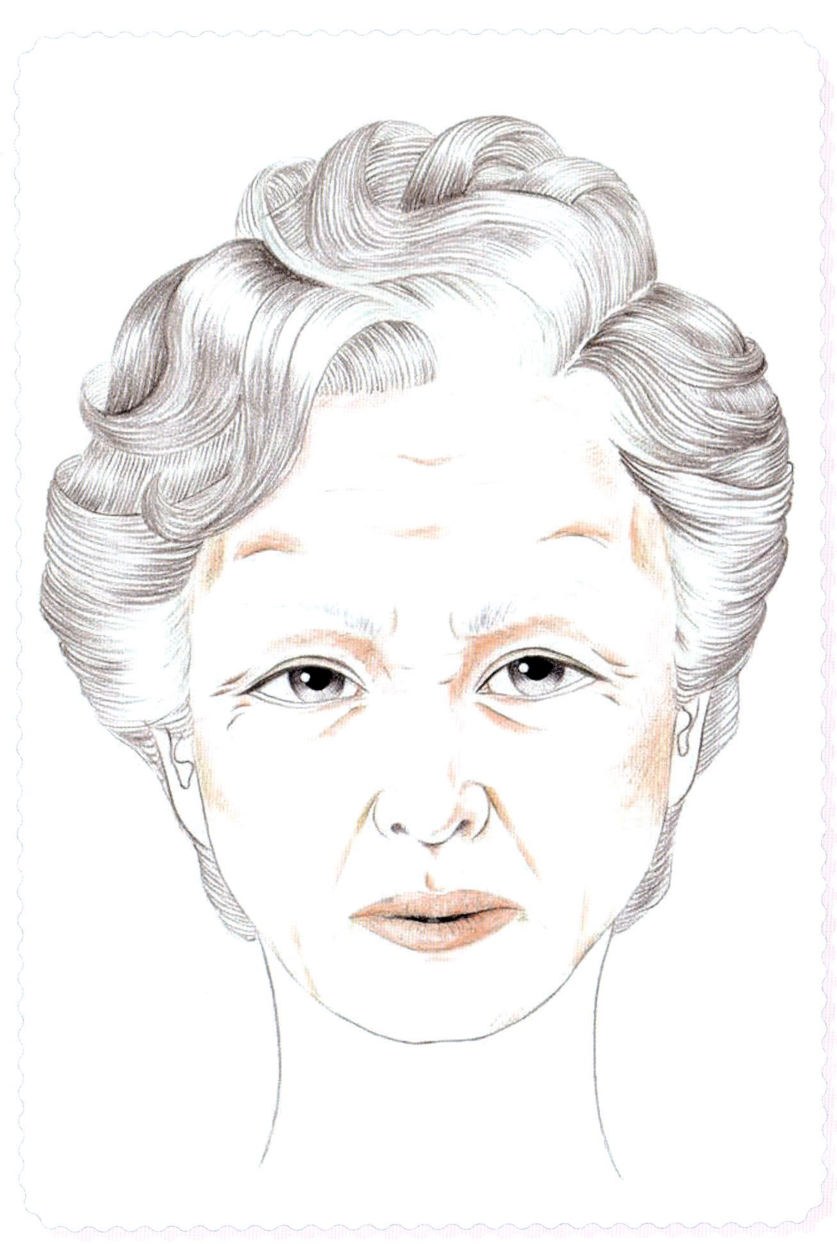

자격종목	미용사(메이크업)	과 제 명	캐릭터 메이크업 (노역)	척도	NS

자격종목	미용사(메이크업)	과 제 명	속눈썹 익스텐션 (왼쪽)

※ 과제 수행 전 수험자의 손 및 도구류를 소독한 후 제시된 도면을 참고하여 스타일을 연출한다.

요점 정리

① 5~6mm의 인조 속눈썹이 부착된 마네킹 준비

② 과제를 수행하기 전 수험자의 손 및 도구류와 마네킹의 작업 부위를 소독한 후 아이 패치를 부착

③ 연봉에 전처리제를 고르게 분사 인조 속눈썹 아래 우드 스파츌라를 받친 후, 면봉을 이용해 도포한다.

④ 두께 0.15~0.2mm의 싱글모를 5가지 길이(8, 9, 10, 11, 12mm)의 속눈썹(J컬)을 사용하여 중앙 부위를 12mm로 하여 좌우로 갈수록 점차 짧아지는 형태로 디자인하고 반드시 8mm~12mm 길이로 모두 사용, 자연스러운 형태의 라우드형(부채꼴 디자인) 형태로 디자인한다.

⑤ 속눈썹 한 개당 하나의 속눈썹(J컬)만 연장하여야 하며, 모근에서 1mm~1.5mm를 반드시 떨어뜨려 부착

⑥ 속눈썹에 최소 40가닥 이상의 속눈썹(J컬)을 연장 후 속눈썹 빗을 이용해 빗어 마무리한다. 단, 눈앞의 2~3가닥은 연장하지 않도록 주의한다.

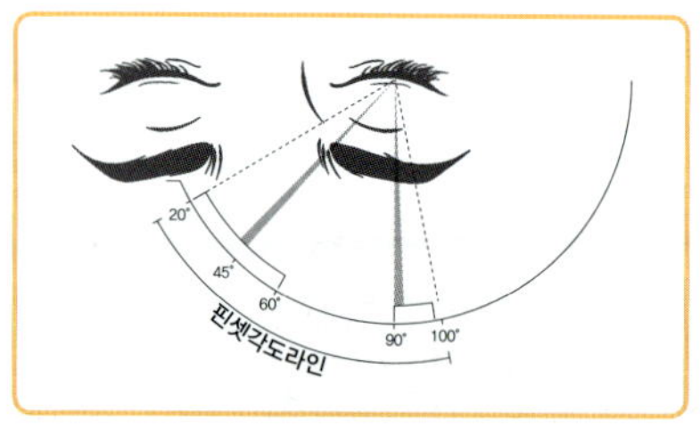

핀셋의 각도

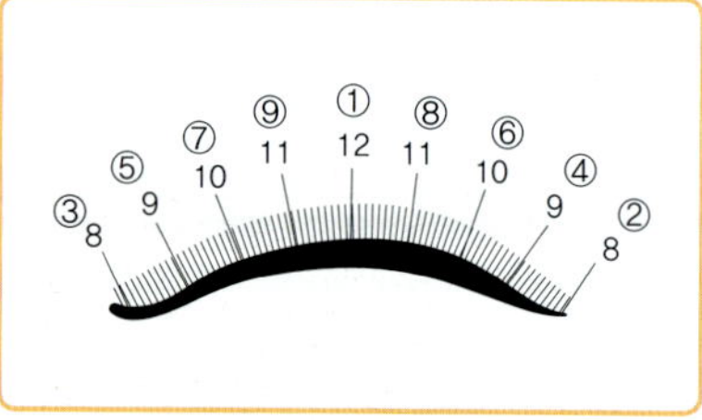

시술 순서 도해도

자격종목	미용사(메이크업)	과 제 명	속눈썹 익스텐션 (왼쪽)	척도	NS

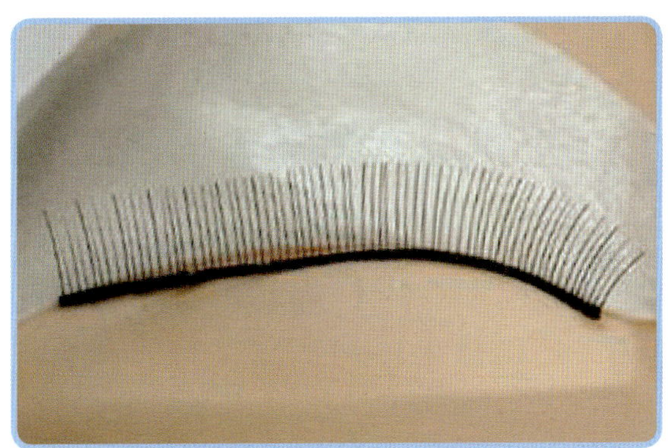

속눈썹 연장 전 마네킹 준비상태

완성 상태(왼쪽)

자격종목	미용사(메이크업)	과 제 명	속눈썹 익스텐션 (오른쪽)

※ 과제 수행 전 수험자의 손 및 도구류를 소독한 후 제시된 도면을 참고하여 스타일을 연출한다.

요점 정리

① 5~6mm의 인조 속눈썹이 부착된 마네킹 준비

② 과제를 수행하기 전 수험자의 손 및 도구류와 마네킹의 작업 부위를 소독한 후 아이 패치를 부착

③ 연봉에 전처리제를 고르게 분사 인조 속눈썹 아래 우드 스파출라를 받친 후, 면봉을 이용해 도포한다.

④ 두께 0.15~0.2mm의 싱글모를 5가지 길이(8, 9, 10, 11, 12mm)의 속눈썹(J컬)을 사용하여 중앙 부위를 12mm로 하여 좌우로 갈수록 점차 짧아지는 형태로 디자인하고 반드시 8mm~12mm 길이로 모두 사용, 자연스러운 형태의 라운드형(부채꼴 디자인) 형태로 디자인한다.

⑤ 속눈썹 한 개당 하나의 속눈썹(J컬)만 연장하여야 하며, 모근에서 1mm~1.5mm를 반드시 떨어뜨려 부착

⑥ 속눈썹에 최소 40가닥 이상의 속눈썹(J컬)을 연장 후 속눈썹 빗을 이용해 빗어 마무리한다. 단, 눈앞의 2~3가닥은 연장하지 않도록 주의한다.

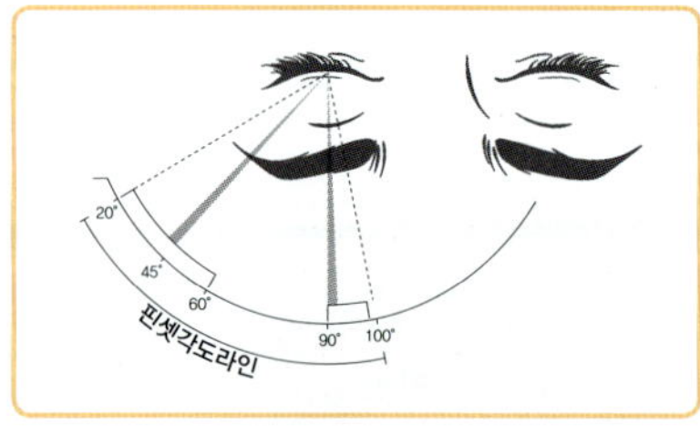

핀셋의 각도

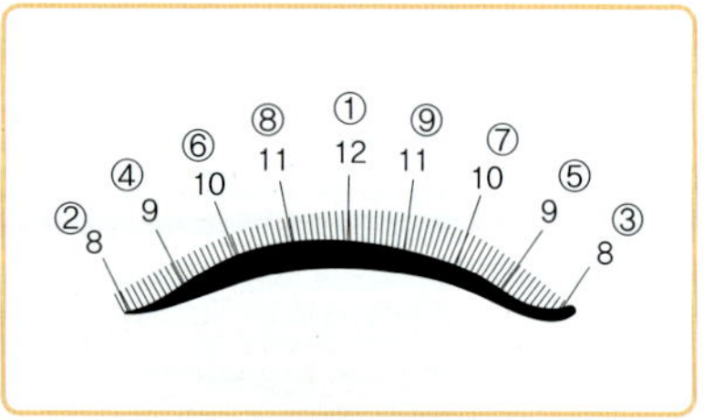

시술 순서 도해도

자격종목	미용사(메이크업)	과 제 명	속눈썹 익스텐션 (오른쪽)	척도	NS

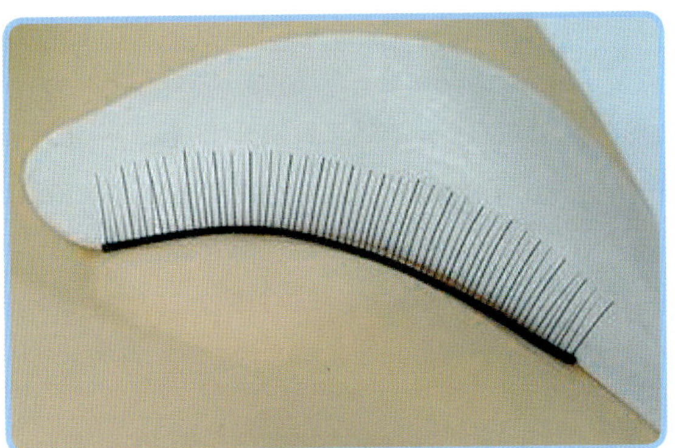

속눈썹 연장전 마네킹 준비상태

완성 상태(오른쪽)

자격종목	미용사(메이크업)	과 제 명	미디어 수염

※ 과제 수행 전 수험자의 손 및 도구류를 소독한 후 제시된 도면을 참고하여 스타일을 연출한다.

요점 정리

① 과제를 수행하기 전 수험자의 손 및 도구류와 마네킹의 작업 부위를 소독

② 사전에 가공된 상태(1.5mm~2cm)의 수염을 마네킹의 좌우균형, 위치, 형태를 주의하면서 수염을 붙일 부위에 스프리트 검을 지나치게 넓거나 두껍지 않게 도포, 도면상의 수염 형태를 고려하여 턱 부분을 꼼꼼하게 펴 바른다.

③ 번들거림을 없애주고 접착력을 높이기 위해 가제수건 or 물티슈로 도포 부위를 지그시 눌러준다.

④ 턱 중앙을 시작, 좌우 방향을 고려하여 붙이고 가장자리로 이동하며 가장 아랫단부터 수염을 붙여가며 아랫단과 연결되게 입술 밑까지 수염을 피부와 경계되는 끝부분을 자연스럽게 붙여 턱수염을 완성

⑤ 콧수염을 붙일 위치에 스프리트 검을 도표 가제수건으로 번들거림 제거, 속도를 단축시켜 접착력을 높이고 입술 끝 쪽에서 시작하여 입술 구각 끝 쪽에서 인중 방향으로 좌우 균형, 위치, 형태를 맞춰 콧수염 완성 후 붙인 콧수염이 서로 엉키지 않도록 가지런히 빗어준다.

⑥ 뭉친 부분이나 잘못 붙인 부분을 핀셋으로 정돈, 가위를 이용하여 윗입술에 약간 닿을 정도의 길이로 마무리하고 고정 스프레이나 라텍스 등을 이용하여 턱수염과 콧수염의 모양을 완성한다.

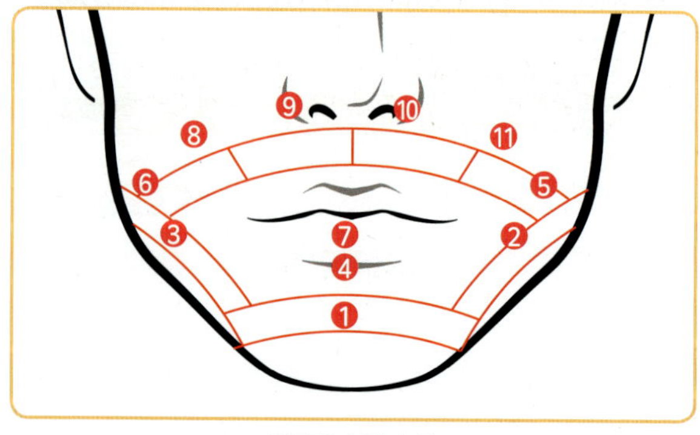

미디어 수염 순서

자격종목	미용사(메이크업)	과 제 명	미디어 수염	척도	NS

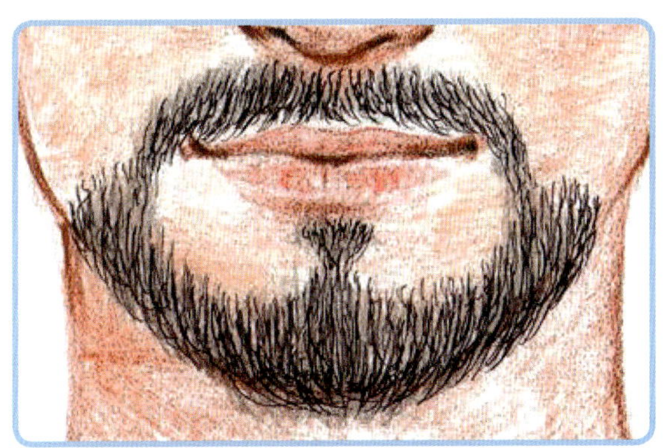

완성 상태

아틀라스 메이크업 미용사 실기

메이크업 워크북

01 여러 가지 눈썹 그리기

1 표준(기본형) 눈썹

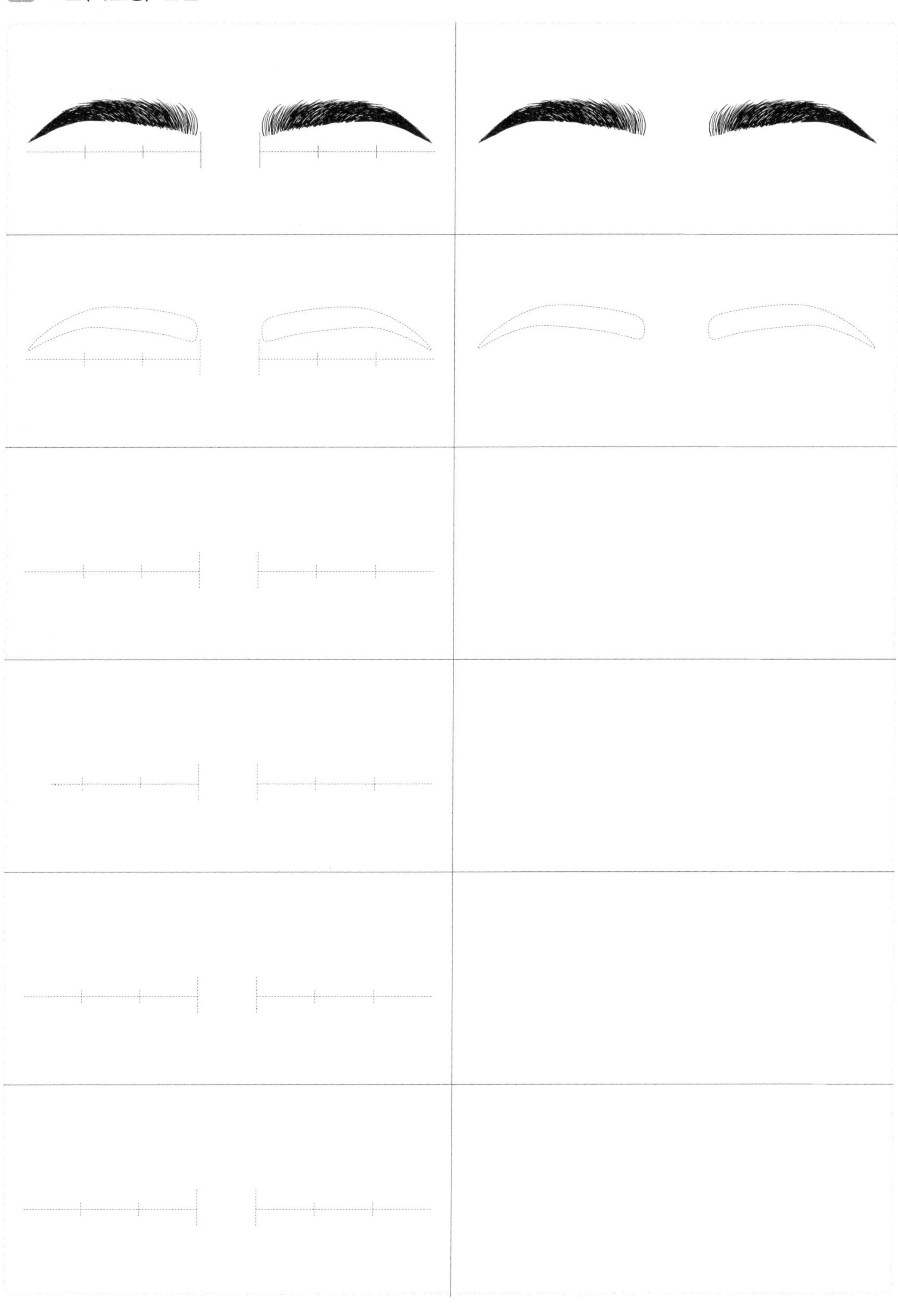

01 여러 가지 눈썹 그리기

2 각진눈썹

3 둥근눈썹(아치형)

01 여러 가지 눈썹 그리기

4 사선눈썹

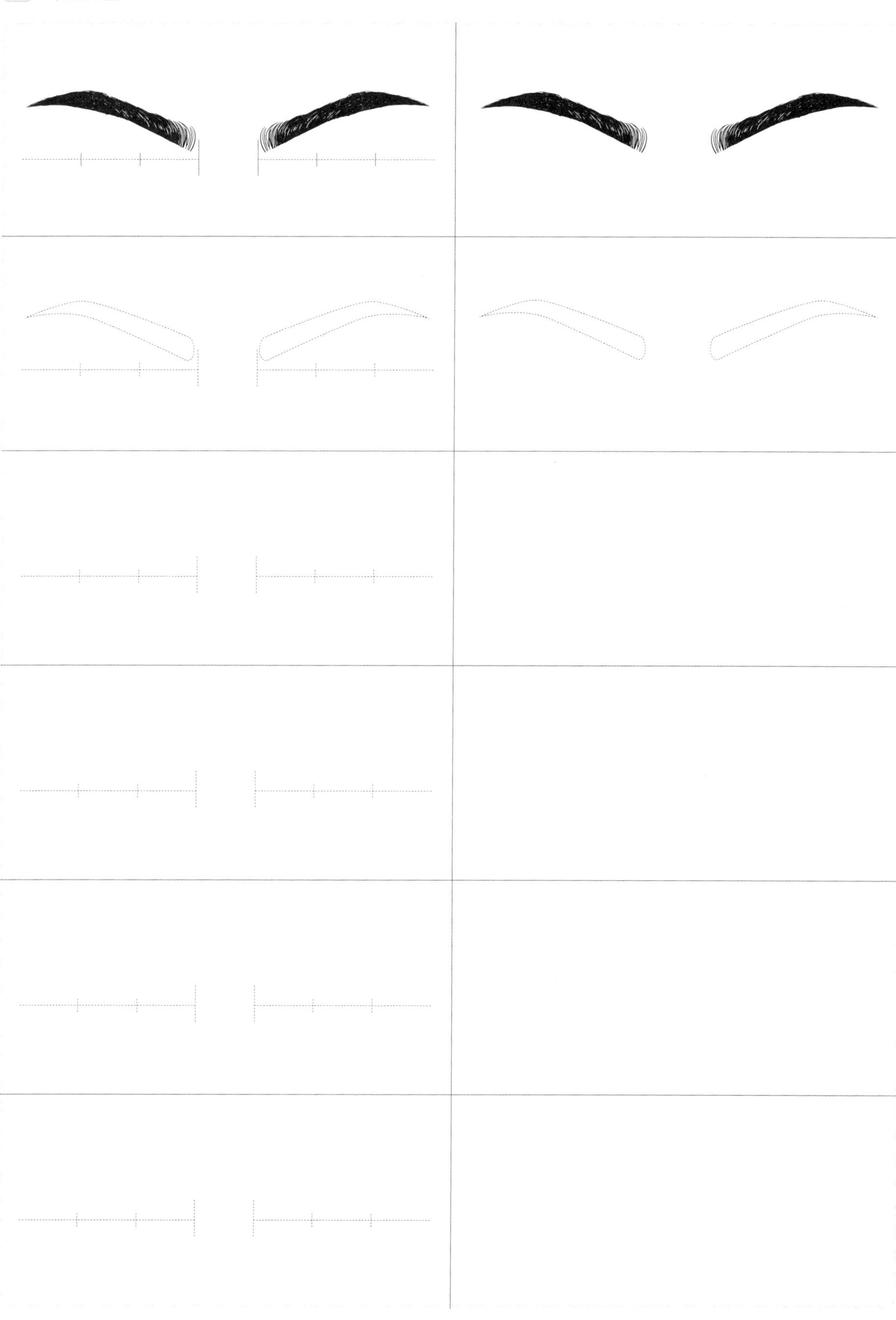

01 여러 가지 눈썹 그리기

5 직선눈썹

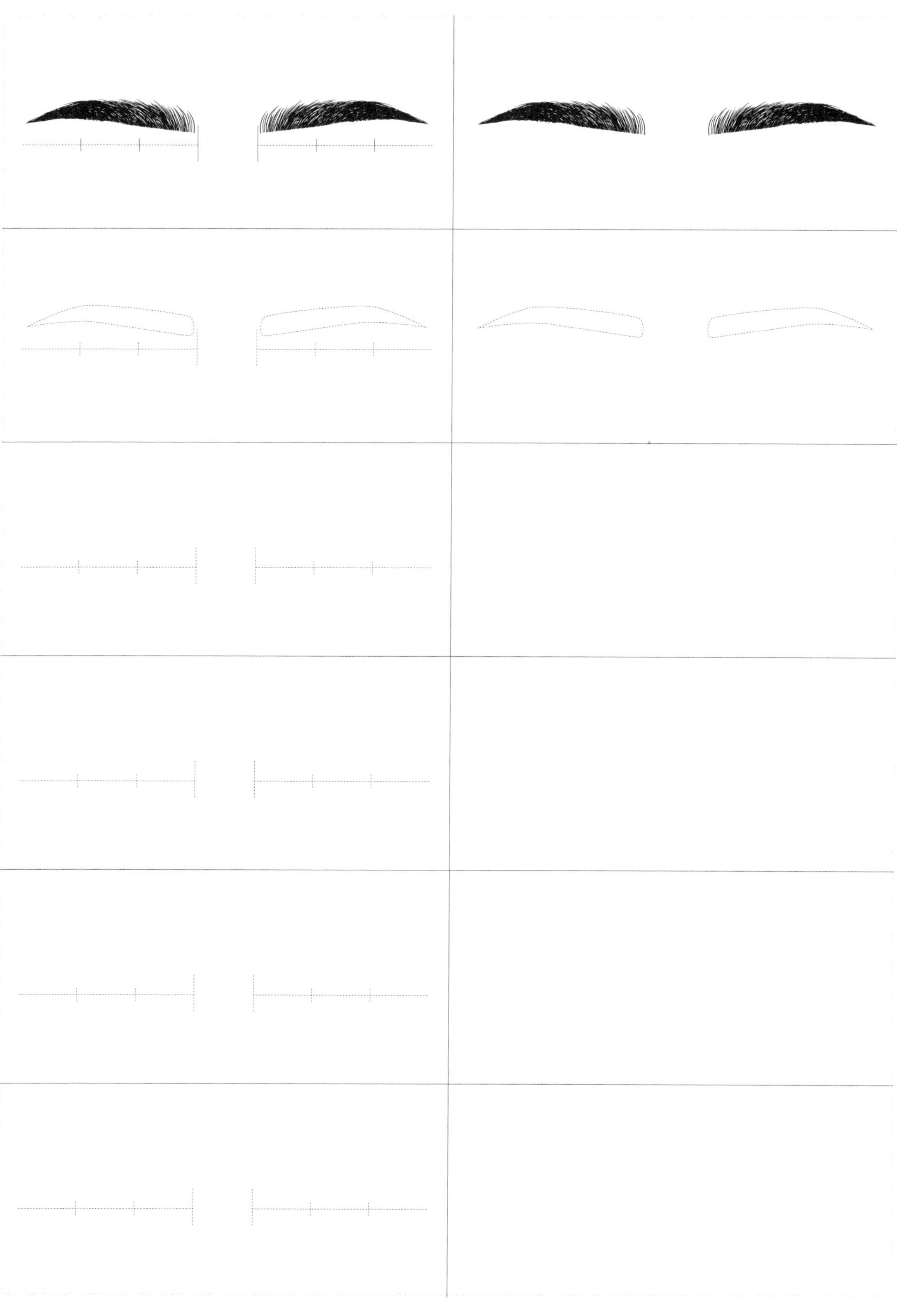

1 표준형 입술

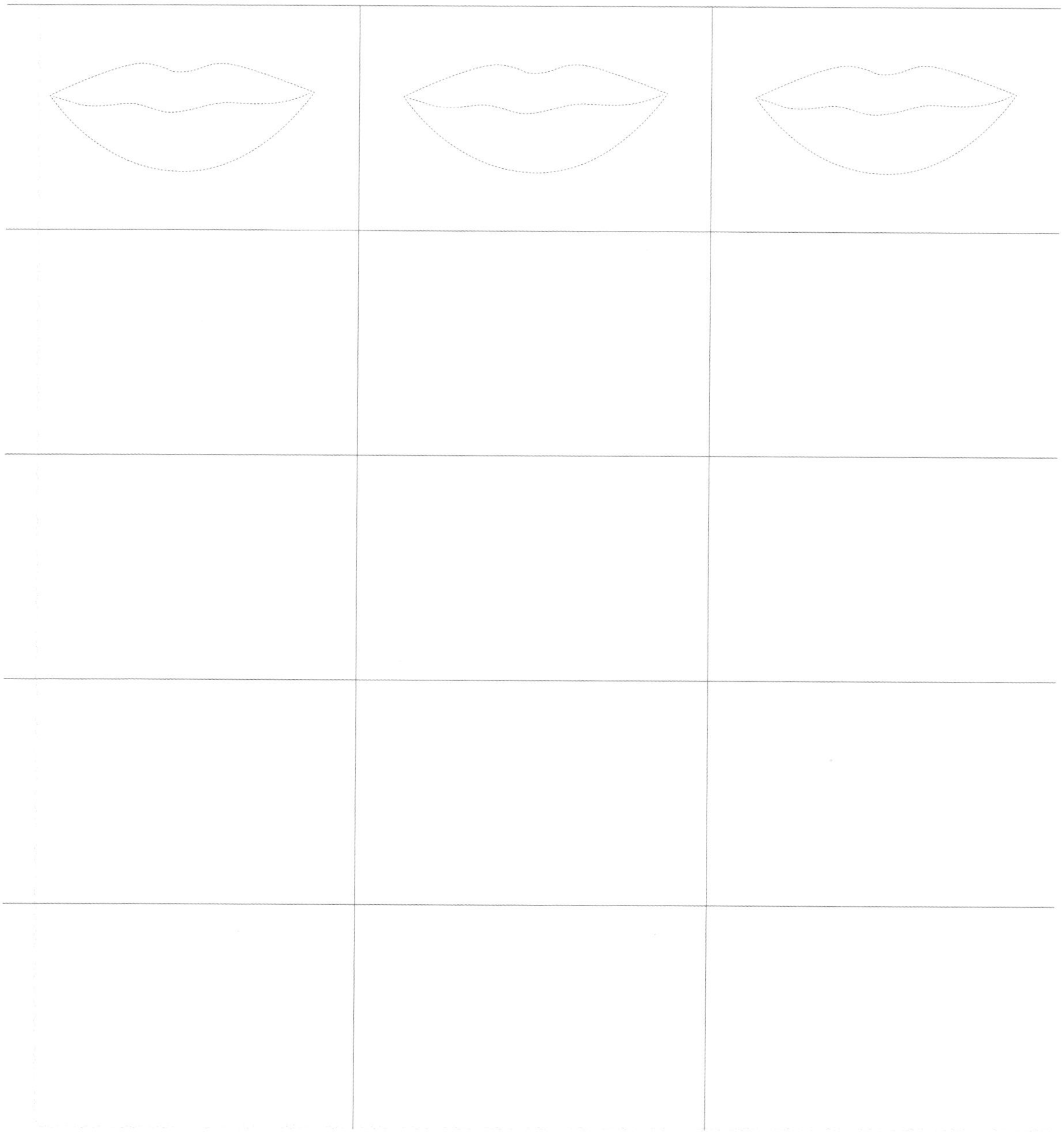

02 Lip 그리기

2 직선커브 입술

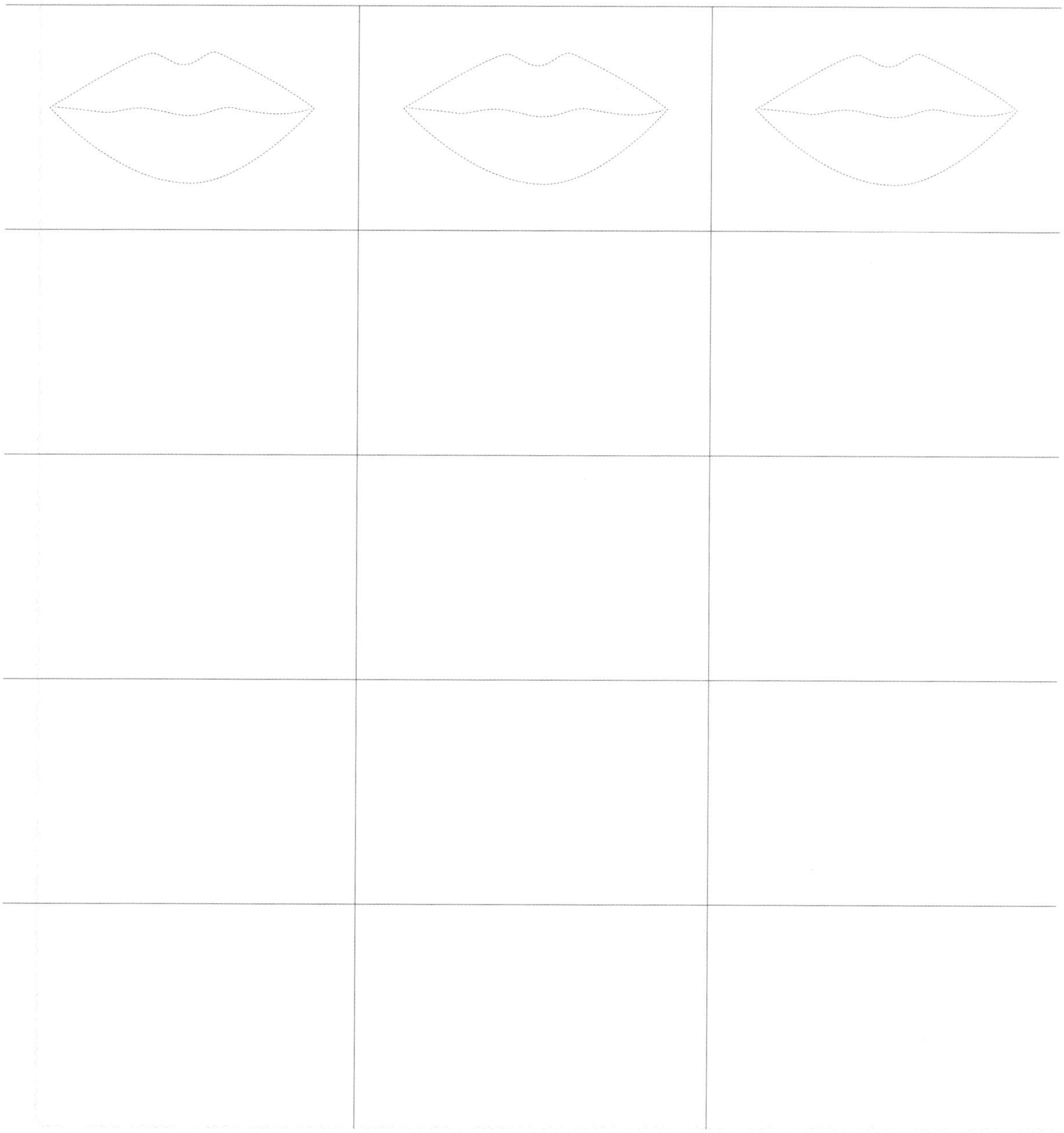

3 아웃커브 입술

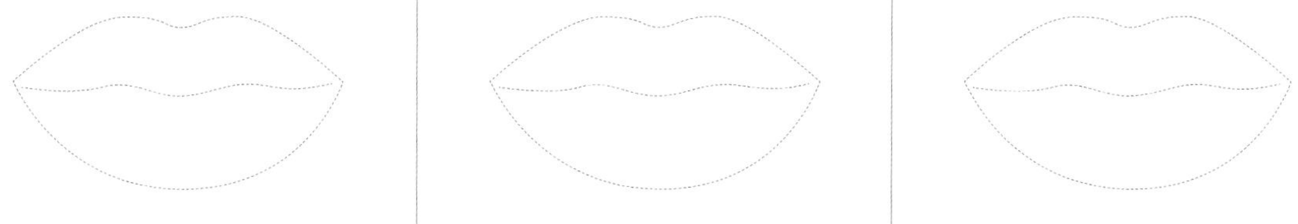

4 인커브 입술

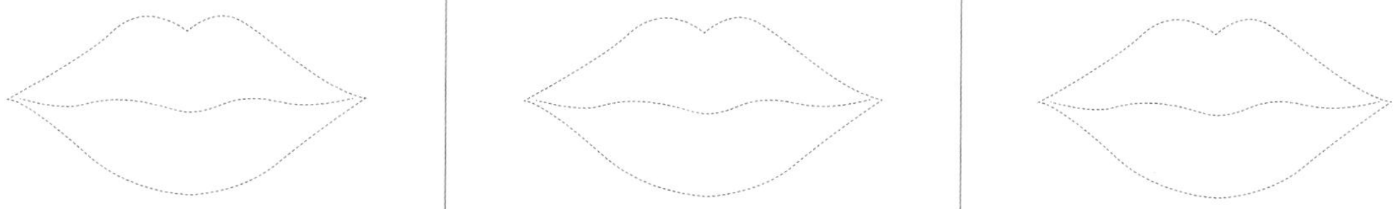

03 Face Coloring Sheet

1 웨딩(Romantic)

2 웨딩(Classic)

3 한복

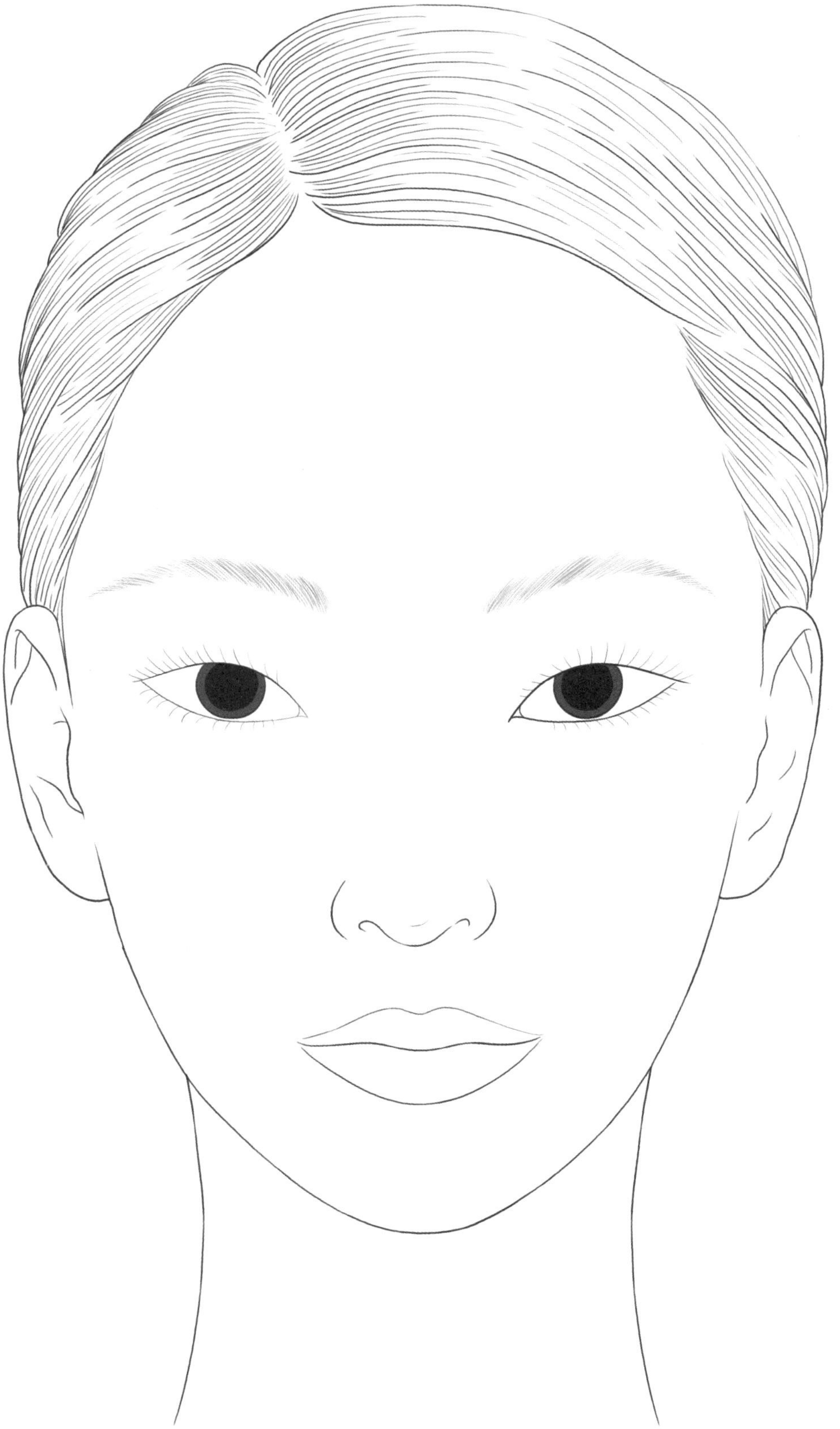

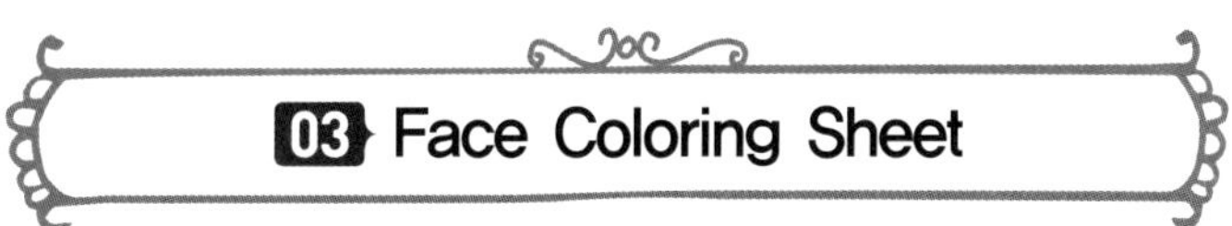

03 Face Coloring Sheet

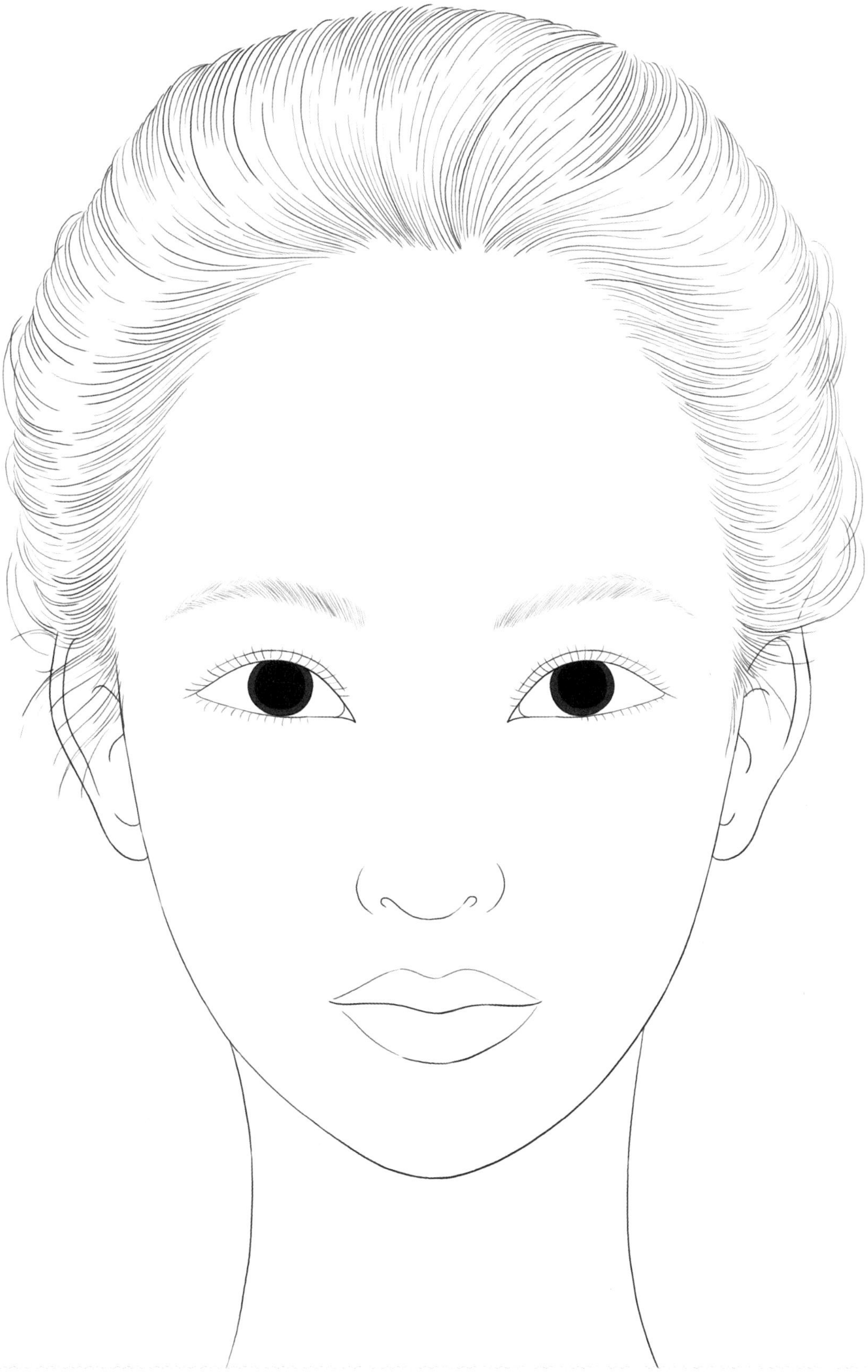

4 내추럴

5 그레타 가르보

6 마릴린 먼로

7 트위기

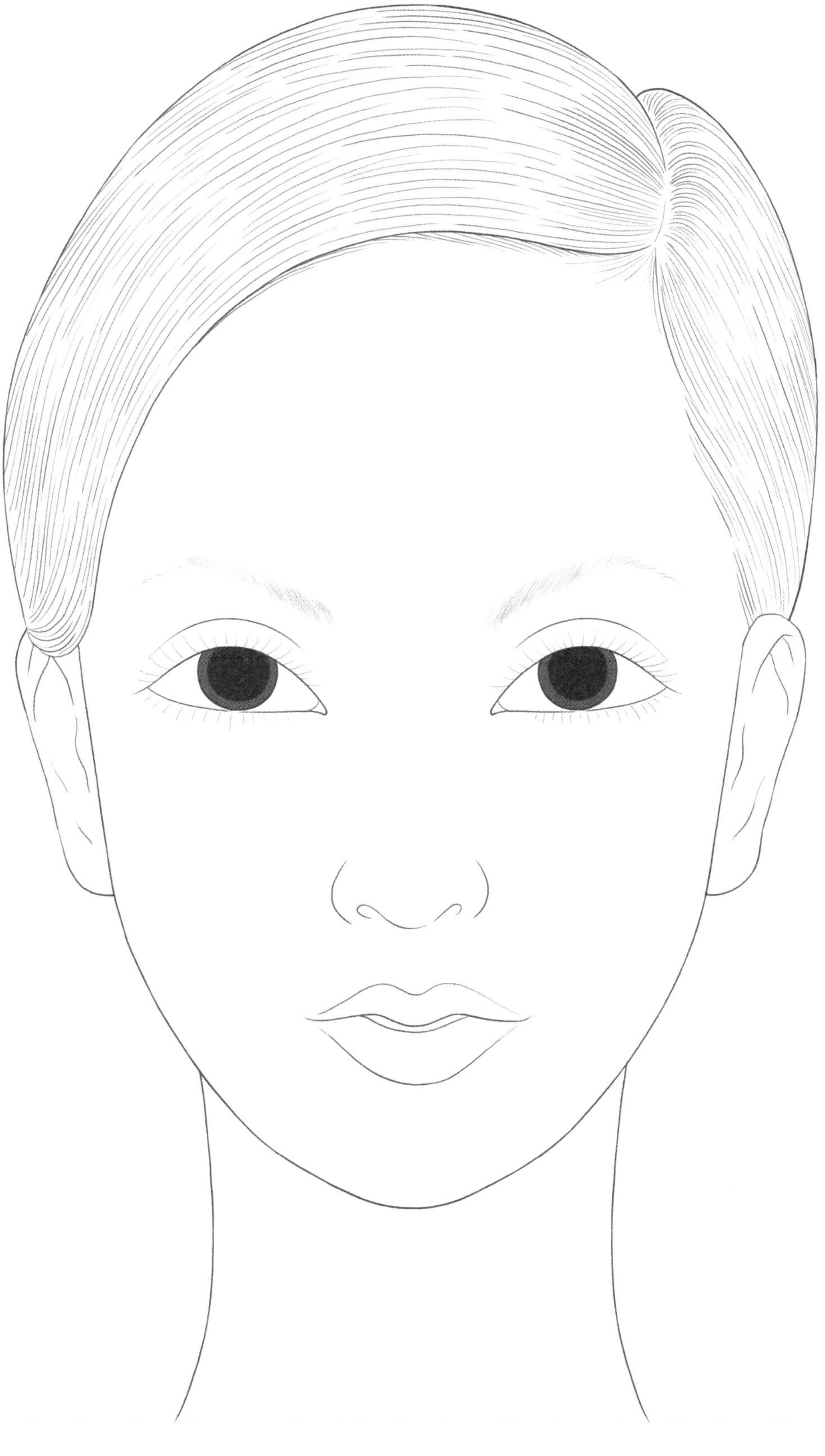

03 Face Coloring Sheet

8 핑크

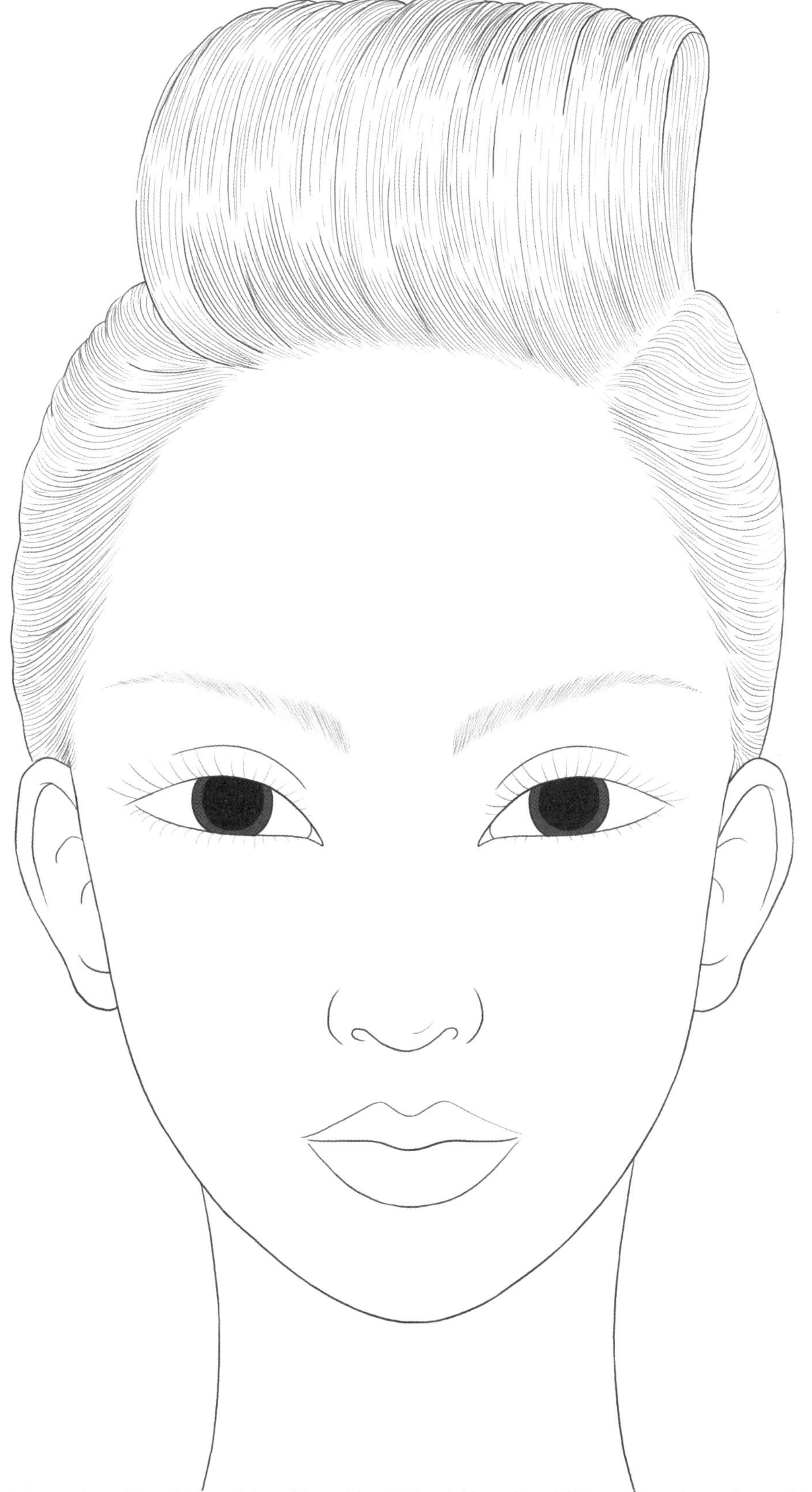

9 레오파드

03 Face Coloring Sheet

10 한국 무용